面向"十二五"高职高专土木与建筑规划教材

工程造价编制与职业素养

阎庆东　主　编

宋巧玲　李国森　副主编

清华大学出版社

北京

内 容 简 介

本教材以烟台市某旧村改造的建设工程为载体,介绍建设工程投资估算、建设工程设计概算、建设工程招标控制价、施工阶段进度结算、建设工程竣工结算、工程造价专业人员职业素养第6个方面的内容。

每个项目均前有学习要点及目标、核心概念和工作任务单,后有课后任务及能力拓展。每个工作任务单及能力拓展都来自实际工作,以我国住房和城乡建设部发布的 GB 50500—2013《建设工程工程量清单计价规范》、住房和城乡建设部与工商总局联合发布的建设工程施工合同示范文本(GF—2013—0201)、住房和城乡建设部与财政部联合发布的《建筑安装工程费用项目组成》(均自 2013 年 7 月 1 日起实施)为依据,读者可以针对案例中的每个数据思考其计算依据。案例中的工程量需配合相关设计图纸才能得出,具体计算规则在建筑工程计价与控制等相关课程中解决。

本教材以烟台市某旧村改造 3#住宅楼建设项目概算 589.71 万元、招标控制价 579.93 万元、合同价 560 万元、竣工结算价 592.11 万元为线索贯穿全书,真正做到以实际项目引导知识点,以工作任务驱动教学实施,实现项目化教学。

本教材适宜高等院校工程造价、工程管理、建筑工程、土木工程、建筑经济、房地产经营管理等相关专业学生使用,也适合上述专业教师拓展实践能力借鉴所用,还可作为建筑业广大工程造价专业人员提升执业能力、加强执业素养用书。

图书在版编目(CIP)数据

工程造价编制与职业素养/阎庆东主编. --北京:清华大学出版社,2014
(面向"十二五"高职高专土木与建筑规划教材)
ISBN 978-7-302-37639-2

Ⅰ. ①工… Ⅱ. ①阎… Ⅲ. ①建筑工程—工程造价—预算编制—高等职业教育—教材 Ⅳ. ①TU723.3

中国版本图书馆 CIP 数据核字(2014)第 186448 号

责任编辑:桑任松
封面设计:刘孝琼
责任校对:周剑云
责任印制:何 芊

出版发行:清华大学出版社
  网 址:http://www.tup.com.cn,http://www.wqbook.com
  地 址:北京清华大学学研大厦 A 座 邮 编:100084
  社 总 机:010-62770175 邮 购:010-62786544
  投稿与读者服务:010-62776969,c-service@tup.tsinghua.edu.cn
  质 量 反 馈:010-62772015,zhiliang@tup.tsinghua.edu.cn
  课 件 下 载:http://www.tup.com.cn,010-62791865
印 装 者:北京国马印刷厂
经 销:全国新华书店
开 本:185mm×260mm 印 张:17.75 字 数:432 千字
版 次:2015 年 1 月第 1 版 印 次:2015 年 1 月第 1 次印刷
印 数:1~3000
定 价:34.00 元

产品编号:061367-01

前　　言

本教材是根据高等教育的人才培养目标及工程造价行业领域的最新动态，结合编者多年的教学与实践经验，适应我国工程造价改革及全国高等院校《工程造价管理》教学的需要，在总结以往教材优缺点的基础上，采用最新的国家计价规范和真实的工程造价编制成果文件编写而成的。

本教材根据建筑工程计价活动的全过程和专业课程设置及改革精神，将原有的《工程造价管理》及《建设工程计价依据》两门教材整合为一体，并增加了工作中的职业素养行为内容。本书特色如下。

1. 紧跟时代步伐，与时俱进

我国住房和城乡建设部发布的国家标准 GB 50500—2013《建设工程工程量清单计价规范》、住房和城乡建设部与工商总局联合发布的建设工程施工合同示范文本(GF—2013—0201)、住房和城乡建设部与财政部联合发布的《建筑安装工程费用项目组成》均自 2013年 7 月 1 日起实施。

本教材及时纳入新规范、新合同、新费用组成的内容，并以楷体字表示，清晰明了。教材里提到的本规范就是指 GB 50500—2013《建设工程工程量清单计价规范》。

2. 政行校企四方合作开发，采用真实工程造价成果实例

本教材中的 6 个项目均来自编者在社会实践中得到委托方高度认可的真实业务，以真实案例作引导，可以让读者熟悉不同过程的工程造价编制文件包含哪些内容、什么格式等，并围绕这些工作成果文件去选择学习内容，突出实用性。其中估算实例为一份完整的建设项目申请报告，其背景材料较为复杂，因此放在本教材的附录里。

3. 实例有始有终，体现建设项目的全过程

本教材以烟台市某旧村改造的建设工程为载体，划分为估算、概算、招标控制价、进度结算、竣工结算以及工程造价工作中的职业素养 6 个项目，可以让读者系统地掌握建设项目全过程的不同造价文件的内涵与关系。

本教材在编写过程中得到烟台职业学院教务处长原宪瑞、烟台职业学院建筑工程系主任张家惠、烟台职业学院建筑工程系副主任鞠洪海、河南城建学院副教授罗从双的大力支持，在此表示衷心感谢。

由于时间和水平所限，书中缺点和错误在所难免，欢迎读者批评指正。

编　者

《工程造价编制与职业素养》编委会成员

主编：阎庆东

任烟台市工程建设标准造价管理办公室主任、烟台市工程建设标准造价协会会长，造价工程师，监理工程师，高级工程师，编写项目2、项目6。

副主编：宋巧玲

任烟台职业学院建筑工程系工程造价教研室主任，造价工程师，一级建造师，投资咨询师，资产评估师，高级工程师，编写项目1、项目3。

副主编：李国森

任山东元亨工程咨询有限公司董事长，造价工程师，高级工程师，编写附录。

参编：赵春红

任山东城市建设职业学院高级工程师，造价工程师，监理工程师，投资咨询师，参编项目六。

参编：徐志刚

任四川信息职业技术学院副教授，高级技师，参编项目1。

参编：江小丽

任滁州职业技术学院助理讲师，编写项目4、项目5。

参编：程义红

任河南城建学院助理讲师，参编项目6。

目 录

项目1 建设项目投资决策阶段工程造价的确定与控制

【学习要点及目标】

- 了解项目建设程序及建设项目组成。
- 了解工程造价及工程造价管理的内涵。
- 了解国内外工程造价管理现状和造价工程师。
- 了解资金的时间价值。
- 熟悉工程造价的构成。
- 学会编制建设项目总投资估算、经营成本估算、销售收入估算、利润及利润分配估算、财务现金流量估算及经济技术指标分析。
- 会进行建设项目财务评价。

【核心概念】

建设项目 工程造价 工程造价管理 资金的时间价值 建设项目总投资 静态投资 动态投资 设备及工器具购置费 建筑安装工程费用 可行性研究 投资估算 财务评价

【工作任务单】

某房地产开发项目建设内容主要为 68 栋高层住宅楼、1 栋 30 层公寓式酒店、6 栋联排别墅、12 栋独栋别墅、商业及配套、居委会、警务室、卫生站、物业用房、文化活动中心、小学、幼儿园、地下停车场等，还包括地块内的 3 栋 6 层保留建筑，同时进行本地块的拆迁及回迁安置、某部分村民的异地安置(拆迁工作已完成，不属于本项目内容)等。

该项目共划分为 A、B、C、D 四个地块，为改善城市面貌，政府决定由某开发商对这 4 个地块进行开发。根据规划管理部门批准的初步规划设计方案，本项目规划总用地面积为 41.12m²，可建设用地面积 32.57m²，总建筑面积 756 640m²(包括地上建筑面积 615 200m²，地下建筑面积 141 440m²)。项目容积率为 1.89，建筑密度为 22%，绿地率为 39%，总户数为 4 420 户，停车位为 5 293 个。项目拆迁且原地回迁安置户数 351 户，某异地安置户数 262 户。该项目的开发建设期预计为 7 年。依据该项目的规划设计、该市同类建筑的造价资料及有关房地产开发项目收费的规定，编制该项目的投资估算。

某项目管理公司所做的本项目的建设投资估算如表 1-1 所示。

表 1-1　投资估算明细表

项目名称：烟台市某建设工程项目　　　　　　　　　　　　　　　　单位：万元

序号	项　目	建筑工程费	设备购置费	安装工程费	其他费用	合　计	占比例	备　注
一	开发建设投资	144 934.58	15 828.51		119 298.91	280 062.00	100%	
1	土地费用				84 745.87	84 745.87	30.26%	
1.1	土地征用费				70 315.20	70 315.20		按合同额，含契税、土地使用税
1.2	拆迁补偿费				1 4430.67	14 430.67		
1.2.1	土地使用权征收补偿费				3 865.24	3 865.24		按占地面积计(120 元/m²)
1.2.2	地上附着物补偿费				1 549.94	1 549.94		按占地面积估算(48.75元/m²)
1.2.3	房屋征收补偿费				9015.49	9015.49		按拆迁量和拆迁补偿方案计
2	前期工程费				1 555.85	1 555.85	0.56%	
2.1	水文、地质勘探费				411.20	411.20		按占地面积计(10 元/m²)
2.2	规划、建筑设计费				907.97	907.97		按(计价格〔2002〕10 号)计
2.3	工程咨询费				31.08	31.08		按国家有关规定计
2.4	土地平整费				205.60	205.60		按占地面积计(5 元/m²)
3	基础设施建设费		15 828.51			15 828.51	5.65%	
3.1	给排水工程		3 783.20			3 783.20		按建筑面积计(50 元/m²)
3.2	供电工程		5 296.48			5 296.48		按建筑面积计(70 元/m²)
3.3	消防工程		2 269.92			2 269.92		按建筑面积计(30 元/m²)
3.4	暖通工程		1 513.28			1 513.28		按建筑面积计(20 元/m²)
3.5	道路硬化工程		1 361.95			1361.95		按道路面积计(120 元/m²)
3.6	绿化工程		1 603.68			1 603.68		按绿化面积计(100 元/m²)
4	建筑安装工程费	144 934.58				144 934.58	51.75%	
4.1	住宅	94 613.22				94 613.22		按建筑面积计(1 800 元/m²)
4.2	商业配套及公建	15 810.00				15 810.00		按建筑面积计(2 000 元/m²)
4.3	地下	34 511.36				34 511.36		按建筑面积计(2 440 元/m²)
5	开发间接费				0.00	0.00	0.00%	
6	建设单位管理费				933.00	933.00	0.33%	按国家有关规定计
7	财务费用				0.00	0.00	0.00%	
8	销售费用				8 982.89	8 982.89	3.21%	按销售收入 2.0%计
9	其他费用				15 669.53	15 669.53	5.60%	
9.1	城市基础设施配套费				5 220.82	5 220.82		按建筑面积计(69 元/m²)

续表

序号	项　目	建筑工程费	设备购置费	安装工程费	其他费用	合　计	占比例	备　注
9.2	劳动保险基金				3 768.30	3 768.30		建安工程费用×2.6%
9.3	新型墙体材料专项基金				756.64	756.64		按建筑面积计(10 元/m²)
9.4	设计审查费				72.64	72.64		设计费用×8%
9.5	建筑垃圾处理费				453.98	453.98		按建筑垃圾量计(2 元/m³)
9.6	民工工资保证金				4 348.04	4 348.04		建安工程费用×3.0%
9.7	散装水泥基金				52.96	52.96		按建筑面积计(0.7 元/m²)
9.8	白蚁防治费				94.58	94.58		按建筑面积计(2.5 元/m²)
9.9	工程监理费				756.64	756.64		按建筑面积计(10 元/m²)
9.10	招标管理费				144.93	144.93		建安工程费用×0.1%
10	不可预见费				7 411.76	7 411.76	2.65%	(1+2+3+4)×3%
二	总投资	144 934.58	15 828.51	0.00	119 298.91	280 062.00		

1.1　建设项目投资估算编制基础知识

1.1.1　项目建设程序及建设项目组成

1. 项目建设程序的内涵

项目建设程序是指建设项目从设想、选择、评估、决策、设计、施工、竣工验收到投入生产整个建设过程中的各项工作过程及其先后次序。

2. 我国项目建设的程序

我国项目建设的程序划分为以下几个阶段。
(1) 项目建议书阶段。
(2) 可行性研究报告阶段。
(3) 编制计划任务书和选择建设地点。
(4) 设计工作阶段。
(5) 建设准备阶段。
(6) 建设施工阶段。
(7) 竣工验收阶段。
(8) 建设项目后评价阶段。

3. 建设项目

建设项目是指具有独立的行政组织机构并实行独立的经济核算，具有设计任务书，并按一个总体设计组织施工的一个或几个单项工程所组成的建设工程，建成后具有完整的系统，可以独立地形成生产能力或使用价值。如一座工厂、一所学校、一条公路、一个住宅小区等均为一个建设项目。

4. 建设项目的组成

(1) 单项工程。单项工程是指具有独立的设计文件，竣工后能独立发挥生产能力或效益的工程。一般包括建筑工程和安装工程，如工业建设中的一个车间或住宅区建设中的一栋楼，学校中的一座教学楼、图书馆、餐厅等均为一个单项工程。

(2) 单位工程。单位工程是单项工程的组成部分。单位工程是单项工程中具有独立的设计图纸和施工条件，可以独立组织施工，但完成后不能独立发挥生产能力或效益的工程，如车间的土建工程、电气工程、给排水工程、采暖、设备安装等都是单位工程。

(3) 分部工程。分部工程是指按照单位工程的不同部位、不同施工方式、不同材料和设备种类，从单位工程中划分出来的中间产品，如基础工程、主体工程、砌体工程、防水工程、屋面工程、装饰工程等。

(4) 分项工程。分项工程是指通过较简单的施工过程就能产生出来的，并可以用某种计量单位计算的最基本的中间产品，如土石方工程、混凝土工程、抹灰工程等。

建设项目的划分与相应计价文件的关系如图 1-1 所示。

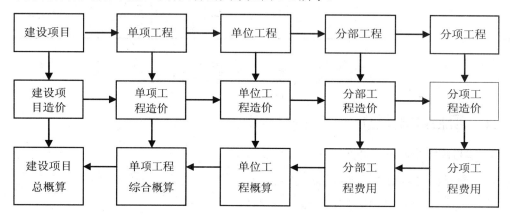

图 1-1　建设项目的划分与相应计价文件的关系

工程造价的计算过程及计算顺序一般是首先计算分部分项工程造价，其次计算单位工程造价，然后汇总出单项工程造价，最后汇总出建设项目总造价。

1.1.2　工程造价的内涵

1. 工程造价

从广义上讲，工程造价是指建设一项工程的预期开支的全部固定资产投资费用，即完成一个项目建设所需要费用的总和，包括建筑安装工程费、设备工器具费用和工程建设其他费用等；从狭义上讲，是指工程价格，即建筑产品价格，是建筑工程发包与承包双方在施工合同中约定的工程造价。因此，工程造价有两种含义。

(1) 工程造价是指建设一项工程预期开支或实际开支的全部固定资产投资费用。显然，这一含义是从投资者——业主的角度来定义的。投资者选定一个项目投资，为了获得预期的效益，就要通过对项目进行可行性研究投资决策，然后进行勘察设计招标、工程施工招标、设备采购招标，直至竣工验收等一系列投资管理活动。在整个投资活动过程中所支付的全部费用形成了固定资产和无形资产，所有这些开支就构成了工程造价。从这个意义上说，工程造价就是完成一个工程建设项目所需费用的总和。

(2) 工程造价是指工程价格，即为建成一项工程，预计或实际在土地市场、设备市场、技术劳务市场以及承包市场等交易活动中所形成的建筑安装工程的价格和建设工程总价格。显然，工程造价的第二种含义是以商品经济和市场经济为前提的。它是以工程这种特定的商品形式作为交易对象，通过招投标或其他交易方式，在进行多次预估的基础上，最终由市场形成的价格。在这里，工程的范围和内涵既可以是涵盖范围很大的一个建设项目，也可以是一个单项工程，或者是整个建设过程中的某个阶段，如土地开发工程、建设安装工程、装饰工程等，或者是其中的某个组成部分。随着经济发展中技术的进步、分工的细化和市场的完善，工程建设的中间产品也会越来越多，商品交换会更加频繁，工程价格的种类和形式也会更为丰富。

通常，人们将工程造价的第二种含义认定为工程承发包价格。应该肯定承发包价格是工程造价中一种重要的，也是最典型的价格形式，它是在建筑市场通过招标投标，有需求主体(投资者)和供给主体(承包商)共同认可的价格。鉴于建筑安装工程价格在项目固定资产中占有 50%～60%的份额，又是工程建设中最活跃的部分，而施工企业是工程项目的实施者，是建筑市场的主体，所以将工程承发包价格界定为工程造价很有现实意义。但如上所述，这样界定对工程造价的含义理解较狭窄。

区别工程造价的两种含义，其理论意义在于为投资者和供应商的市场行为提供理论依据。当政府提出较低工程造价时，是站在投资者的角度充当着市场需求主体的角色；当承包商提出要提高工程造价、提高利润并获得更多的实际利润时，他是要实现一个市场供给主体的利益，这是市场运行机制的必然。不同的利益主体绝不能混为一谈。同时，两种含义也是对单一计划经济理论的一个否定和反思。区别二重含义的现实意义在于：为实现不同的管理目标，不断充实工程造价的管理内容，完善管理方法，更好地为实现各自的目标服务。

工程造价两种含义的关系：既是统一体又是相互区别的。它们的主要区别在于需求的主体和供给主体在市场中追求的经济利益不同。从管理性质来看，前者属于投资管理范畴，后者属于价格管理范畴。从管理目标来看，作为项目投资费用，投资者在进行项目决策和项目实施中，首先追求的是决策的正确性；作为工程价格，承包商所关注的是利润和成本，他追求的是较高的工程造价。投资者和承包商之间的矛盾正是市场的竞争机制和利益风险机制的必然反映。

2. 工程造价的特点

工程造价的特点是由工程建设的特殊性决定的。

1) 工程造价的大额性

能够发挥投资效用的任何一项工程，不仅实物形体庞大，而且造价高昂，动辄数百万、数千万、数亿、十几亿，特大型工程项目的造价可达百亿、千亿元人民币。工程造价的大额性使其关系到有关各方面的重大经济利益，同时也会对宏观经济产生重大影响。这就决定了工程造价的特殊地位，也说明了造价管理的重要意义。

2) 工程造价的个别性、差异性

任何一项工程都有特定的用途、功能和规模，每个工程所处地区、地段都不相同，因而不同工程的内容和实物形态都具有差异性，这就决定了工程造价的个别性差异。

3) 工程造价的动态性

任何一项工程从决策到竣工交付使用，都有一个较长的建设时期。在预计工期内，许多影响工程造价的动态因素，如工程变更、设备材料价格、工资标准、费率、利率、汇率等都可能会发生变化，这种变化必然会影响到造价的变动。所以工程造价在整个建设期处于不确定状态，直到竣工决算后才能最终确定工程的实际造价。

4) 工程造价的层次性

工程造价的层次性取决于工程的层次性。一个建设项目往往含有多个能够独立发挥设计效能的单项工程(如车间、写字楼、住宅楼等)，一个单项工程又是由若干能够发挥专业效能的单位工程(如土建工程、电气安装工程等)组成的。与工程的层次性相应，工程造价也有3个层次，即建设项目总造价、单项工程造价和单位工程造价。如果专业分工更细，单位工程(如土建工程)的组成部分——分部分项工程也可以成为交换对象，如大型土方工程、基础工程、装饰工程等，这样工程造价的层次就因增加分部工程和分项工程而成为 5 个层次。即使从造价的计算和工程管理的角度来看，工程造价的层次也是非常突出的。

5) 工程造价的兼容性

工程造价的兼容性首先表现在它具有两种含义，其次表现在工程造价构成因素的广泛性和复杂性。在工程造价中，首先是成本因素非常复杂；其次为获得建设工程用地支出的费用、项目可行性研究和规划设计费用、与政府一定时期政策(特别是产业政策和税收政策)相关的费用占有相当的份额；再次是盈利的构成也较为复杂，资金成本大。

3. 工程造价的作用

工程造价涉及国民经济各部门、各行业，涉及社会再生产中的各个环节，也直接关系到人民群众的生活和城镇居民的居住条件，所以它的作用范围和影响程度都很大。其作用主要表现在以下几个方面。

1) 工程造价是项目决策的依据

工程造价决定着项目的一次投资费用，投资者是否有足够的财务能力支付这笔费用，是项目决策中要考虑的主要问题，也是投资者必须先解决的问题。因此，在项目决策阶段，建设工程造价就成为项目财务分析和经济评价的重要依据。

2) 工程造价是制订投资计划和控制投资的依据

投资计划是按照建设工期、工程进度和建设工程价格等逐年分月加以指定的。正确的投资计划有助于合理和有效地使用资金。

工程造价在控制投资方面的作用非常明显。工程造价是通过多次性预估最终通过竣工决算确定下来的。每一次预估的过程就是对造价的控制过程。具体地讲，每一次预估都不能超过前一次估算的一定幅度，这种控制是在投资者财务能力的限度内为取得既定的投资效益所必需的。建筑工程造价对投资的控制也表现在利用制定各类定额、标准、参数来对建设工程造价的计算依据进行控制上。在市场经济条件下，造价对投资的控制作用成为投资的内部约束机制。

3) 工程造价是筹措建设资金的依据

投资体制的改革和市场经济的建立，要求项目的投资必须有很强的筹资能力，以保证工程建设有充足的资金供应。工程造价基本决定了建设资金的需要量，从而为筹措资金提供了比较准确的依据。当建设资金来源于金融机构的贷款时，金融机构在对项目的偿贷能力进行评估的基础上，也需要依据工程造价来确定给予投资者的贷款数额。

4) 工程造价是评价投资效果的重要指标

建设工程造价是一个包含着多层次的造价指标体系。就一个工程项目来说，它既是建设项目的总造价，又包含着单项工程造价和单位工程造价，同时也包含着单位生产能力的造价，或单位平方米建筑面积的造价等。它能够为评价投资效果提供多种评价指标，并能够形成新的价格信息，为今后类似项目的投资提供参考。

5) 工程造价是合理进行利益分配和调节产业结构的手段

工程造价的高低涉及国民经济各部门和企业间的利益分配。在计划经济体制下，政府为了利用有限的财政资金建成更多的工程项目，总是趋于压低建设工程造价，使建设中的劳动消耗得不到完全补偿，价值不能得到完全实现。而未被实现的现实部分价值则被重新分配到各个投资部门，为项目投资者所占有。这种利益的再分配有利于各产业按政府的投资导向迅速发展，也有利于按宏观经济的要求调整产业结构，但是也会严重损害建筑企业的利益，从而使建筑业的发展长期处于落后状态，与整个国民经济的发展不相适应。在市场经济中，工程造价也无例外地受供求状况的影响，并在围绕价值的波动中实现对建设规模、产业结构和利益分配的调节。加上政府正确的宏观调控和价格政策导向，工程造价在这方面的作用会充分发挥出来。

4. 工程造价计价的特征

工程造价的特点决定了工程造价有如下的计价特征。

1) 计价的单件性

产品的个别差异决定了每项工程都必须单独计算造价。

2) 计价的多次性

项目建设周期长、规模大、造价高，因此按建设程序计价要分阶段进行。在项目建设过程中，根据建设程序要求和国家有关规定，工程建设的不同阶段要编制不同的计价文件(见表 1-2)，以保证工程造价计算的准确性和控制的有效性。当建设项目处在项目建议书阶段和可行性研究报告阶段，被称为投资估算；在设计阶段初期，对应的是设计概算或设计总概算；当进行技术设计或扩大初步设计时，设计概算就要做调整、修改，被称为修正设计概算；进入施工图设计后，被称为施工图预算，进行招投标程序时称为招标控制价或标底和投标报价；经过市场招投标交易的时候，采用的是承包合同价。

表 1-2　不同阶段工程造价文件对比

项目类别	编制单位	编制阶段	编制依据	用　途
投资估算	建设单位 工程咨询机构	项目建议书 可行性研究报告	投资估算指标	投资决策
设计概算	设计单位	初步设计 扩大初步设计	概算定额指标	控制投资及造价

续表

项目类别	编制单位	编制阶段	编制依据	用　途
施工图预算	施工单位或设计单位、工程咨询机构	施工图设计	预算定额	编制标底、投标报价等
合同价	承发包双方	招投标	预算定额、市场状况	确定工程承发包价格
结算价	施工单位	施工	预算定额、设计及施工变更资料	确定工程实际建造价格
竣工决算	建设单位	竣工验收	设计概算、工程结算、承包合同等资料	确定工程项目实际投资

多次计价是逐步深化、细化和接近实际造价的过程。

(1) 投资估算。投资估算是指在项目建议书和可行性研究报告阶段，依据投资估算指标、类似工程的造价资料、现行的设备材料价格并结合工程的实际情况，对拟建项目的投资进行预测和初估。投资估算是判断项目可行性、进行项目决策的主要依据之一。投资估算又是项目筹资和控制造价的主要依据。

(2) 设计概算。设计概算是指在初步设计阶段依据初步设计意图和有关概算定额或概算指标等，通过编制工程招标文件，预先预测和限定的工程造价。概算造价比投资估算造价的准确性有所提高，但不应超过投资估算造价，并且是控制拟建项目投资的最高限额。概算造价可分为建设项目概算总造价、单项工程概算综合造价和单位工程概算造价三个层次。

(3) 修正概算。修正概算是指当采用初步设计阶段、技术设计阶段、施工图设计阶段三阶段设计时，在技术设计阶段，随着对初步设计的深化，可能要对建设规模、结构性质、设备类型等方面进行必要的修改和改动，因此初步设计概算也需要做必要的修正和调整。但一般情况下，修正概算不能超过设计概算。

(4) 施工图预算。施工图预算是指在施工图设计阶段，依据施工图纸以及各种计价依据和有关规定计算的工程预期造价。它比概算造价或修正概算造价更为详尽和准确，但不能超过初步设计概算。

(5) 合同价。合同价是指在工程招投标阶段，在签订总承包合同、建筑安装工程承包合同、设备材料采购合同时，由发包方和承包方共同协商一致作为双方结算基础的工程合同价格。合同价属于市场价格的性质，它是由承包双方依据市场行情共同协定和认可的成交价格，但它并不等同于最终决算的实际工程造价。

(6) 结算价。结算价是指在工程实施阶段，以合同价为基础，同时考虑影响工程造价的设备与材料价差、设计变更等因素，按合同规定的调价范围和调价方法对合同价进行必要的修正和调整后确定的价格。结算价是发承包方结算的实际价格。

(7) 竣工决算。在竣工验收阶段，依据工程建设过程中实际发生的全部费用编制竣工决算，最终确定建设工程的实际造价。

3) 造价的组合性

工程造价的计算是分部组合而成的，这种特征和建设项目的组合性有关。一个建设项目是一个工程综合体，这个综合体可以分解为许多有内在联系的独立和不能独立的工程。从计价和工程管理的角度，分部分项工程还可以分解。由此可以看出，建设项目的这种组合性决定了计价的过程是一个逐步组合的过程，这一特征在计算概算造价和预算造价时尤其明显，同时也反映到合同价和结算价中。其计算过程和计算顺序是：分部分项工程单价→单位工程造价→单项工程造价→建设项目总造价。

4) 方法的多样性

工程的多次性计价有不同的计价依据，对造价的精确度要求也不相同，这就决定了计价方法有多样性的特征。例如，计算概、预算造价的方法有单价法和实物法等，计算投资估算的方法有设备系数法、生产能力指数估算法等。不同的方法利弊不同，适应条件也不同，计价时要依据具体情况加以选择。

5) 依据的复杂性

由于影响造价的因素多，所以计价依据的种类多，主要可分为以下 7 类。

(1) 计算设备和工程量的依据。

(2) 计算人工、材料、机械等实物消耗量的依据。

(3) 计算工程单价的价格依据。

(4) 计算设备单价的依据。

(5) 计算其他费用的依据。

(6) 政府规定的税、费。

(7) 物价指数和工程造价指数。

依据的复杂性不仅导致计算过程很复杂，而且要求计价人员熟悉各类依据，并加以正确应用。

1.1.3　工程造价管理

1. 工程造价管理的内涵

工程造价管理分为建设工程投资费用管理和价格管理。

工程投资费用管理属于投资管理范畴。工程建设投资管理是指为了实现投资的预期目标，在拟订的规划、设计方案的条件下，预测、计算、确定和监控工程造价及其变动的系统活动。这一含义涵盖了微观层次的项目投资费用的管理，也涵盖了宏观层次的投资费用管理。

工程价格管理属于价格管理范畴，可分为微观层次和宏观层次两个方面。微观层次价格管理是指企业在掌握市场价格信息的基础上，为实现管理目标而进行的成本控制、计价、定价和竞价的系统活动。发、承包双方对工程承包价格的管理包括工程款的支付、结算、变更、索赔等，反映微观主体按支配价格运动的经济规律。宏观层次价格管理是政府根据经济发展的需要，利用法律手段、经济手段和行政手段对价格进行管理和调控以及通过市场管理，规范市场主体价格行为的系统活动。

工程造价管理是建筑市场管理的重要组成部分和核心内容，是建筑市场经济的价格体现，它与工程招投标、质量、施工安全有着密切关系，是保证工程质量和安全生产的前提和保障。在整顿和规范建筑市场经济秩序中，切实加强工程造价管理尤为关键，而合理确定工程造价对工程项目建设则是至关重要的。

工程造价管理主要是从货币形态来研究完成一定建筑安装产品的费用构成，以及如何运用各种经济规律和科学方法对建设项目的立项、筹建、设计、施工、竣工交付使用的全

过程的工程造价进行合理确定和有效控制。同时通过加强经济核算和工程造价管理，寻求技术和经济的最佳结合点，合理利用人力、物力和财力，力争取得最大的投资效益。

2. 工程造价管理的目标

工程造价管理的目标是按照经济规律的要求，根据市场经济的发展形势，利用科学管理方法和先进管理手段，合理地确定造价和有效地控制造价，以提高投资效益和建筑安装企业经营效益。工程造价管理决定着建设项目的投资效益，因此要达到的目标一是造价本身(投入产出比)合理，二是实际造价不超出概算。

3. 工程造价管理的特点

工程造价管理的特点如下。

(1) 时效性，即随着时间的变化而不断变化。

(2) 公正性，既要维护业主的合法权益，也要维护承包商的利益。

(3) 规范性，由于工程项目千差万别，因而要求标准客观，工作程序规范。

(4) 准确性，即运用科学、技术原理及法律手段进行科学管理，使计量、计价、计费有理有据，有法可依。

4. 工程造价管理的内容

工程造价管理的基本内容是合理确定和有效控制工程造价。两者的关系是相互依存、相互制约。首先，工程造价的确定是工程造价控制的载体和基础，没有工程造价的确定就没有工程造价的控制；其次，造价的控制贯穿于造价确定的全过程，造价确定的过程也是造价的控制过程，确定造价和控制造价的最终目标是一致的，两者相辅相成。

1) 工程造价的合理确定

工程造价的合理确定就是在建设程序的各个阶段，采用科学的、切合实际的计价依据，合理确定投资估算、设计概算、施工图预算、合同价、结算价、竣工决算价。

2) 工程造价的有效控制

所谓工程造价的有效控制，就是在优化建设方案、设计方案的基础上，在建设程序的各个阶段，采用一定的方法和措施把工程造价的发生控制在合理的范围和核定的造价限额以内。具体说，是要用投资估算价控制设计方案的选择和初步设计概算造价，用概算造价控制技术设计和修正概算造价；用概算造价或修正概算造价控制施工图设计和预算造价，以求合理使用人力、物力和财力，取得较好的投资效益。控制造价在这里强调的是控制项目投资。

有效控制工程造价应体现以下三项原则。

(1) 以设计阶段为重点的健全过程造价控制。工程造价控制贯穿于项目建设全过程，但是必须重点突出。很显然，工程造价控制的关键在于施工前的投资决策和设计阶段，而在项目做出投资决策后，控制工程造价的关键就在于设计。建设工程全寿命费用包括工程造价和工程交付使用后的经常开支费用(含经营费用、日常维护修理费用、使用期内大修理和局部更新费用)，以及该项目使用期满后的报废拆除费用等。据西方一些国家分析，设计费一般只相当于建设工程全寿命费用的 1%以下，但正是这少于 1%的费用对工程造价的影响度占 75%以上。由此可见，设计质量对整个工程建设的效益是至关重要的。

长期以来，我国普遍忽视工程建设项目前期工作阶段的造价控制，而往往把控制工程造价的主要精力放在施工阶段算细账，如审核施工图预算、结算建安工程价款等。这样做尽管也有效果，但毕竟是"亡羊补牢"，事倍功半。要有效地控制建设工程造价，就要坚决地把控制重点转移到建设前期阶段上来，当前尤其应抓住设计这个关键阶段，以取得事半功倍的效果。

(2) 主动控制，以取得令人满意的结果。人们常把控制理解为目标值与实际值的比较，以及当实际值偏离目标值时，分析其产生偏差的原因，并确定下一步的对策。在工程项目建设全过程进行这样的工程造价控制当然是有意义的，但这种立足于调查→分析→决策基础之上的偏离→纠偏→再偏离→再纠偏的控制方法，只能发现偏离，不能使已产生的偏离消失，不能预防可能发生的偏离，因而只能说是被动控制。自 20 世纪 70 年代初开始，人们将"控制"立足于事先主动地采取措施，以尽可能地减少以至避免目标值与实际值的偏离，这是主动的、积极的控制方法，因此被称为主动控制。也就是说，工程造价控制，不仅要反映投资决策，反映设计、发包和施工，更要能动地影响投资决策，影响设计、发包和施工，主动地控制工程造价。

(3) 技术与经济相结合是控制工程造价最有效的手段。要有效地控制工程造价，应从组织、技术、经济等多方面采取措施。从组织上采取的措施包括明确项目组织结构、明确造价控制者及其任务、明确管理职能分工；从技术上采取措施，包括重视设计多方案选择，严格审查监督初步设计、技术设计、施工图设计、施工组织设计，深入技术领域研究节约投资的可能；从经济上采取措施，包括动态地比较造价的计划值和实际值，严格审核监督初步设计、技术设计、施工图设计、施工组织设计，深入技术领域，研究节约投资的可能；从经济上采取措施，包括动态地比较造价的计划值和实际值，严格审核各项费用支出，采取对节约投资的有力奖励措施等。

应该看到，技术与经济相结合是控制工程造价最有效的手段。长期以来，在我国工程建设领域，技术与经济相分离，技术人员认为如何降低工程造价与己无关，认为那是财会人员的职责。而财会概算人员的主要职责是依据财会制度办事，他们往往不熟悉工程知识，也较少了解工程进展中的各种关系和问题，只单纯地从财会制度角度审核费用开支，难以有效地控制工程造价。为此，迫切需要在工程建设过程中把技术与经济有机地结合起来，通过技术比较、经济分析和效果评价，正确处理技术先进与经济合理两者之间的对立统一关系，力求在技术先进条件下的经济合理，在经济合理基础上的技术先进，把控制工程造价观念渗透到各项设计和施工技术措施之中。

3) 工程造价管理的工作要素

工程造价管理围绕合理确定和有效控制工程造价这个基本内容，采取全过程、全方位管理，其具体的工作要素大致归纳为以下几点。

(1) 可行性研究阶段对建设方案认真优选，在编制投资估算时，应考虑风险，做足投资。

(2) 通过招标，从优选择建设项目的承建单位、咨询(监理)单位、设计单位。

(3) 合理选定工程的建设标准、设计标准，贯彻国家的建设方针。

(4) 按估算对初步设计推行量财设计，积极、合理地采用新技术、新工艺、新材料，优化设计方案，准确合理编制设计概算，打足投资。

(5) 对设备、主材进行择优选购，抓好相应的招标工作。

(6) 认真控制施工图设计，推行"限额"设计。

(7) 协调好与各有关方面的关系，合理处理配套工作(包括征地、拆迁、城建等)中的经济关系。

(8) 严格按概算对造价实行静态控制、动态管理。

(9) 用好、管好建设资金，保证资金合理、有效地使用，减少资金利息支出和损失。

(10) 严格合同管理，做好工程索赔价款结算。

(11) 强化项目法人责任制，落实项目法人对工程造价管理的主体地位，在法人组织内建立与造价紧密结合的经济责任制。

(12) 社会咨询(监理)机构要为项目法人积极开展工程造价管理提供全过程、全方位的咨询服务，遵守职业道德，确保服务质量。

(13) 各造价管理部门要强化服务意识，强化基础工作(定额、指标、价格、工程量、造价等信息资料)的建设，为工程造价的合理确定提供动态的可靠依据。

(14) 各单位、各部门要组织好造价工程师的考核、培养和培训工作，促进人员素质和工作水平的提高。

1.1.4 国内外工程造价管理现状和执业资格制度

1. 国际造价工程师联合会(ICEC)

目前该组织共有 4 个区域性的分会，分别为南北美洲、欧洲和近东、非洲、亚太地区。

2. 美、英、法工程造价管理现状

(1) 美国。设立协会 AACE ，具有业主自主负责、设有专业人员、全程管理一元化、社会服务功能强等特点。

(2) 英国。工程造价管理工作形成了一个科学化、规范化的颇具影响力的独立专业，目前英国有 22 所大学设立了工程造价管理专业。

(3) 法国。把工程造价称为建筑经济工作，从事本工作的人员称为建筑经济师，并在国内成立了法国建筑经济联合会。

3. 国外工程造价管理的模式

1) 行之有效的政府间接调控

政府对工程造价采取不直接干预的方式，只是通过税收、信贷、价格、信息指导等经济手段引导和约束投资方向和控制，政府调控市场，市场引导企业，使投资符合市场经济发展的需要，一般实行总分包的工程管理体制。

2) 有章可循的计价依据

由政府颁发统一的工程量计算规则，统一工程量清单计价办法等宏观控制的计价依据。

3) 多渠道的工程造价信息

一般都是由政府颁布多种造价指数、价格指数或由有关协会和咨询公司提供价格和造价资料，供社会享用，形成及时、准确、实用的工程造价信息网，适应市场经济条件下的快速、高效、多变的特点，满足工程计价工作对价格信息的需要。

4) 通用的合同文本

国际上工程造价管理与控制主要运用 FIDIC(土木工程建筑合同条件)，推行限额设计、工程总承包项目体制，施工总承包商负责施工图的设计，实行工程量清单报价与计价方式，有许多值得我们学习之处。

5) 采用清单计价方式并委托专业咨询公司进行工程计价和控制

专业咨询公司一般都有丰富的工程造价实例资料与其数据库和长期的计价实践经验，有较完善的工程计价信息系统和技术优势及手段。

6) 形成了工程总包与分包的项目管理体制

由施工承包商承担施工图设计，有利于设计与施工的有机结合，充分发挥技术优势，降低工程造价。

4. 我国工程造价管理的发展过程

第 1 阶段，1950—1957 年，计划经济时代，引进苏联一套概预算定额管理制度，核心是"三性一静"，即统一性、综合性、指令性及工、料、机价格为静态。

第 2 阶段，1958—1966 年，是概预算定额管理工作遭遇到严重破坏的阶段。主要受"左"的错误思想影响。

第 3 阶段，1966—1976 年，遭到严重破坏阶段。

第 4 阶段，20 世纪 70 年代至 90 年代，是造价管理整顿和发展时期。

第 5 阶段，20 世纪 90 年代初至 2003 年 6 月，传统的概预算定额管理遏制了竞争，抑制了生产者和经营者的积极性和创造性。

第 6 阶段，2003 年 7 月发布 GB 50500—2003《建设工程工程量清单计价规范》，2008 年 12 月发布 GB 50500—2008《建设工程工程量清单计价规范》，2013 年 7 月发布 GB 50500—2013《建设工程工程量清单计价规范》。推行工程量清单计价方法不仅是工程造价计价方法改革的一项具体措施，也是有效推行"计价管理办法"的重要手段，是我国工程建设管理体制改革和加入 WTO 与国际惯例接轨的必然要求，是实现我国深化工程造价全面改革的革命性措施。目前是工程造价反映市场规律的时代。

5. 我国工程造价管理体制的改革方向

(1) 建立健全工程造价管理计价依据。

(2) 健全法规体系，实行"依法治价"。

(3) 用动态的方法研究和管理工程造价。

(4) 健全工程造价管理机构，充分发挥引导、管理、监督和服务职能。

(5) 健全工程造价管理人员的资格准入与考核认证，加强培训提高人员素质。

造价员是取得全国建设工程造价员资格证书，在一个单位注册、从事建设工程造价活动的专业人员。造价工程师是取得造价工程师注册证书，在一个单位注册、从事建设工程造价活动的专业人员。

6. 我国造价工程师执业资格制度

1996 年 8 月，国家人事部、建设部联合发布了《造价工程师执业资格制度暂行规定》，2002 年 6 月，中国工程造价管理协会制定了《造价工程师继续教育实施办法》和《造价工程师职业道德行为准则》，2006 年 12 月 11 日建设部发布《注册造价工程师管理办法》(原建设部第 150 号部长令,自 2007 年 3 月 1 日起施行),造价工程师执业资格制度逐步完善起来。

全国造价工程师执业资格考试由国家建设部与国家人事部共同组织,每年举行一次,实行全国统一大纲、统一命题、统一组织的办法,原则上只在省会城市设立考点。考试采用滚动管理,共设 4 个科目,单科滚动周期为两年。造价工程师证书如图 1-2 所示。

图 1-2 造价工程师证书

1) 报考条件

(1) 凡中华人民共和国公民,遵纪守法并具备以下条件之一者,均可申请参加造价工程师执业资格考试。

① 工程造价专业大专毕业,从事工程造价业务工作满 5 年;工程或工程经济类大专毕业,从事工程造价业务工作满 6 年。

② 工程造价专业本科毕业,从事工程造价业务工作满 4 年;工程或工程经济类本科毕业,从事工程造价业务工作满 5 年。

③ 获上述专业第二学士学位或研究生班毕业和获硕士学位,从事工程造价业务工作满 3 年。

④ 获上述专业博士学位,从事工程造价业务工作满 2 年。

(2) 在《造价工程师执业资格制度暂行规定》下发之日(1996 年 8 月 26 日)前,已受聘担任高级专业技术职务并具备下列条件之一者,可免试《工程造价管理基础理论与相关法规》和《建设工程技术与计量》两个科目,只参加《工程造价计价与控制》和《工程造价案例分析》两个科目的考试。

① 1970 年(含 1970 年,下同)以前工程或工程经济类本科毕业,从事工程造价业务满 15 年。

② 1970 年以前工程或工程经济类大专毕业,从事工程造价业务满 20 年。

③ 1970 年以前工程或工程经济类中专毕业,从事工程造价业务满 25 年。

上述报名条件中有关学历或学位的要求是指经国家教育行政主管部门承认的正规学历或学位,从事相关工作年限要求是指取得规定学历前、后从事该相关工作时间的总和,其截止日期为考试报名当年年底。

2) 报名时间

考试报名工作一般集中在考试当年 5—6 月进行,具体报名时间查阅各省人事考试中心网站公布的报考文件,亦可关注网校造价工程师频道考试报名栏目信息。

符合条件的报考人员可在规定时间内登录指定网站在线填写提交报考信息,并按有关规定办理资格审查及缴费手续,考生凭准考证,持《资格审核表》、本人身份证明(如身份证、军官证、机动车驾驶证、护照，台湾居民还须提交《台湾居民来往大陆通行证》，下同)、毕业证书、学位证书、工程造价年限证明在指定的时间和地点参加考试。符合免试条件的报考人员还须提供高级专业技术职务证书(上述证件均为原件)。造价工程师考务费各省略有不同，一般每科为 40~100 元。

3) 准考证获取

完成网上报名的人员一般应于考前 10 日至一周时间内在报名系统中下载并打印(或领取)准考证。考生下载准考证中遇有问题，请及时与本人相应确认点联系。

4) 考试科目

造价工程师执业资格考试分 4 个科目：《建设工程造价管理》、《建设工程计价》、《建设工程技术与计量》、《建设工程造价案例分析》。其中《建设工程技术与计量》分为"土木建筑工程"与"安装工程"两个子专业，报考人员可根据工作实际选报其一。

造价工程师执业资格考试为滚动考试，报考 4 个科目(级别为考全科)考试的人员，必须在连续 2 个考试年度内通过应试科目，参加 2 个科目考试(级别为免二科)的人员须在 1 个考试年度内通过应试科目，方可获得造价工程师执业资格证书。考试安排见表 1-3。

表 1-3　全国造价工程师考试科目安排表

科目名称	考试时间/小时	题型题量	满分/分
建设工程造价管理	2.5	单选题：60 道；多选题：20 道	100
建设工程计价	3	单选题：72 道；多选题：24 道	120
建设工程技术与计量(土木建筑工程)	2.5	单选题：60 道；多选题：20 道	100
建设工程技术与计量(安装工程)	2.5	单选题：40 道，多选题：20 道 选做题：20 道	100
建设工程造价案例分析	4	案例题：6 道	140

5) 考试时间

造价工程师考试一般每年都在 10 月进行，2014 年造价工程师考试时间为 10 月 18、19日，特殊情况请参看各省市考试通知。

造价工程师执业资格考试分 4 个半天，以纸笔作答方式进行。《工程造价案例分析》科目为主观题，在答题纸上作答，其他科目的试题为客观题，在答题卡上作答。考试时，应考人员应携带黑色墨水笔、2B 铅笔、橡皮、无声无文本编辑功能的计算器。

6) 成绩管理

考试合格者，由人力资源和社会保障部颁发，人力资源和社会保障部、住房和城乡建设部共同印制的《中华人民共和国造价工程师执业资格证书》。

造价工程师考试成绩一般在考试结束 2~3 个月后陆续公布，在各省的人事考试中心网站成绩查询栏目查询即可，亦可关注网校造价工程师频道成绩查询栏目信息。

7) 合格标准

造价工程师资格考试合格标准均为试卷满分的 60%，一般不变。造价工程师考试通过以后，考生携带相关材料，到各报名点办理造价工程师执业资格证书。

8) 领取方式

个人领证：凭本人有效身份证原件或成绩单领取(成绩单在查询成绩时可以直接打印)。

他人代领：凭代领人及持证人有效身份证原件(个别省禁止他人代领)。

单位代领：须提供单位介绍信，介绍人身份证原件。

9) 携带资料

领取时须持本人身份证(护照或驾照)原件、免冠证件照片若干张；准考证原件、《专业技术人员资格考试合格登记表》一式三份；毕业证书原件；免试条件的考生，还需提供高级职称资格证书原件；若代领，代领人须持本人身份证原件及上述要求的证件。

10) 注册管理

(1) 取得执业资格的人员，经过注册方能以注册造价工程师的名义执业。

(2) 取得执业资格的人员申请注册的，应当向聘用单位工商注册所在地的省、自治区、直辖市人民政府建设行政主管部门或者国务院有关部门提出注册申请。

(3) 注册造价工程师的注册条件如下。

① 取得执业资格。

② 受聘于一个工程造价咨询企业或者工程建设领域的建设、勘察设计、施工、招标代理、工程监理、工程造价管理等单位。

③ 无《注册造价工程师管理办法》第十二条不予注册的情形。

11) 注册证书

取得资格证书的人员，可自资格证书签发之日起 1 年内申请初始注册。逾期未申请者，须符合继续教育的要求后方可申请初始注册。初始注册的有效期为 4 年。在注册有效期内，注册造价工程师变更执业单位的，应当与原聘用单位解除劳动合同，并按照《注册造价工程师管理办法》规定的程序办理变更注册手续。变更注册后延续原注册有效期。

7. 造价工程师的权利和义务

造价工程师的权利如下。

(1) 使用注册造价工程师名称。

(2) 依法独立执行工程造价业务。

(3) 在本人执业活动中形成的工程造价成果文件上签字并加盖执业印章。

(4) 发起设立工程造价咨询企业。

(5) 保管和使用本人的注册证书和执业印章。

(6) 参加继续教育。

造价工程师的义务如下。

(1) 遵守法律、法规、有关管理规定，恪守职业素养。

(2) 保证执业活动成果的质量。

(3) 接受继续教育，提高职业水平。

(4) 执行工程造价计价标准和计价方法。

(5) 与当事人有利害关系的，应当主动回避。

(6) 保守在执业中知悉的国家机密和他人的商业，技术秘密。

8. 造价工程师的任务和执业范围

1) 造价工程师的任务

《造价工程师注册管理办法》总则第一章第一条明确规定：造价工程师的任务是"提高建设工程造价管理水平，维护国家和社会公共利益"。对于这一条规定，应从两个方面去理解：首先，造价工程师受国家、单位的委托，为委托方提供工程造价成果文件，在具体执行业务时，必须始终要牢记的一个宗旨是，对工程造价进行合理确定和有效控制，通过合理确定和有效控制工程造价不断提高建设工程造价管理水平，这是造价工程师执业中的具体任务；其次，通过造价工程师在执业中提供的工程造价成果文件，维护国家和社会公共利益，这就是造价工程师执行具体任务的根本目的。150 号部长令中提高建设工程造价管理水平，维护国家、社会公共利益这一任务，体现了两个方面的一致性。

(1) 执行具体任务与执行任务的根本目的的一致性。造价工程师向单位或委托方提供工程造价成果文件应服从于造价工程师执行任务的根本目的，任何有损于工程造价的合理确定和有效控制的正确实施，有损于国家、社会公共利益的不正确计价行为的活动，都是与造价工程师的任务不符合的。如果发生上述违反这一规定的行为，造价工程师要承担相应的法律责任。

(2) 保证工程造价的合理确定和有效控制的正确实施与维护国家、社会公共利益的一致性。一方面，造价工程师不管接受来自任何方面的指令，在执行具体任务时都必须首先站在科学、公正的立场上，通过所提供的准确的工程造价成果文件，来维护国家、社会公共利益和当事人的合法权益，不能不讲职业素养、受利益驱动、片面迎合委托方的意愿，高估冒算或压价，甚至用不正当的手段谋求利益。另一方面，造价工程师必须通过维护国家、社会公共利益和当事人双方的合法权益，来维护工程造价成果文件的顺利实施，而不能盲目地听从长官意志，使来自行政的干预或其他干预损害当事人的合法权益。

2) 造价工程师的执业范围

首先要明确一点，造价工程师的任务与造价工程师的业务是两个不同的概念。造价工程师的任务要解决的问题是，通过履行国家法律赋予的造价工程师的职责来达到执行具体任务的根本目的。而造价工程师业务所要解决的问题是造价工程师执业工作范围的问题。由此看出造价工程师的任务必须通过造价工程师的各项业务活动来实现，而造价工程师的各项业务活动则必须为实现造价工程师的任务服务。

关于造价工程师的业务范围，在人事部、建设部于 1996 年颁发的《造价工程师执业资格制度暂行规定》中的规定是：国家在工程造价领域实施造价工程师执业资格制度，凡是从事工程建设活动的建设、设计、施工、工程造价咨询等单位，必须在计价、评估、审核、审查、控制及管理等岗位配备具有造价工程师执业资格的专业技术人员；造价工程师只能在一个单位执业；造价工程师的执业范围包括建设项目投资估算的编制，审核及项目经济评价，工程概算、预算、结(决)算、标底价、投标报价的编审，工程变更及合同价款的调整和索赔费用的计算，建设项目各阶段工程造价控制，工程经济纠纷的鉴定，工程造价计价依据的编审，与工程造价业务有关的其他事项。

上述文件中的规定有两个问题应正确理解：首先，文件中规定一个造价工程师只能接受一个单位的聘请，在一个单位中为本单位或委托方提供工程造价专业服务。这里所指的一个单位可以是建设单位，也可以是设计院、施工单位或工程造价咨询单位。其次，执业范围包括了从工程建设前期直至竣工以及造价纠纷的鉴定等，可见执业范围是相当宽的，但这并不意味着由一个造价工程师去完成所有的工作。对于某个具体执业人员来讲，他的执业范围要受到单位资格的限制。如在施工企业注册的造价工程师，只能完成报价、结算工作。也就是说，造价工程师的执业范围不得超越其所在单位的业务范围，个人执业与所在单位业务不符时，个人执业范围必须服从单位的业务范围。

文件中规定的在建设、设计、施工、工程造价咨询单位中配备造价工程师执业这一制度，一是有利于工程造价专业队伍整体水平的提高，大家有共同的专业语言、平等的执业环境以及共同的职业素养；二是可以运用各自的技能在从事不同阶段的岗位上，为维护国家、社会公共利益，提出最优资源方案，使得资金有效地得到利用，这对于维护聘请单位和当事人的合法权益，避免或减少不必要的经济纠纷和损失有重要的作用和意义。

1.1.5 资金的时间价值

资金的时间价值是运动的价值，资金的价值是随时间变化而变化的，是时间的函数，随时间的推移而增值，其增值的这部分资金就是原有资金的时间价值。其实质是资金作为生产经营要素，在扩大再生产及资金流通过程中，随时间周转使用的结果。

(1) 利息。在借贷过程中，债务人支付给债权人超过原借贷金额的部分就是利息。它是资金时间价值的一种重要表现形式，通常用利息额的多少作为衡量资金时间价值的绝对尺度。在工程经济分析中，利息常常是指占用资金所付的代价或放弃使用资金所得的补偿。

(2) 等值。因资金有时间价值，即使金额相同，发生在不同时间，其价值就不相同。反之，不同时点绝对值不等的资金在时间价值的作用下却可能具有相等的价值。这些不同时期、不同数额但其"价值等效"的资金称为等值，又叫等效值。

(3) 资金的时间价值公式(一次性支付类型和等额支付类型)。

① 一次性支付终值的计算。终值是指货币资金未来的价值，即一定量的资金在将来某一时点的价值，表现为本利和。

单利终值的计算公式：

$$F = P \times (1 + r \times n) \tag{1-1}$$

复利终值的计算公式：

$$F = P \times (1 + r)^n \tag{1-2}$$

式中，F 表示终值；P 表示本金；r 表示年利率；n 表示计息年数。

其中，$(1+r)^n$ 称为复利终值系数，记为 $(F/P,r,n)$，可通过复利终值系数表查得。在 $(F/P, r,n)$ 这类符号中，括号内斜杠前的符号表示所求的未知数，斜杠后的符号表示已知数。$(F/P, r,n)$ 表示在已知 P、r 和 n 的情况下求解 F 的值。

【例 1-1】 本金为 50 000 元，利率或者投资回报率为 8%，投资年限为 10 年，那么，10 年后所得到的本利和按复利计算公式计算得

$$F = 50\ 000 \times (1+8\%)^{10} = 50\ 000 \times 2.1589(可查表) = 107\ 945(元)$$

② 一次性支付现值的计算。现值是指货币资金的现在价值，即将来某一时点的一定资金折合成现在的价值。或者说是为取得将来一定复利现值系数本利和现在所需要的本金。现值计算是终值计算的逆运算。

单利现值的计算公式：

$$P = \frac{F}{1 + rn} \tag{1-3}$$

复利现值的计算公式：

$$P = \frac{F}{(1+r)^n} \tag{1-4}$$

式中，P 表示现值；F 表示未来某一时点发生的金额；r 表示年利率；n 表示计息年数。

其中，$(1+r)^{-n}$ 称为复利现值系数，记为 $(P/F,r,n)$，可通过复利现值系数表查得。

r 也称为贴现率，由终值求现值的过程称为贴现或折现。

注意：在利率(r)和期数(n)一定时，复利现值系数和复利终值系数互为倒数。在 P 一定、

n 相同时，r 越高，F 越大；在 r 相同时，n 越长，F 越大。同样，在 F 一定、n 相同时，r 越高，P 越小；在 r 相同时，n 越长，P 越小。

【例 1-2】　某人拟在 5 年后获得本利和 10 000 元，假设投资报酬率为 10%，他现在应投入多少元？

$$P=10\ 000/(1+10\%)^5=10\ 000\times0.620\ 9(可查表)=6\ 209(元)$$

1.2　工程造价的构成

工程造价一般是指某项工程建设所花费的全部费用，即该工程项目有计划地进行固定资产再生产和形成相应的无形资产的一次性费用的总和。

1.2.1　建设项目投资的构成

在不同时期、不同条件下，对建设项目总投资的构成存有不同的理解和规定，建设项目总投资组成的费用项目划分要衔接可行性研究投资估算与初步设计概算，也有满足建设项目经济评价的费用划分需要。

根据国家有关法律、法规和《基本建设财务管理规定》、《中央基本建设投资项目预算编制暂行办法》、《国有建设单位会计制度》、《建设项目经济评价方法与参数》等规定，在可行性研究阶段，建设项目投入的总资金包括建设投资、建设期利息和流动资金等，详见表 2-2。

建设投资中的工程建设其他费是指应在工程项目的建设投资中开支的固定资产其他费用、无形资产费用和其他资产费用。表 1-4 中所列的工程建设其他费项目是项目建设投资中较常发生的费用项目，但并非每个项目都会发生，项目不发生的其他费用项目不计取。一般建设项目很少发生或一些具有较明显行业特征的工程建设设其他费项目，如移民安置费、水资源费、水土保持评价费、地震安全性评价费、地质灾害危险性评价费、河道占用补偿费、超限设备运输特殊措施费、航道维护费、植被恢复费、种质检测费和引种测试费等，可在具体项目发生时依据有关政策规定计取。

表 1-4　建设项目总投资的构成

可行性研究阶段	费用组成				初步设计阶段
项目投入总资金	建设投资	固定资产投资	建筑工程费		项目概算总投资
			设备及工器具购置费		
			安装工程费		
			固定资产其他费用	可行性研究费(工程咨询费)	前期工程费	第一部分工程费用
				规划、建筑设计费		
				水文、地质勘探费		
				环境影响评价费		
				劳动安全卫生评价费		
				场地准备及基础设施建设费		

续表

可行性研究阶段	费用组成				初步设计阶段
项目投入总资金	建设投资	固定资产投资	固定资产其他费用	引进技术和引进设备其他费	一般用于工业项目
				工程保险费	
				联合试运转费	
				特殊设备安全监督检查费	
				建设单位管理费(或开发间接费)	一般用于建设开发项目 第二部分 工程建设其他费
				销售费用	
				财务费用	
				不可预见费	
				其他费用	
		其他资产费用	生产准备及开办费		
			……		
		预备费	基本预备费		第三部分 预备费
			价差预备费		
	建设期利息				第四部分 专项费用
	流动资金(项目报批总投资和概算总投资中只列铺底流动资金)				
	固定资产投资方向调节税(暂停征收)				

可行性研究阶段投资估算组成的计算公式如下。

(1) 项目投入总资金。

项目投入总资金=建设投资+建设期利息+流动资金+固定资产投资方向调节税

其中：建设投资=固定资产投资+无形资产费用+其他资产费用+预备费

=工程费用+工程建设其他费+预备费

工程费用=建筑工程费+设备购置费+安装工程费

固定资产投资=工程费用+固定资产其他费用

预备费=基本预备费+价差预备费

基本预备费=(工程费用+工程建设其他费)×基本预备费率

(2) 项目报批总投资。

项目报批总投资=建设投资+建设期利息+铺底流动资金+固定资产投资方向调节税

=项目概算总投资

1.2.2 设备及工器具购置费的构成

设备、工器具购置费是由设备购置费和工器具及家具购置费组成的，它是固定资产投资中的组成部分。

1. 设备购置费

设备购置费是指为工程建设项目购置或自制达到固定资产标准的设备、工器具及家具

的费用。

设备购置费=设备原价(国产标准设备、国产非标准设备、进口设备原价)+设备运杂费

确定固定资产的标准是使用年限在一年以上、单位价值在 1 000 元或 1 500 元或 2 000 元以上的资产，具体单位价值由主管部门规定。

国产设备原价是指设备制造厂的交货价，即出厂价或订货合同价。国产标准设备是指按照主管部门颁布的标准图纸和技术要求，由我国设备生产厂批量生产的，符合国家质量检验标准的设备。

国产非标准设备是指国家尚无定型标准，不能成批定点生产，只能按一次订货，并根据具体的设计图纸制造的设备。其主要计算方法有成本计算估价法、扩大定额估价法、类似设备估价法、概算指标估价法。

进口设备原价是指进口设备的抵岸价，即抵达买方国家的边境港口或边境车站，且交完关税后所形成的价格。进口设备交货方式有内陆交货类、目的地交货类、装运港交货类。

进口设备原价=货价(FOB 价)+国际运费+运输保险费+银行财务费+外贸手续费+关税+增值税+消费税+海关监督手续费+车辆购置手续费

内陆交货类：即卖方在出口国内陆的某个地点交货。

目的地交货类：有目的港船上交货价、目的港船边交货价(FOS)和目的港码头交货价(关税已付)及完税后交货价(进口国的指定点)等几种交货价。这类交货类别卖方承担的风险较大，在国际贸易中卖方一般不愿采用。

装运港交货类：主要有装运港船上交货价(FOB，习惯称离岸价)，运费在内价(C&F)和运费、保险费在内价(CIF，习惯称到岸价)。卖方装船后提供货运单据即可。

装运港船上交货价(FOB)是我国进口设备采用最多的一种货价。

设备运杂费是指由制造厂仓库或交货地点运至施工工地仓库或设备存放地点，所发生的运输及杂项费用，包括运费、包装费、采购保管和保养费、供销部门手续费。

设备运杂费=设备原价×设备运杂费率

2. 工器具及家具购置费

工器具及家具购置费是指新建项目或扩建项目初步设计规定所必须购置的不够固定资产标准的设备、仪器工具、生产家具和备品备件等的费用。

工器具及生产家具购置费=设备购置费×工器具及生产家具定额费率

1.2.3　建筑安装工程费的构成

建筑安装工程费包括建筑工程费和安装工程费。建筑工程是指各类房屋建筑、一般建筑安装工程、室内外装饰装修、各类设备基础、室外构筑物、道路、绿化、铁路专用线、码头等基本建设工程。建筑安装工程费是指建筑物(构筑物)附属的室内供水、供热、卫生、电气、燃气、通风孔、弱电设备的管道安装及线路敷设工程费。根据我国住房和城乡建设部与财政部关于印发《建筑安装工程费用项目组成》的通知建标〔2013〕44 号文，建筑安装工程费构成如下。

1. 按构成要素划分

建筑安装工程费按照费用的构成要素划分为人工费、材料(包含工程设备，下同)费、施工机具使用费、企业管理费、利润、规费和税金，具体组成内容如图1-3所示。其中人工费、材料费、施工机具使用费、企业管理费和利润包含在分部分项工程费、措施项目费、其他项目费中。

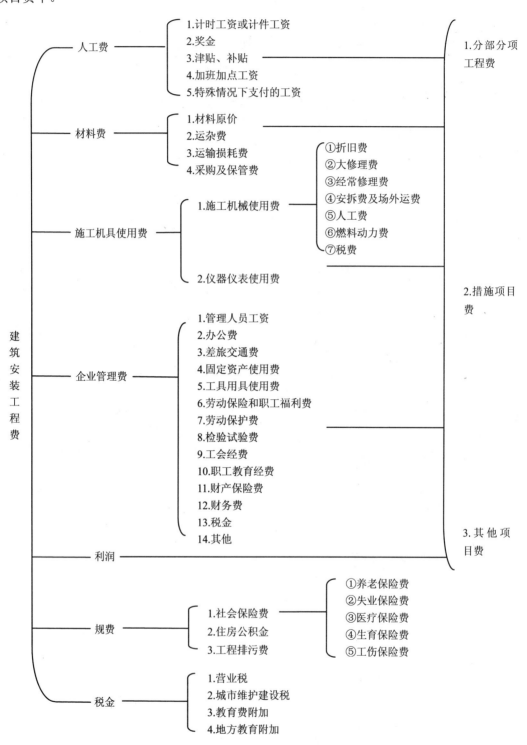

图1-3 建筑安装工程费用项目组成

1) 人工费

人工费是指按工资总额构成规定，支付给从事建筑安装工程施工的生产工人和附属生产单位工人的各项费用，内容如下。

(1) 计时工资或计件工资。是指按计时工资标准和工作时间或对已做工作按计件单价支付给个人的劳动报酬。

(2) 奖金。是指因超额劳动和增收节支支付给个人的劳动报酬，如节约奖、劳动竞赛奖等。

(3) 津贴、补贴。是指为了补偿职工特殊或额外的劳动消耗和因其他特殊原因支付给个人的津贴，以及为了保证职工工资水平不受物价影响支付给个人的物价补贴，如流动施工津贴、特殊地区施工津贴、高温(寒)作业临时津贴、高空津贴等。

(4) 加班加点工资。是指按规定支付的在法定节假日工作的加班工资和在法定工作日工作时间外延时工作的加点工资。

(5) 特殊情况下支付的工资。是指根据国家法律、法规和政策规定，由于病、工伤、产假、计划生育假、婚丧假、事假、探亲假、定期休假、停工学习、执行国家或社会义务等原因按计时工资标准或计时工资标准的一定比例支付的工资。

2) 材料费

材料费是指施工过程中耗费的原材料、辅助材料、构配件、零件、半成品或成品、工程设备的费用。具体包括以下内容。

(1) 材料原价。是指材料、工程设备的出厂价格或商家供应价格。

(2) 运杂费。是指材料、工程设备自来源地运至工地仓库或指定堆放地点所发生的全部费用。

(3) 运输损耗费。是指材料在运输装卸过程中不可避免的损耗。

(4) 采购及保管费。是指为组织采购、供应和保管材料、工程设备的过程中所需要的各项费用，包括采购费、仓储费、工地保管费、仓储损耗。

工程设备是指构成或计划构成永久工程一部分的机电设备、金属结构设备、仪器装置及其他类似的设备和装置。

3) 施工机具使用费

施工机具使用费是指施工作业所发生的施工机械、仪器仪表使用费或租赁费。

(1) 施工机械使用费。以施工机械台班耗用量乘以施工机械台班单价表示，施工机械台班单价应由下列 7 项费用组成。

① 折旧费。指施工机械在规定的使用年限内，陆续收回其原值的费用。

② 大修理费。指施工机械按规定的大修理间隔台班进行必要的大修理，以恢复其正常功能所需的费用。

③ 经常修理费。指施工机械除大修理以外的各级保养和临时故障排除所需的费用。包括为保障机械正常运转所需替换设备与随机配备工具附具的摊销和维护费用、机械运转中日常保养所需润滑与擦拭的材料费用及机械停滞期间的维护和保养费用等。

④ 安拆费及场外运费。安拆费指施工机械(大型机械除外)在现场进行安装与拆卸所需的人工、材料、机械和试运转费用以及机械辅助设施的折旧、搭设、拆除等费用；场外运费指施工机械整体或分体自停放地点运至施工现场或由一施工地点运至另一施工地点的运

输、装卸、辅助材料及架线等费用。

⑤ 人工费。指施工机械司机(司炉)和其他操作人员的人工费。

⑥ 燃料动力费。指施工机械在运转作业中所消耗的各种燃料及水、电等。

⑦ 税费。指施工机械按照国家规定应缴纳的车船使用税、保险费及年检费等。

(2) 仪器仪表使用费。是指工程施工所需使用的仪器仪表的摊销及维修费用。

4) 企业管理费

企业管理费是指建筑安装企业组织施工生产和经营管理所需的费用。具体包括以下内容。

(1) 管理人员工资。是指按规定支付给管理人员的计时工资、奖金、津贴补贴、加班加点工资及特殊情况下支付的工资等。

(2) 办公费。是指企业管理办公用的文具、纸张、账表、印刷、邮电、书报、办公软件、现场监控、会议、水电、烧水和集体取暖降温(包括现场临时宿舍取暖降温)等费用。

(3) 差旅交通费。是指职工因公出差、调动工作的差旅费、住勤补助费、市内交通费和误餐补助费、职工探亲路费、劳动力招募费、职工退休、退职一次性路费、工伤人员就医路费、工地转移费以及管理部门使用的交通工具的油料、燃料等费用。

(4) 固定资产使用费。是指管理和试验部门及附属生产单位使用的属于固定资产的房屋、设备、仪器等的折旧、大修、维修或租赁费。

(5) 工具用具使用费。是指企业施工生产和管理使用的不属于固定资产的工具、器具、家具、交通工具和检验、试验、测绘、消防用具等的购置、维修和摊销费。

(6) 劳动保险和职工福利费。是指由企业支付的职工退职金、按规定支付给离休干部的经费、集体福利费、夏季防暑降温费、冬季取暖补贴费、上下班交通补贴等。

(7) 劳动保护费。是企业按规定发放的劳动保护用品的支出,如工作服、手套、防暑降温饮料以及在有碍身体健康的环境中施工的保健费用等。

(8) 检验试验费。是指施工企业按照有关标准规定,对建筑以及材料、构件和建筑安装物进行一般鉴定、检查所发生的费用,包括自设试验室进行试验所耗用的材料等费用。检验试验费不包括新结构、新材料的试验费、对构件做破坏性试验及其他特殊要求检验试验的费用和建设单位委托检测机构进行检测的费用,此类检测发生的费用由建设单位在工程建设其他费用中列支。但对施工企业提供的具有合格证明的材料进行检测不合格所发生的费用,由施工企业支付。

(9) 工会经费。是指企业按《工会法》规定的全部职工工资总额比例计提的工会经费。

(10) 职工教育经费。是指企业按职工工资总额的规定比例计提,为职工进行专业技术和职业技能培训、专业技术人员继续教育、职工职业技能鉴定、职业资格认定以及根据需要对职工进行各类文化教育所发生的费用。

(11) 财产保险费。是指施工管理用财产、车辆等的保险费用。

(12) 财务费。是指企业为施工生产筹集资金或提供预付款担保、履约担保、职工工资支付担保等所发生的各种费用。

(13) 税金。是指企业按规定缴纳的房产税、车船使用税、土地使用税、印花税等。

(14) 其他。包括技术转让费、技术开发费、投标费、业务招待费、绿化费、广告费、公证费、法律顾问费、审计费、咨询费、保险费等。

5) 利润

利润是指施工企业完成所承包工程获得的盈利。

6) 规费

规费是指按国家法律、法规规定，由省级政府和省级有关权力部门规定必须缴纳或计取的费用。具体包括以下内容。

(1) 社会保险费。

①养老保险费。是指企业按照规定标准为职工缴纳的基本养老保险费。

②失业保险费。是指企业按照规定标准为职工缴纳的失业保险费。

③医疗保险费。是指企业按照规定标准为职工缴纳的基本医疗保险费。

④生育保险费。是指企业按照规定标准为职工缴纳的生育保险费。

⑤工伤保险费。是指企业按照规定标准为职工缴纳的工伤保险费。

(2) 住房公积金。是指企业按规定标准为职工缴纳的住房公积金。

(3) 工程排污费。是指企业按规定缴纳的施工现场工程排污费。

其他应列而未列入的规费，按实际发生计取。

7) 税金

税金是指国家税法规定的应计入建筑安装工程造价内的营业税、城市维护建设税、教育费附加以及地方教育附加等。

2. 按工程造价形成划分

建筑安装工程费按照工程造价形成划分为分部分项工程费、措施项目费、其他项目费、规费、税金等，分部分项工程费、措施项目费、其他项目费包含人工费、材料费、施工机具使用费、企业管理费和利润。

1.2.4 工程建设其他费用的构成

工程建设其他费用是指从工程筹建起到工程竣工验收交付使用止的整个建设期间内，除建筑安装工程费用和设备及工器具购置费用以外，为保证工程建设顺利完成和交付使用能够正常发挥效用而发生的各项费用。

工程建设其他费用按其内容大体可分为三类：土地使用费、与工程建设有关的其他费用、与未来企业生产经营有关的其他费用。

1. 土地使用费

土地使用费是指建设项目通过划拨或土地使用权出让方式取得土地使用权后，所需的土地征用及迁移补偿费或土地使用权出让金。

2. 与项目建设有关的其他费用

(1) 建设单位管理费用。是指建设项目从立项、筹建、建设、联合试运转至竣工验收交付使用和使用后评估等全过程管理所需的费用。包括建设单位开办费和建设单位经费。

(2) 工程勘察设计费。按照国家计委颁发的工程勘察设计收费标准和有关规定计算。

(3) 研究试验费。是指为建设项目提供和验证设计参数、数据、资料等所进行的必要的试验费用以及设计规定在施工中必须进行试验、验证所需费用。

(4) 建设单位临时设施费。建设期间建设单位所需临时设施的单设、维修、摊销或租赁费用。临时设施包括临时宿舍、文化福利和公用事业房屋及构筑物、仓库、办公室、加工厂以及规定范围内的道路、水、电、管线等临时设施和小型临时设施。

(5) 工程监理费。是指委托工程监理单位对工程实施监理工作所需要的费用。按照国家物价局、建设部《关于发布工程建设监理费用有关规定的通知》等文件的规定计算。

(6) 工程保险费。是指对建设项目在建设期间根据需要实施工程保险所需的费用，包括工程一切险、施工机械险、第三者责任险、机动车辆保险、人身意外保险等。

(7) 引进技术和进口设备其他费用。

(8) 国内专有技术及专利使用费。

(9) 工程承包费。是指具备总承包条件的工程公司，对工程建设项目从开始建设至竣工投产全过程进行总承包所需的管理费用。

(10) 工程质量监督费、招标代理费、工程造价咨询费、可行性研究费、环境影响评价费、劳动安全卫生评价费、场地准备费、特殊设备安全监督检验费、市政公用设施费等。

3. 与未来企业生产经营有关的其他费用

(1) 联合试运转费。是指新建企业或新增加生产工艺过程的扩建企业在竣工验收前按照设计规定的工程质量标准，进行整个车间的负荷或无负荷联合试运转发生的费用支出大于试运转收入的亏损部分。

(2) 生产准备费。是指新建企业或新增生产能力的企业，为保证工程竣工交付使用进行必要的生产准备所发生的费用。

(3) 办公和生活家具购置费。是指为保证新建、改建、扩建项目初期正常生产、使用和管理所必须购置的办公和生活家具、用具的费用。

(4) 无形资产费用，包括以下内容。

① 国外设计及技术资料费，引进有效专利、专有技术使用费和技术保密费；

② 国内有效专利、专有技术使用费；

③ 商标权、商誉和特许经营权费等。

1.2.5 预备费、建设期贷款利息和固定资产投资方向调节税

1. 预备费

我国现行规定，预备费包括基本预备费和涨价预备费。

1) 基本预备费

基本预备费是指在初步设计文件及概算中难以事先预料，而在建设期间可能发生的工程费用。包括：在批准的初步设计范围内，技术设计、施工图设计及施工过程中所增加的工程费用；设计变更、局部地基处理等增加的费用；一般自然灾害造成的损失和预防自然灾害所采取的措施费用；竣工验收时为鉴定工程质量，对隐蔽工程进行必要的挖掘和修复费用；超长、超宽、超重引起的运输增加费用等。

基本预备费=(设备及工器具购置费+建筑安装工程费用+工程建设其他费用)×基本预备费率

在项目建议书和可行性研究阶段，基本预备费率一般取 10%~15%；在初步设计阶段，基本预备费率一般取 7%~10%。

2) 涨价预备费

涨价预备费是指建设项目在建设期间内由于价格等变换引起工程造价变化的预测预留费用。费用内容包括人工、设备、材料、施工机械的价差费；建筑安装工程费及工程建设其他费用调整，利率、汇率等增加的费用。

测算方法一般根据国家规定的投资综合价格指数，以估算年份价格水平的投资额为基数，根据价格变动趋势预测价值上涨率，采用复利方法计算。

2. 建设期贷款利息

建设期贷款利息包括向国内银行或其他金融机构贷款、出口信贷、外国政府贷款、国际商业银行贷款以及在境内外发行的债券等在建设期间内应偿还的借款利息。建设期贷款利息实行复利计算。

$$建设期贷款利息=贷款利息+融资费用$$

当年借款按半年计息，上年借款按全年计息。

$$各年应计利息=\left(年初借款本息累计+\frac{本年借款额}{2}\right)\times 年利率 \tag{1-5}$$

【例 1-3】　某新建项目，建设期 3 年，各年均衡投资，第 1 年贷款 300 万元，第 2 年贷款 600 万元，第 3 年贷款 400 万元，年利率为 12%，建设期内利息只计息不支付，计算建设期贷款利息。

解：建设期各年利息计算如下。

$q_1=1/2\times 300\times 12\%=18(万元)$

$q_2=(300+18+1/2\times 600)\times 12\%=74.16(万元)$

$q_3=(300+18+600+74.16+1/2\times 400)\times 12\%=143.06(万元)$

建设期贷款利息=18+74.16+143.06=235.22(万元)

3. 固定资产投资方向调节税

为贯彻国家产业政策，控制投资规模，引导投资方向，调整投资结构，加强重点建设，促进国民经济持续稳定协调发展，对在我国境内进行固定资产投资的单位和个人征收固定资产投资方向调节税。它是以固定资产投资项目实际完成投资额为计费依据。

1.2.6　国外工程施工发包承包价格的构成

1. 工程施工发包承包价格的构成

(1) 直接费用构成。工资、材料费(材料原价、运杂费、税金、运输损耗及采购保管费、预涨费)、施工机械费。

(2) 管理费。包括工程现场管理费和公司管理费。

(3) 开办费。即准备费。包括施工用水、用电费，工地清理及完工后清理费，周转材料费，临时设施费，驻各地工程师的现场办公室及设备的费用，实验室及设备费等其他费用。

(4) 利润。在激烈的工程承包市场竞争中，利润的确定是投标报价的关键，承包商应明确在该工程中应收取的利润额，并分摊到分项工程单价中。

(5) 暂定金额和指定单价。是指包括在合同中，供工程任何部分的施工或提供货物、材

料、设备或服务、不可预料时间的费用使用的一项金额，这项金额只有工程师批准后才能动用，也称特定金额或备用金。

(6) 分包工程费用。是指分包工程的直接费、管理费和利润，还包括分包单位向总包单位缴纳的总包管理费、其他服务费用和利润。

2. 国外工程施工发包承包价格费用的组成

国外工程施工发包承包价格费用的组成形式如下。

(1) 组成分部分项工程单价。

(2) 单独列项。

(3) 分摊进单价。

1.3 建设项目投资估算编制

建设项目投资决策是选择和决定投资行动方案的过程，是对拟建项目的必要性和可行性进行技术经济论证，对不同建设方案进行技术经济比较选择及做出判断和决定的过程。项目投资决策正确与否直接关系到项目建设的成败，关系到工程造价的高低及投资效果的好坏，正确的投资决策是合理确定与控制工程造价的前提。

拟建项目前期工作(大中型项目)分为 4 个阶段：规划阶段、项目建议书阶段、项目可行性研究阶段、评审阶段。

1.3.1 建设项目的可行性研究

可行性研究是指对某工程项目在做出是否投资决策之前，先对与该项目有关的技术、经济、社会、环境等所有方面进行调查研究，对项目各种可能的拟建方案认真地进行技术经济分析论证，研究项目在技术上的先进适用性、在经济上的合理性和建设上的可能性，对项目建成投产后的经济效益、社会效益、环境效益等进行科学的预测和评价，据此提出项目是否应该投资建设以及选定最佳投资建设方案等结论性意见，为项目投资决策部门提供决策依据。可行性研究广泛应用于新建、改建和扩建项目。

可行性研究是建设项目投资决策的依据，是项目筹资和向银行贷款的依据，是项目科研试验、机构设置、职工培训、生产组织的依据，是向当地政府、规划部门、环境保护部门申请建设执照的依据，是项目建设的基础资料，是项目考核的依据。

可行性研究是为了避免错误的项目投资决策，减小项目的风险，避免项目方案多变，保证项目不超支、不延误，对项目因素的变化做到心中有数，从而达到投资的最佳经济效果。

1. 可行性研究的阶段划分

项目可行性研究工作分为投资机会研究、初步可行性研究、详细可行性研究三个阶段。投资机会研究的目的是鉴别与选择项目、寻找投资机会，投资与成本估算精度占±30%；初步可行性研究目的是对项目进行初步技术经济分析，筛选项目方案，其估算精度占±20%；详细可行性研究目的是进行深入细致的技术经济分析，多方案估算，提出结论性意见，其估算精度占±10%。

2. 可行性研究的工作内容

可行性研究的工作内容分为三大部分：①市场研究，主要任务是要解决项目的"必要性"问题；②技术研究，主要是解决项目在技术上的"可行性"问题；③效益研究，主要是解决项目在经济上的"合理性"问题。其中，经济评价是可行性研究的核心。

3. 一般工业建设项目可行性研究报告的内容

(1) 总论。

(2) 市场需求预测和拟建规模。

(3) 资源、原材料、燃料、电及公用设施条件。

(4) 项目建设条件和项目位置选择。

(5) 项目设计方案。

(6) 环境保护和劳动安全。

(7) 生产组织管理、机构设置、劳动定员、职工培训。

(8) 项目的实施计划和进度要求。

(9) 投资估算和资金筹措。

(10) 项目的经济评价(包括财务评价和国民经济评价)。

(11) 综合评价与结论、建议。

可行性研究的编制依据包括：国民经济发展的长远规划，国家经济建设的方针、任务和技术经济政策；项目建议书和委托单位的要求；有关的基础数据资料；有关工程技术经济方面的规范、标准、定额；国家或有关主管部门颁发的有关项目经济评价的基本参数和指标。

可行性研究报告的编制要求编制单位必须具备承担可行性研究的条件，确保可行性研究报告的真实性和科学性，可行性研究报告的内容和深度要规范化和标准化。可行性研究报告必须签字与审批。

可行性研究报告的审批包括预审和审批两个阶段。

1.3.2 建设项目投资估算的编制准备

1. 投资估算的内容与要求

1) 投资估算的内容

投资估算的内容应视建设项目的性质和规模大小以及估算所处的阶段而定。

(1) 全厂性工业项目的估算内容。

全厂性工业项目，应包括红线以内的准备工作(如征地、拆迁、平整场地等)，主体工程、工艺设备和电源、水源、动力等供应的辅助工程，室外总图工程(如大型土方、道路、围墙大门、水暖电管线、构筑物和庭院绿化等)，红线外的市政工程(或摊销)，生活用具购置费、建设单位管理费等其他工程费，即包括自筹建至竣工验收的全部投资。

(2) 民用建筑工程的估算内容。

根据住建部《城市建筑方案设计文件编制深度规定》，投资估算是反映一个建设项目

所需全部建筑安装工程投资的总文件。它是以各单位工程为基本组成基数的(如土建、水卫、暖通、空调、电气等)单项工程的投资估算和室外工程(如土方、水卫、暖通、空调、电气等)投资估算，并考虑预备费用后，汇总成建设项目的总投资。

2) 投资估算文件组成

投资估算由编制说明、估算分析表和汇总表组成。

投资估算汇总表是核心内容，主要包括建设项目总投资的构成，但该构成的范围及按什么标准计算，要受编制依据的制约。

编制说明是检验编制结果准确性的必要条件之一。投资估算编制说明应包括下列内容。

(1) 工程概况、规模及估算总投资额。

(2) 项目特征、所在地区的状况、政策条件及估算的基准时间等。

(3) 编制依据。包括投资估算指标、办法，项目建议书或预可行性研究报告要点，计价的根据、说明及批准的项目建议书。

(4) 不包括的工程项目和费用。

(5) 其他需说明的问题。

3) 投资估算的编制依据

建设项目的投资估算必须根据一定的条件来编制，这些条件就是进行估算的根据，主要包括下面一些内容。

(1) 项目特征，指拟建项目的类型、规模、建设地点、时间、总体建筑结构、施工方案、主要设备类型和建设标准等，这些是进行投资估算的最根本的内容，项目建设内容越明确，则估算结果相对越准确。

(2) 同类工程的竣工决算资料，为投资估算提供可比资料。

(3) 项目所在地区状况，指该地区的地质、地貌、交通等情况，是作为对同类投资资料调查的依据。

(4) 时间条件。待建项目的开工日期、竣工日期、每段时间的投资比例等，因为不同时间有不同的价格标准、利率水平等。

(5) 政策条件。投资中需缴哪些规费、税费及有关的取费标准等。

4) 投资估算的编制要求

(1) 估算费用项目要齐全，不能漏项。投资估算不能太粗糙，必须达到国家或部门规定的深度要求，如果误差太大，必然导致投资者决策失误，带来不良后果。什么类型的项目通常包括哪些费用项目要清楚，另外应考虑项目的特殊性、地区的特殊性等。

(2) 数据资料的收集要全面可靠。要根据不同的估算阶段，充分收集相关资料，合理选用估算方法，确保估算精度。各种建设项目的竣工决算造价资料的广泛性与可靠性是保证投资精确度的前提和基础，全面认真地收集整理和积累各种决策资料是投资估算的重要准备工作。

(3) 历史数据资料的应用要注意动态性。投资的估算必须考虑建设期物价、工资等方面的动态因素变化。使用各项经济(造价)指标，必须注意指标编制的年份和地区，应对不同的年份和地区间所发生的差价予以必要的调整。由于编制投资估算时，有的采用经济(造价)指标，有的采用概、预算定额单价，因此必须区别对待。在采用后者时要另加间接费等，而前者不应另加间接费等。

(4) 对估算的投资总额应加以综合平衡。各单项工程投资局部可能是合理的，但从总投资上反映出来的数字并不一定适当，因此必须从总体上衡量工程的性质、标准和包括的项目的内容是否与当前同类工程的造价相称，与建设单位的要求是否一致；要检查各单项工程和单位工程的经济指标是否合适，分析单项工程之间、单位工程之间、主体工程与附属工程之间、建筑物与室外工程之间等的投资比例关系是否相称，最终做出必要的调整，使整个工程的投资更为正确合理。

(5) 要加强估算工作的科学性和责任性。进行投资估算时，编制者要认真负责，实事求是，以科学的态度进行估算，既不可有意高估冒算，以免积压和浪费资金；也不应故意压价少估，而后进行投资追加，打乱项目投资计划。投资估算的最根本要求是精度要求，为了保证投资的精度要求，对估算编制单位或个人应予以一定的责任要求，给予一定的约束。例如在美国，凡拟建的建设项目都要进行前期可行性确定，咨询公司参与前期的工程造价估算，一旦估算经有关方面批准，就成为不可逾越的标准。咨询公司对自己的估算要负全责，如实际工程超估算时，估算的咨询公司要进行认真分析，如没有确切地说明理由，咨询公司要以一定比例进行赔偿。

总之，投资估算工作应在深入调查研究和已掌握条件的基础上，尽量地做到与现实相符合、估足投资、不留缺口，使估算投资真正能够起到投资控制最高限额的作用。

2. 投资估算的审查

为了保证项目投资估算的准确性和估算质量，必须加强审查工作。投资估算审查内容包括以下几个方面。

1) 审查投资估算编制依据的可行性

(1) 审查选用的投资估算方法的科学性和适用性。投资估算方法很多，每种投资估算方法都各有各的适用条件和范围，并具有不同的精确度。如果使用的投资估算方法与项目的客观条件不相适应，或者超出了该方法的适用范围，就不能保证投资估算的质量。

(2) 审查投资估算采用数据资料的时效性和准确性。投资估算所需的数据资料很多，如已运行的同类型项目投资、设备和材料价格、运杂费率、有关的定额和指标、标准以及有关规定等，这些资料都与时间有密切关系，都可能随时间发生不同程度的变化。投资估算时必须注意数据的时效性和准确性。

2) 审查投资估算的编制内容与规定、规划要求的一致性

(1) 审查投资估算包括的工程内容与规定要求是否一致，是否遗漏某些辅助工程、室外工程等的建设费用。

(2) 审查投资估算的项目产品生产装置的先进水平和自动化程度等是否符合规划要求的先进程度。

(3) 审查是否对拟建项目与已运行项目在工程成本、工艺水平、规模大小、自然条件和环境因素等方面的差异做了适当的调整。

3) 审查投资估算的费用项目、费用数额的符实性

(1) 审查费用项目与规定要求、实际情况是否相符，是否漏项或产生多项现象，估算的费用项目是否符合国家的规定，是否针对具体情况做了适当的增减。

(2) 审查"三废"处理所需投资是否进行了估算，其估算数额是否符合实际。

(3) 审查是否考虑了物价上涨和汇率变动对投资额的影响，考虑的波动变化幅度是否

合适。

(4) 审查是否考虑了采用新技术、新材料以及现行标准和规范比已运行项目的要求提高所需增加的投资额,考虑额度是否合适。

1.3.3 建设项目投资估算的编制实施

投资估算的编制首先应分清项目的类型,然后根据该类型的投资构成列出项目费用名称,进而依据有关规定、数据资料选用一定的估算方法,对各项费用进行估算。具体估算时,一般可分静态、动态及流动资金三部分依次进行。

1. 静态投资估算

静态投资包括建安工程费、设备购置费、工程建设其他费及基本预备费。静态投资的估算,因民用项目与工业生产项目的出发点及具体方法不同而有着显著的区别,一般情况下,工业生产项目的投资估算从设备费用入手,民用项目则往往从建筑工程投资估算入手。

静态投资是有一定时间性的,应统一按某一确定的时间即估算基准期来计算,特别是遇到估算时间距开工时间较远的项目,一定要以开工前一年为基准年,按照近年的价格指数将编制的静态投资进行适当的调整,否则就会失去基准作用,影响投资估算的准确性。

1) 询价法

在项目规划或可行性研究中,如对设备系统已有明确选型,可以采用市场询价加运杂费、安装费的方法估算设备购置费用。

2) 指标估算法

指标估算法的原理是根据以往统计的或自行测定的投资估算指标乘以待估项目的估算工程量,得到估算投资额。投资估算指标的表示形式很多,如建筑物的建筑面积以元/m² 表示,给水工程或照明工程以元/m 表示,变电工程以元/(kV·A)表示,道路工程以元/m² 表示,水库以元/m³ 表示,饭店以元/单位客房间表示,医院以元/床位表示,等等。

采用指标估算法时,应根据项目的设计深度,选用不同的指标形式,同时要根据国家有关规定、投资主管部门或地区颁布的估算指标,结合工程的具体情况编制。要注意的是,若套用的指标与具体工程之间的标准或条件有差异时,应加以必要的换算或调整;使用的指标单位应密切结合每个单位工程的特点,能正确反映其设计参数,切勿盲目地单纯套用一种单位指标。

(1) 单元指标估算法。即工业产品单位生产能力或民用建筑功能或营业能力指标法。计算公式为

$$项目投资=单元估价指标×单元数×调整系数 \tag{1-6}$$

这种估算法适用于整体匡算一个项目的全部投资额,在估算条件不太具体时,可以粗线条地估出全部概略投资,并可与采用较细的估算方法估算的投资进行核对。

【例 1-4】 拟新建一幢 300 间客房的中等旅馆,已建类似工程的技术经济指标为 30 万元/间。新建旅馆的投资估算如下。

$$新建旅馆的估算投资=30×300=9000(万元)$$

(2) 单位面积综合指标估算法。对于单项工程的投资估算,其投资包括土建、给排水、采暖、通风、空调、电气和动力管线等所需费用。计算公式为

$$单项工程投资额=建筑面积\times单位面积造价指标\times价格浮动指数$$
$$\pm结构和装饰部分的价差 \tag{1-7}$$

3) 比例系数法

比例系数法的原理是，以某部分工程内容的投资费用为基数，其他部分的投资通过测定的系数与基数相乘求得。如工业项目的总建设费用，可通过以设备费为基数进行估算；勘察设计监理费以匡算的投资为基数估算等。

(1) 以拟建项目的设备费为基数，根据已建成的同类项目的建筑工程费、安装工程费和其他费用等占设备价值的百分比，求出相应的建筑安装及其他有关费用，其总和即为项目的投资。计算公式为

$$C=E(1+f_1P_1+f_2P_2+f_3P_3)+I \tag{1-8}$$

式中：C——拟建项目的投资额；

E——根据拟建项目的设备清单按当时当地价格计算的设备费的总和；

P_1、P_2、P_3——分别为已建项目中建筑、安装及其他工程费用占设备费的百分比；

f_1、f_2、f_3——分别为由于时间因素引起的定额、价格、费用标准等变化的综合调整系数；

I——拟建项目的其他费用。

(2) 以拟建项目主要的、投资比重较大并与生产能力直接相关的工艺设备的投资(包括运杂费及安装费)为基数，根据同类型的已建项目的统计资料，计算出拟建项目的各专业工程(总图、建筑、采购、给排水、管道、电气及电信、自控及其他费用等)占工艺设备投资的百分比，据以求出各专业工程的投资，将各部分投资费用(包括工艺设备费)相加求和，即为项目的总费用。计算公式为

$$C=E(1+f_1P_1+f_2P_2+f_3P_3+\cdots+f_iP_i)+I \tag{1-9}$$

式中：P_i——分别为各专业工程费用的百分比；

其余符号同前。

(3) 应用经验系数或规定系数进行估算。

例如：估算主体建筑工程周边的附属及零星工程(如道路、室外排水、围墙等)费用时，可以主体建筑工程费用乘以 2.5%加入总投资中；基本预备费可以匡算的工程费用的工程建设其他费之和的 5%～10%来计算等。

4) 生产能力指数法

根据已建成的、性质类似的建设项目或生产装置的投资额和生产能力以及拟建项目或生产装置的生产能力估算项目的投资额。计算公式为

$$C_2=C_1\left(\frac{A_2}{A_1}\right)^n \cdot f \tag{1-10}$$

式中：C_1、C_2——分别为已建类似项目或装置和拟建项目或装置的投资额；

A_1、A_2——分别为已建类似项目或装置和拟建项目或装置的生产能力；

f——不同时期、不同地点的定额、单价、费用变更等的综合调整系数；

n——生产能力指数，$0\leqslant n\leqslant1$。

如果已建类似项目或装置与拟建项目或装置的规模相差不大，生产规模比值在 0.5～2.0

之间，指数 n 的取值近似为 1。

如果已建类似项目或装置与拟建项目或装置的规模相差不大于 50 倍、拟建项目的扩大主要靠增大设备规格时，n 取值在 0.6～0.7 之间；拟建项目的扩大主要靠增加相同规格设备的数量时，则 n 取值在 0.8～0.9 之间。

采用生产能力指数法进行投资估算，计算简单、速度快，但要求类似工程的资料可靠、建设条件基本相同，否则误差就会增大。

【例 1-5】 若将设计中的化工生产系统的生产能力在原有的基础上增加一倍，投资额大约增加多少？

对于一般未明确指标的化工生产系统，可按 $n=0.6$ 估计投资额。因此有

$$\frac{C_2}{C_1}=\left(\frac{A_2}{A_1}\right)^n=\left(\frac{2}{1}\right)^{0.6}\approx 1.5$$

计算结果表明，生产能力增加一倍，投资额大约增加 50%。

【例 1-6】 某拟建年产 3 000 万吨铸钢厂，根据可行性研究报告提供的已建年产 2 500 万吨类似工程的主厂房工艺设备投资约 2 400 万元。已建类似项目资料有：与设备投资有关的其他各专业工程投资系数如表 1-5 所示，与主厂房投资有关的辅助工程及附属设备投资系数见表 1-6。已知拟建项目建设期与类似项目建设期的综合价格差异系数为 1.25。

表 1-5　与设备投资有关的各专业工程投资系数

加热炉	汽化冷却	余热锅炉	自动化仪表	起重设备	供电与传动	建安工程
0.12	0.01	0.04	0.02	0.09	0.18	0.40

表 1-6　与主厂房投资有关的辅助工程及附属设施投资系数

动力系统	机修系统	总图运输系统	行政及生活福利设施工程	工程建设其他费
0.30	0.12	0.20	0.30	0.20

采用生产能力指数法估算拟建工程的工艺设备投资，用比例系数法估算该项目主厂房投资和项目建设的工程费用与工程建设其他费。

(1) 估算工艺设备投资。主厂房工艺设备投资：

$$C_2=C_1\left(\frac{A_2}{A_1}\right)^n\cdot f=2\,400\times\left(\frac{3\,000}{2\,500}\right)^1\times 1.25=3\,600(万元)$$

(2) 估算主厂房投资。

主厂房投资 $=3\,600\times(1+0.12+0.01+0.04+0.02+0.09+0.18+0.40)$
$\qquad\qquad=3\,600\times(1+0.86)=6\,696(万元)$

其中：建安工程投资 $=3\,600\times 0.40=1\,440(万元)$

设备购置投资 $=3\,600\times 1.46=5\,256(万元)$

工程费用与工程建设其他费 $=6\,696\times(1+0.30+0.12+0.20+0.30+0.20)$
$\qquad\qquad\qquad\qquad=6\,696\times(1+1.12)=14\,195.52(万元)$

5) 近似(匡算)工程量估算法

近似(匡算)工程量估算法，即匡算工程量后，配上概预算定额的单价和取费标准，即为所需的造价。这种方法适用于室外道路、围墙、管线等无规律性指标可参考的单位工程，也可供换算或调整局部不合适的构配件之用。表 1-7 所示为民用建筑的部分初估工程量指标。

实际工作中，常常在采用单元指标估算法的同时也采用近似(匡算)工程量估算法，两者互相配合、补充。

2. 动态投资估算

动态投资除包括静态投资外，还包括价差预备费、建设期利息和建设期税费(固定资产投资方向调节税)等三部分内容。动态投资的估算应以基准年静态投资为基础。

1) 价差预备费的估算

价差预备费即因价格变动可能增加的投资额，可按国家或部门(行业)的具体规定执行，计算公式为

$$PC = \sum_{t=1}^{n} K_t [(1+i)^t - 1] \tag{1-11}$$

式中：PC——价差预备费估算额；

K_t——建设期第 t 年的年度投资使用计划额，由项目资金使用计划(表)得出，具体包括工程费用、工程建设其他费和基本预备费；

n——项目的建设年份数；

i——年价格变动率，可根据工程造价指数信息的分析得出。

价差预备费是按开工至竣工的合理建设工期计算，未包括投资估算编制年至工程开工年之间这段时间因物价上涨所增加的费用。投资估算编制时至工程开工在 2 年以内的，应按审定的物价指数调整分年度投资，增加投资估算编制年至工程开工时的价差预备费，调整工程总投资。如果是涉外项目，还应该计算汇率的影响。

表 1-7　民用建筑初估工程量指标

序　号	项　目	单　位	初估指标	估算基础
一	建筑装修部分			
(1)	楼地面及天棚	m²	0.8～0.9	按建筑面积计算
(2)	地面防水	m²	1.2～1.5	按防水地面面积计算，面积大者取上限，反之取下限
(3)	屋面找平、保温、架空层	m²	1.05～1.20	按屋面面积计算，面积大者取下限，否则取上限
(4)	屋面防水卷材	m²		
(5)	窗	m²	0.12～0.17	按建筑面积计算
(6)	门	m²	0.05～0.10	按建筑面积计算
(7)	楼梯(水平投影面积)	m²	0.04～0.06	按建筑面积计算
(8)	楼梯栏杆	m²	0.45	按楼梯水平投影面积计算

序　号	项　目	单　位	初估指标	估算基础
(9)	外墙粉刷	m²	0.5～0.8	按建筑面积计算
			1.15	或按外墙面积计算
(10)	内墙	m²	0.7～0.9	按建筑面积计算，不适用于大空间公共建筑
(11)	内墙粉刷	m²	2	按内墙单面垂直投影
			0.8～0.96	加外墙粉刷
二	结构部分			
(1)	钢筋混凝土桩基(长10m内)	m³	0.45～0.60	按基础面积计算
(2)	钢筋混凝土地下室			
	底板厚0.3～.5m	m³	0.80～1.00	按基础面积计算
	底板厚0.3～0.8m	m³	1.30～1.50	按基础面积计算
	底板厚1.0m左右	m³	1.80～2.00	按基础面积计算
(3)	条基、柱基或组合基础	%	10～15	按土建造价计算
(4)	上部结构(现浇框架结构)	m³	0.3～0.4	按上部建筑面积计算，含柱(13%～17%)、主梁(25%～30%)、板及次梁(45%～55%)、其他(5%~10%)
(5)	上部结构(砖混结构)	m³	0.20～0.25	按上部建筑面积计算，含楼板、构造柱、过梁、圈梁及局部梁等
(6)	上部结构(剪力墙结构)	m³	0.45～0.55	按上部建筑面积计算，含墙、柱、梁、板等

【例1-7】 引用例1-6提供的项目及其资料，设该项目建设期为3年，基本预备费率为5%，分年度投资使用计划比例为第一年30%，第二年50%，第三年20%，建设期价格变动率预测为3%。估算该项目的预备费如下。

(1) 估算基本预备费。

基本预备费=14 195.52×5%=709.78(万元)

(2) 确定年度计划投资额。

静态投资=14 195.52+709.78=14 905.30(万元)

第一年的投资计划用款额：

K_1=14 905.30×30%=4 471.59(万元)

第二年的投资计划用款额：

K_2=14 905.30×50%=7 452.65(万元)

第三年的投资计划用款额：

K_3=14 905.30×20%=2 981.06(万元)

(3) 估算价差预备费。

第一年的价差预备费：

$$PC_1=K_1[(1+i)-1]=4\ 471.59\times[(1+3\%)-1]=134.15(万元)$$

第二年的价差预备费：

$$PC_2=K_2[(1+i)^2-1]=7\ 452.65\times[(1+3\%)^2-1]=453.87(万元)$$

第三年的价差预备费：

$$PC_3=K_3[(1+i)^3-1]=2\ 981.06\times[(1+3\%)^3-1]=276.42(万元)$$

价差预备费合计：

$$PC=PC_1+PC_2+PC_3=134.15+453.87+276.42+864.44(万元)$$

(4) 估算预备费总额。

预备费=709.78+864.44=1 574.22(万元)

2) 建设期利息

在建设项目资金使用计划(表)中，每年投资计划用款额包括自有资金和银行贷款，建设期利息应按借款条件不同而分别计算。在考虑资金时间价值的情况下，建设期利息的简化计算公式为

$$建设期每年应计利息=\left(年初借款累计+\frac{1}{2}\times当年借款额\right)\times年利率 \qquad (1\text{-}12)$$

【例 1-8】 引用例 1-6、例 1-7 的项目资料，项目法人的注册资本金为 8 000 万元，其中安排 500 万元作为自有流动资金使用，建设投资的不足部分利用贷款解决。自有资金与贷款均按分年度投资使用计划比例投入。预计建设期 3 年的贷款利率分别为 5%、6%、6.5%。估算建设期利息如下。

(1) 确定年贷款计划。

建设投资=14 195.52(工程费用与工程建设其他费)+1 574.22(预备费)

　　　　　=15 769.74(万元)

贷款总额=15 769.74-(8 000-500)=8 269.74(万元)

第 1 年贷款额=8 269.74×30%=2 480.92(万元)

第 2 年贷款额=8 269.74×50%=4 134.87(万元)

第 3 年贷款额=8 269.74×20%=1 653.95(万元)

(2) 计算年贷款利息。

$$第\ 1\ 年利息=\left(0+\frac{1}{2}\times2\ 480.92\right)\times5\%=60.02(万元)$$

$$第\ 2\ 年利息=\left(2\ 480.92+60.02+\frac{1}{2}\times4\ 134.87\right)\times6\%=276.50(万元)$$

$$第\ 3\ 年利息=\left(2\ 480.92+60.02+4\ 134.87+276.50+\frac{1}{2}\times1\ 653.95\right)\times6.5\%$$

$$=505.65(万元)$$

建设期贷款利息总额=60.02+276.50+505.65=842.17(万元)

根据例 1-6、例 1-7 和例 1-8 的资料，编制该项目的投资估算表见表 1-8。

表 1-8　投资估算表　　　　　　　　　　　　　　　　　　单位：万元

序　号	项目名称	建安工程费	设备购置费	工程建设其他费	合　计	占建设投资比例/%
1	工程费用	7 600.32	5 256.00		12 856.32	81.53
1.1	主厂房	1 440.00	5 256.00		6 696.00	
1.2	动力系统	2 008.80			2 008.80	
1.3	机修系统	803.52			803.52	
1.4	总图运输系统	1 339.20			1 339.20	
1.5	行政生活福利设施	2 008.80			2 008.80	
2	工程建设其他费			1 339.20	1 339.20	8.49
	(1)+(2)				14 195.52	
3	预备费			1 574.22	1 574.22	9.98
3.1	基本预备费			709.78	709.78	
3.2	价差预备费			864.44	864.44	
4	固定资产投资方向调节税			0.00	0.00	
5	建设期利息			842.17	842.17	
	合　计	7 600.32	5 256.00	3 755.59	16 611.91	100

注：表中"占建设投资比例"也称为"占固定资产投资比例"。

3) 固定资产投资方向调节税

对固定资产投资方向调节税进行估算时，计税基数是年度固定资产投资计划数(即建设投资，为静态投资与价差预备费之和)，按不同的单位工程投资额乘以相应的税率，求出建设期内每年应缴纳的投资方向调节税。

目前，固定资产投资方向调节税暂停征收。

【例 1-9】某地根据地方经济发展的需要，拟利用当地的资源新建一座年产 95 000t 的造纸厂项目。该项目的土地由当地政府通过出让的方式提供，部分设备采用进口，项目建设期为 2 年，厂区外围配套设施由政府提供。项目建设主要房屋建筑见表 1-9。该工程的投资估算结果见表 1-10。

表 1-9　主要建筑工程一览表

序　号	建筑(构)物名称	工程量/m²	备　注
1	原料场	28 000	
2	备料车间	4 600	
3	木片仓库	800	
4	APMP 车间	6 100	
5	造纸车间	4 000	
6	成品车间	4 000	

续表

序　号	建筑(构)物名称	工程量/m²	备　注
7	污水处理场	4 600	其中房屋建筑：1 200m²
8	机修、电修及仪表间	2 100	
9	空压站	500	
10	总降压站	2 300	
11	化学品仓库	850	
12	厂部办公用房	1 200	
13	厂区生活用房	1 500	
14	综合仓库	2 600	
15	给水及排水	400	
16	取水泵房	180	
17	车库(包括消防)、传达室	800	
合　计		63 030	

表1-10　投资估算表　　　　　　　　　　　　　　　单位：万元

序　号	项目名称	建筑工程费	设备购置费	安装工程费	其他费用	总　计
一、单项工程工程费用						
1	原料场及备料	610	1 413	208.5	21.6	2 253.1
2	APMP车间	729	1 108	985	28.4	2 850.4
3	造纸车间	285	4 784	413	25.6	5 507.6
4	空压站	45	70	8.82	1.4	125.22
5	锅炉房	108	490	138		736
6	办公及生活用品	290	103	25.3		418.3
7	给水及排水	310	192	356		858
8	污水处理场	586	1 240	132	16	1 974
9	总降压站	129	600	90	70	889
10	车间变电站		300	100		400
11	厂区线路			265	80	345
12	照明及防雷接地	170				170
13	各类库房	680	246	50		976
14	总图运输	120	32			152
15	厂区绿化				350	350
	小　计	4 062	10 578	2 771.62	593	18 004.62
二、设备购置费(已按1：8.2折成人民币)						
16	进品设备费		12 165.4			12 165.4

续表

序 号	项目名称	建筑工程费	设备购置费	安装工程费	其他费用	总 计
17	进口设备从属费		4 882.8			4 882.8
	其中：国外运输费		941.3			
	国外运输保险费		256.8			
	关税		1 881.4			
	增值税		1 459.8			
	外贸手续费		141.5			
	银行账务费		121.7			
	海关监管费		80.3			
18	国内安装费			1 105.4		1 105.4
19	国内运输费		714.3			714.3
	小 计		17 762.5	1 105.4		18 867.9
三、工程建设其他费						
20	建设用地费				4 450	4 450
21	建设单位管理费				420	420
22	勘察设计费				630.5	630.5
23	研究试验费				80	80
24	临时设施费				121.3	121.3
25	工程监理费				420	420
26	工程保险费				190	190
27	引进技术和进口设备其他费用				1 150	1 150
28	联合试运转费				162.4	162.4
29	生产准备及开办费				150	150
	小 计				7 774.2	7 774.2
四、预备费					2 210	2 210
五、建设期利息					2 105	2 105
六、流动资金					1 546.5	1 546.5
合 计		4 062	28 340.5	3 877.02	14 228.7	50 508.22

3. 工程建设其他费的估算

1) 建设用地费

建设用地费是指按照《中华人民共和国土地管理法》等规定，建设项目征用土地或租用土地应支付的费用。具体包括下面一些内容。

(1) 土地征用及迁移补偿费。通过划拨方式取得无限期的土地使用权而支付的土地补偿费、安置补偿费、地上附着物和青苗补偿费、余物迁建补偿费、土地登记管理费等；通过出让方式取得土地使用权而支付的出让金；建设单位在建设过程中发生的土地复垦费用和土地损失补偿费用；建设期间临时占地补偿费等。

(2) 征用耕地按规定一次性缴纳的耕地占用税；征用城镇土地在建设期间按规定每年缴纳的城镇土地使用税；征用城市郊区菜地按规定缴纳的新菜地开发建设基金等。

(3) 建设单位租用建设项目土地使用权而支付的租地费用。

建设用地费应根据应征建设用地面积、临时用地面积，按建设项目所在省、市、自治区人民政府制定颁发的土地征用补偿费、安置补助费标准和耕地占用税、城镇土地使用税标准计算。

建设用地上的建、构筑物如需迁建，其迁建补偿费应按迁建补偿协议计列或按新建同类工程造价计算。建设场地平整中的余物拆除清理费在"场地准备及临时设施费"中计算。

建设项目采用"长租短付"方式租用土地使用权，在建设期间支付的租地费用计入建设用地费；在生产经营期间按年支付的土地使用费进入营运成本中核算。

2) 建设单位管理费

建设单位管理费是指建设单位从项目开工之日起至办理竣工财务决算之日止发生的管理性质的开支，包括工作人员工资、基本养老保险费、基本医疗保险费和失业保险费等，以及办公费、差旅交通费、劳动保护费、工器具使用费、固定资产使用费、零星购置费、招募生产工人费、技术图书资料费、印花税、业务招待费、施工现场津贴、竣工验收费和其他管理性质开支。

按照国家财政部的规定，业务招待费支出不得超过建设单位管理费总额的 10%。施工现场津贴标准比照当地财政部门制定的差旅费标准执行。建设单位管理费实行总额控制，分年度据实列支。开支范围不得擅自扩大，特殊情况确需超过上述开支标准的，须事前报同级财政部门审核批准。建设单位管理费的总额控制数以项目审批部门批准的项目投资总概算为基数，并按投资总概算的不同规模分档计算。建设单位不得以独立审批的各单项工程投资为基数分别计算建设单位管理费的控制数。

建设单位管理费以建设投资中的工程费用为基数乘以建设单位管理费费率计算，计算公式为

$$建设单位管理费=工程费用×建设单位管理费费率$$

由于工程监理是受建设单位委托的工程建设管理服务，属建设管理范畴。如采用监理，建设单位管理工作量转移至监理单位，监理费应根据委托的监理工作范围和监理深度在监理合同中商定。工程监理费原则上应从建设单位管理费中开支，但也可单独列项。

如建设管理采用工程总承包方式，其总包管理费由建设单位与总包单位根据总包工作范围在合同中商定，从建设单位管理费中支出。

3) 可行性研究费

可行性研究费是指在建设项目前期工作中，编制和评估项目建议书、预可行性研究报告、可行性研究报告所需的费用。

可行性研究费依据可行性研究委托合同计算，或按照《国家计委关于印发〈建设项目前期工作咨询收费暂行规定〉的通知》(计价格〔1999〕1283 号)的规定计算，详见表 1-11 "按建设项目估算投资额分档收费标准"、表 1-12 "按建设项目估算投资额分档收费的调整系数"。

表 1-11　按建设项目估算投资额分档收费　　　　　　单位：万元

咨询评估项目估算投资额	3000 万～1 亿元	1 亿～5 亿元	5 亿～10 亿元	10 亿～50 亿元	50 亿元以上
1 编制项目建议书	6～14	14～37	37～55	55～100	100～125
2 编制可行性研究报告	12～28	28～75	75～110	110～200	200～250
3 评估项目建议书	4～8	8～12	12～15	15～17	17～20
4 评估可行性研究报告	5～10	10～15	15～20	20～25	25～35

表 1-12　按建设项目估算投资额分档收费的调整系数

序　号	行　业	调整系数
(一)	行业调整系数	
1	石化、化工、钢铁	1.3
2	石油、天然气、水利、水电、交通(水运)、化纤	1.2
3	有色金属、黄金、纺织、轻工、邮电、广电、医药、煤炭、火电(含核电)、机械(含船舶、航空、航天、兵器)	1.0
4	林业、商业、粮食、建筑	0.8
5	建材、交通(公路)、铁道、市政公用工程	0.7
(二)	工程复杂程度调整系数	0.9～1.2

编制预可行性研究报告所需费用参照编制项目建议书收费标准并可适当调整。

4) 研究试验费

研究试验费是指为本建设项目提供或验证设计数据、资料等进行必要的研究试验及按照设计规定在建设过程中必须进行试验、验证所需的费用。但不包括：①应由科技三项费用(即新产品试制费、中间试验费和重要科学研究补助费)开支的项目；②应在建筑安装费用中列支的施工企业对建筑材料、构件和建筑物进行一般鉴定、检查所发生的费用及技术革新的研究试验费；③应由勘察设计费或工程建设投资中开支的项目。

研究试验费按照研究试验的内容和要求进行编制。

5) 勘察设计费

勘察设计费是指委托勘察设计单位进行工程水文地质勘察、工程设计所发生的各项费用。包括：①工程勘察费、初步设计费(基础设计费)、施工图设计费(详细设计费)；②设计模型制作费。

勘察设计费依据勘察设计委托合同计列，或按照原国家计委、建设部《关于发布〈工程勘察设计收费管理规定〉的通知》(计价格〔2002〕10 号)规定计算。

6) 环境影响评价费

环境影响评价费是指按照《中华人民共和国环境保护法》、《中华人民共和国环境影响评价法》等的规定，为全面、详细评价本建设项目对环境可能产生的污染或造成的重大影响所需的费用，包括编制环境影响报告书(含大纲)、环境影响报告表和评估环境影响报告书(含大纲)、评估环境影响报告表等所需的费用。

环境影响评价费依据环境影响评价委托合同计列，或按照原国家计委、国家环境保护总局《关于规定环境影响咨询收费有关问题的通知》(计价格〔2002〕125 号)的规定计算。

7) 劳动安全卫生评价费

劳动安全卫生评价费是指按照劳动部《建设项目(工程)劳动安全卫生监察规定》和《建设项目(工程)劳动安全卫生预评价管理办法》的规定，预测和分析建设项目存在的职业危险、危害因素的种类和危险危害程度，提出先进、科学、合理可行的劳动安全卫生技术和管理对策所需的费用。包括编制建设项目劳动安全卫生预评价大纲和劳动安全卫生预评价报告书以及编制上述文件所进行的工程分析和环境现状调查等所需费用。

劳动安全卫生评价费依据劳动安全卫生预评价委托合同计列，或按照建设项目所在省(市、自治区)劳动行政部门规定的标准计算。

8) 场地准备及基础设施建设费

场地准备及基础设施建设费包括场地准备费和基础设施建设费。场地准备费是指建设项目为达到工程开工条件所发生的场地平整和对建设场地余留的有碍于施工建设的设施进行拆除清理的费用。基础设施配套费主要用于建设项目以外的市政公用配套设施，包括城市主次干道、给排水、供电、供气、路灯、公共交通、环境卫生和园林绿化等项目的建设和维护，是市政基础设施建设资金的补充，与各项城市建设资金统筹安排使用。城市基础设施配套费由城市建设行政主管部门会同财政部门编制年度资金使用计划，报当地人民政府批准实施。建设场地的大型土石方工程应计入工程费用。新建项目的场地准备应根据实际工程估算，或按工程费用的比例计算。基础设施配套费按建设行政主管部门的收费标准估算。改扩建项目一般只计拆除清理费。计算公式为

$$场地准备和临时设施费=工程费用×费率+拆除清理费 \tag{1-13}$$

发生拆除清理费时可按新建同类工程造价或主材费、设备费的比例计算。凡可回收钢材的拆除采用以料抵工方式，不再计算拆除清理费。

9) 引进技术和引进设备其他费

引进技术和引进设备其他费包括以下费用内容。

(1) 引进设备材料国内检验费。根据《中华人民共和国进出口商品检验法》的规定，对引进设备材料实施检验和办理检验鉴定业务的费用。其计算公式为

$$引进设备材料国内检验费=硬件货价(CIF)×费率 \tag{1-14}$$
$$货价=外币金额×外汇牌价$$

(2) 海关监管手续费。根据《海关对进口减税、免税货物征收海关监管手续费的办法》规定，对减免关税的引进设备材料收取的实施监督、管理所提供服务的手续费。其计算公式为

$$海关监管手续费=减免关税的硬件货价(CIF)×费率 \tag{1-15}$$

(3) 引进项目图纸资料翻译复制费、备品备件测绘费。根据引进项目的具体情况计列或

按引进货价(FOB)的比例估列;引进项目发生备品备件测绘费时按具体情况估列。

(4) 出国人员费用。包括买方人员出国设计联络、出国考察、联合设计、监造和培训等所发生的旅费、生活费、制装费等。此费用依据合同规定的出国人次、期限和费用标准计算。其中生活费及制装费按照财政部、外交部规定的现行标准计算,旅费按中国民航公布的国际航线票价计算。

(5) 来华人员费用。包括卖方来华工程技术人员的现场办公费用、往返现场交通费用、工资、食宿费用、接待费用等。该项费用应依据引进合同有关条款规定计算。引进合同价款中已包括的费用内容不得重复计算。来华人员接待费用可按每人次费用指标计算。

(6) 银行担保及承诺费。指引进项目由国内外金融机构出面承担风险和责任担保所发生的费用,以及支付贷款机构的承诺费用。该费用应按担保或承诺协议计取。投资估算和概算编制时可以担保金额或承诺金额为基数乘以费率计算。

引进设备的国外运输费、国外运输保险费、关税、增值税、外贸手续费、银行财务费、国内运杂费等按货价(FOB)折算后计入相应的设备费中。

10) 工程保险费

工程保险费是指建设项目在建设期间根据需要对建筑工程、安装工程及机器设备进行投保而发生的保险费用。包括建安工程一切险和人身意外伤害险、引进设备国内安装保险等。

不投保的工程不计取此项费用。不同的建设项目可根据工程特点选择投保险种,根据投保合同计列保险费用。编制投资估算和概算时可按工程费用的比例估算。

11) 特殊设备安全监督检验费

特殊设备安全监督检验费是指在施工现场组装的锅炉及压力容器、消防设备、燃气设备、电梯等特殊设备和设施,由安全监察部门按照有关安全监察条例和实施细则以及设计技术要求进行安全检验,应由建设项目支付的、向安全监察部门缴纳的费用。

特殊设备安全监督检验费应按照建设项目所在省(市、自治区)安全监察部门的规定标准计算。无具体规定的,在编制投资估算和概算时可按受检设备现场安装费的比例估算。

12) 生产准备及开办费

生产准备及开办费是指建设项目为保证正常生产(或营业、投用)而发生的人员培训费、提前进厂费以及投产初期必备的生产生活用具、工器具等购置费用。

(1) 人员培训费及提前进厂费。自行组织培训或委托其他单位培训的人员工资、工资性补贴、职工福利费、差旅交通费、劳动保护费和学习资料费等。

(2) 为保证初期正常生产、生活(或营业、投用)所必需的生产办公、生活家具用具购置费。

(3) 为保证初期正常生产(或营业、投用)必需的第一套不够固定资产标准的生产工具、器具、用具购置费(不包括应计入设备购置费中的备品备件费)。

新建项目的生产准备及开办费以设计定员为基数计算,改扩建项目按新增设计定员为基数计算。计算公式为

$$生产准备及开办费 = 设计定员 \times 生产准备及开办费指标(元/人) \tag{1-16}$$

生产准备及开办费也可采用综合的生产准备及开办费指标计算,或按上述费用内容分类计算。

13) 联合试运转费

联合试运转费是指新建项目或新增加生产能力的工程，在交付生产前按照批准的设计文件所规定的工程质量标准和技术要求，进行整个生产线或装置的负荷联合试运转所发生的费用净支出，即试运转支出大于收入的差额部分费用。试运转支出包括试运转所需原材料、燃料及动力消耗、低值易耗品、其他物料消耗、工具用具使用费、机械使用费、保险金、施工单位参加试运转人员工资以及专家指导费等；试运转收入包括试运转期间的产品销售收入和其他收入。联合试运转费不包括应在设备安装工程费中开支的调试及试车费用，以及在试运转中暴露出来的因施工或设备缺陷等发生的处理费用。

不发生试运转或试运转收入大于(或等于)支出的工程，不列此项费用。当联合试运转收入小于试运转支出时，联合试运转费的计算公式为

$$联合试运转费=联合试运转支出-联合试运转收入 \qquad (1-17)$$

14) 专利及专有技术使用费

专利及专有技术使用费的内容包括：①国外设计及技术资料费、引进有效专利、专有技术使用费和技术保密费；②国内有效专利、专有技术使用费；③商标使用费、特许经营权费等。专有技术的界定应以省、部级鉴定批准为依据。

专利及专有技术使用费按专利使用许可协议和专有技术使用合同的规定计列，项目投资中只计需在建设期支付的专利及专有技术使用费，协议或合同规定在生产期分年支付的使用费应在成本中核算。

4. 流动资金估算

1) 全额流动资金的估算

流动资金是指生产经营项目建成后，为保证项目正常生产或服务运营所必需的周转资金。对于项目规模不大且同类项目资料齐全的，流动资金估算可采用分项详细估算法；对于大项目及设计深度浅的可采用指标估算法。具体计算应按各行业规定进行。

(1) 扩大指标估算法。扩大指数估算法，即根据现有同类企业的实际资料计算一个相对固定的扩大指数值，然后按该数值计算拟建项目流动资金需求总量。

① 按产值(或销售收入)资金率估算。一般加工工业项目多采用产值(或销售收入)资金率进行估算。

$$流动资金额=年产值(年销售收入额)×产值(销售收入)资金率 \qquad (1-18)$$

【例1-10】 已知某项目的年产值为5 000万元，类似企业百元产值的流动资金占用率为20%，则该项目的流动资金为

$$5\,000×20\%=1\,000(万元)$$

② 按经营成本(或总成本)资金率估算。由于经营成本(或总成本)是一项综合性指标，能反映项目的物资消耗、生产技术和经营管理水平以及自然资源赋予条件的差异等实际状况，一些采掘工业项目常采用经营成本(或总成本)资金率估算流动资金。

【例1-11】 某铁矿年经营成本为8 000万元，经营成本资金率取35%，则该矿山的流动资金额为

$$8\,000×35\%=2\,800(万元)$$

③ 按固定资产价值资金率估算。有些项目如火电厂，可按固定资产价值资金率估算流

动资金。计算公式为

$$流动资金额=固定资产价值总额×固定资产价值资金率 \qquad (1\text{-}19)$$

固定资产价值资金率是流动资金占固定资产价值总额的百分比。计算公式为

$$流动资金额=年生产能力×单位产量资金率 \qquad (1\text{-}20)$$

(2) 分项详细估算法。按项目占用的储备资金、生产资金、成品资金、货币资金与结算资金分别进行估算，加总后即为项目的流动资金。为详细估算流动资金，需先估算产品成本。

① 储备资金的估算。储备资金是指从用货币资金购入原材料、燃料、备品备件等各项投入物开始，到这些投入物投入生产使用为止占用流动资金的最低需要量。占用资金较多的主要投入物，需按品种类别逐项分别计算。计算公式为

$$某种主要投入物的流动资金定额=\frac{该投入物价格×年耗量}{360}×储存天数 \qquad (1\text{-}21)$$

$$储存天数=在途天数+(平均供应间隔天数×供应间隔系数)+验收天数+$$
$$整理准备天数+保险天数 \qquad (1\text{-}22)$$

供应间隔系数一般取 50%～60%。

各种主要投入物流动资金之和除以其所占储备资金的百分比，即为项目的储备资金总额。

② 生产资金的估算。生产资金是指从投入物投入生产使用开始，到产成品入库为止的整个生产过程占用流动资金的最低需要量，按在制品种类分别计算后汇总。计算公式为

$$在制品流动资金定额=在制品每日平均生产费用×生产周期天数$$
$$×在制品成本系数 \qquad (1\text{-}23)$$

$$在制品成本系数=\frac{单位产品成本中的原材料费用+\dfrac{单位产品成本中其他费用}{2}}{单位产品成本} \qquad (1\text{-}24)$$

在制品成本系数是指在制品平均单位成本与产品单位成本之比。由于产品生产费用是在生产过程中形成的，随着生产的进展生产费用不断地积累增加，直到产品完成时才构成完整的产品成本，因此在制品成本系数的大小依生产费用增加的情况而定。如果费用集中在开始时投入，在制品成本系数就大；反之则小。如果费用是在生产过程中均衡地发生的，在制品成本系数可按 0.5 计算。式(1-24)是设定大部分原材料费用在开始时发生，其他费用在生产过程中均衡地发生的。

③ 成品资金的估算。成品资金是指从产品入库开始，到发出商品收回货币为止占用的流动资金最低需要量，应按产品品种类别分别计算后汇总。计算公式为

$$成品资金定额=产品平均日销售量×工厂单位产品经营成本×定额天数 \qquad (1\text{-}25)$$

④ 其他流动资金的估算。按类似企业平均占用天数估算。

以上各项资金汇总相加，即为项目的流动资金总需要量。

(3) 分项指标估算法。为简化计算，按流动资金组成中各主要细项分别采用指标估算后汇总相加。例如某矿山项目扩建工程参照该矿区原有各项流动资金和流动资金占用率，结合有关规定确定各项资金占用率如下。

① 营业现金取经营成本减原材料、减外购动力的 4%估算。

② 应收账款按经营成本的 16%估算。

③ 库存材料、备件按材料费用的 40%估算。

④ 库存矿石按经营成本的 4%估算。

⑤ 应付账款按原材料、燃料、外购动力和工资的 8%估算。

2) 经营项目铺底流动资金的估算

注册资本金制度规定，为保证项目正常生产或服务运营所必需的周转资金需要有不少于 30%应当由自有资金安排。

5. 房地产开发投资估算

房地产项目投资不同于基本建设投资，根据国家有关规定，房地产开发项目的投资构成包括开发直接费用和间接费用，其构成如图 1-4 所示。

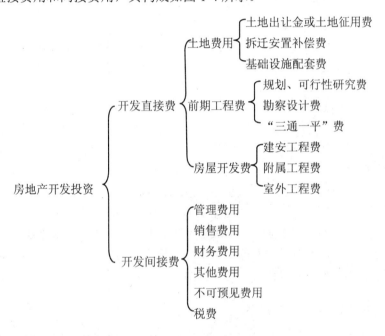

图 1-4　房地产开发项目的投资构成

1) 土地费用估算

土地费用是指为取得项目土地使用权而发生的费用。由于获取土地使用权的方式不同，因此所发生的土地费用也就略有差异。

(1) 土地出让金估算。国家以土地所有者身份将土地使用权在一定年限内让与土地使用者，土地使用者向国家支付土地使用权出让金。土地出让金的估算一般可参照政府近期出让的类似地块的出让金数额并进行时间、地段、用途、临街状况、建筑容积率、土地出让年限、周围环境状况及土地现状等因素的修正得到；也可以依据城市人民政府颁布的城市基准地价，根据项目用地所处的地段等级、用途、容积率和使用年限等因素修正得到。

(2) 土地征用费估算。根据《中华人民共和国土地管理法》的规定，国家建设征用农村土地发生的费用主要有土地补偿费、土地投资补偿费(青苗补偿费、树木补偿费、地面附着物补偿费)、人员安置补助费、新菜地开发基金、土地管理费、耕地占用税和拆迁费等。这些费用可参照国家和地方有关的现行标准进行估算。

(3) 拆迁安置补偿费估算。在城镇地区，国家或地方政府可以依照法定程序，将国有储备土地或已经由企事业单位或个人使用的土地划拨给房地产开发项目或其他建设项目使用。因划拨土地给原用地单位或个人造成的经济损失，新用地单位应按规定给予合理补偿。拆迁安置补偿费实际包括两部分费用，即拆迁安置费和拆迁补偿费。

拆迁安置费是指开发建设单位对被拆除房屋的使用人，依据有关规定给予安置所需的费用。一般情况下应按照拆迁的建筑面积给予安置。被拆除房屋的使用人因拆迁而迁出时，作为拆迁人的开发建设单位应付给搬家费或临时搬迁安置费。

拆迁补偿费是指开发建设单位对被拆迁房屋的所有权人，按照有关规定给予补偿所需的费用。拆迁补偿的形式可分为产权调换、作价补偿或者产权调换与作价补偿相结合的形式。产权调换的面积按照所拆房屋的建筑面积计算，作价补偿的金额按照所拆除建筑物面积的重置价格结合成新度计算。

(4) 基础设施配套费估算。这是因进行城市基础设施如自来水厂、污水处理厂、煤气厂、供热厂和城市道路等的建设而分摊的费用，这些费用的收费标准在各地都有具体的规定，城市建设配套费的估算可参照这些规定或标准进行。

2) 前期工程费估算

前期工程费主要包括项目前期规划、设计、可行性研究、水文和地质勘测以及"三通一平"等土地开发工程费支出。

(1) 项目的规划、设计、可行性研究所需的费用支出一般可按项目总投资的一个百分比估算。一般情况下，规划设计费按(计价格〔2002〕10号)收取，一般为建安工程费的3%左右；可行性研究费占项目总投资的1%左右；水文和地质勘测所需的费用可根据所需工作量结合有关收费标准估算，一般为设计概算的0.5%或根据占地面积估算(10元/m²)。

(2) "三通一平"等土地开发费用，主要包括地上原有建筑物、构筑物拆除费用以及场地平整费用和通水、电、路的费用。这些费用的估算可根据实际工作量，参照有关计费标准估算，也可包含在基础设施配套费中。

3) 房屋开发费估算

(1) 建安工程费是指直接用于房屋工程的总成本，主要包括建筑工程费(结构、建筑、特殊装修工程费)、设备及安装工程费(给排水、电气照明及设备安装、通风空调、弱电设备及安装、电梯及其安装、其他设备及安装)和室内装饰家具费等。

(2) 附属工程费包括锅炉房、热力站、室外变电室、园林景观和信报箱等建设费用。

(3) 室外工程费包括自来水、雨水、污水、煤气、热力、供电、电信、道路、绿化、环卫、室外照明和小区监控等的建设费用。

4) 开发间接费用估算

(1) 管理费用。管理费用是指开发建设单位为管理和组织开发经营活动而发生的各种费用，包括公司经费、工会经费、职工教育培训经费、劳动保险费、待业保险费、董事会费、咨询费、审计费、诉讼费、排污费、房地产税、土地使用税、业务招待费、坏账损失、报废损失及其他管理费用。管理费可按开发直接费的一定百分比计算，一般取3%左右。

(2) 销售费用。销售费用是指开发建设单位在销售其产品过程中发生的各项费用以及专设销售机构或委托销售代理的各项费用。包括销售人员的工资、奖金、福利费和差旅费等，销售机构的折旧费、修理费、物料消耗费、广告宣传费、代理费、销售服务费及销售许可证申领费等。

(3) 财务费用。财务费用是指开发建设单位为筹集资金而发生的各项费用，主要为借款的利息，还包括金融机构手续费、融资代理费、承诺费、外汇汇兑净损失以及企业筹资发生的其他财务费用。利息的计算可参照金融市场利率和投资分期投入的情况按复利计算。利息以外的其他费用一般按利息的 10%左右估算。

(4) 其他费用。其他费用主要包括临时用地费和临时建设费、标底编制费、招标管理费、总承包管理费、合同公证费、工程质量监督费、工程监理费、劳动保险基金、新型墙体材料专项基金、人防工程费、建筑垃圾处理费、民工工资保证金、散装水泥基金、白蚁防治费和档案管理费等费用。这些费用一般按当地有关部门规定的费率估算。

(5) 不可预见费。不可预见费根据项目的复杂程度和前述各项费用估算的准确程度，一般按上述各项费用的 3%～7%估算。

(6) 税费。开发项目投资估算中应考虑项目所应缴纳的各种税项和地方政府或有关部门收取的行政规费。在一些大中型城市，这部分税费已经成为开发项目投资中占最大比重的费用。各项税费应根据当地有关标准估算。

1.3.4　建设项目财务评价

财务评价是根据国家现行财税制度和价格体系，分析、计算项目直接发生的财务效益和费用，编制财务报表，计算评价指标，考察项目盈利能力、清偿能力以及外汇平衡等财务状况，据以判别项目的财务可行性。

建设项目的经济评价是可行性研究的核心，经济评价又可分为国民经济评价和财务评价两个层次。国民经济评价是从国家和全社会角度出发，采用影子价格、影子工资、影子汇率、社会折现率等经济参数，评价建设项目需要国家付出的代价和项目对实现国家经济发展的战略目标以及社会效益的贡献大小，即从国民经济的角度判别建设项目经济效果的好坏，分析建设项目的国家营利性。决策部门可根据项目的国民经济评价结论，决定其取舍。建设项目的财务评价是从企业或项目的角度出发，根据国家现行财政、税收制度和现行市场价格，建设项目的投资费用、产品成本、产品销售收入、税金等财务数据，以官方汇率和行业基准收益率为评价参数，考察项目在财务上的潜在获利能力，据此判断建设项目的财务可行性和财务可接受性，并得出财务评价的结论。

建设项目的国民经济评价与财务评价是项目经济评价中两个不同的层次，但两者具有共同特征：①两者评价的目的相同；②两者的评价基础相同；③两者的计算期相同。

两者的区别在于：①评价的目的和角度不同；②收益与费用的划分范围不同；③采用的价格和参数不同。

建设项目财务评价的作用是为项目制订适宜的资金规划，考察项目的财务盈利能力，为协调企业利益和国家利益提供依据。

1. 项目财务评价的内容

判断一个项目财务上可行的主要标准是：项目盈利能力、债务清偿能力、外汇平衡能力及承受风险的能力。基本内容如下。

(1) 识别财务收益和费用。

(2) 收集、预测财务评价的基础数据。

(3) 编制财务报表。

(4) 财务评价指标的计算与评价。

2. 建设项目财务评价的程序

(1) 收集、整理有关基础财务数据资料，估算现金流量，编制基本财务报表。

(2) 编制主要财务报表，计算与评价财务评价指标，进行不确定性分析、风险分析。

(3) 得出财务评价结论。

1.3.5 基础财务报表的编制

1. 现金流量表的编制

1) 全部投资现金流量表的编制

(1) 现金流入为产品销售(营业)收入、回收固定资产余值、回收流动资金三项之和。

(2) 现金流出包含有固定资产投资、流动资金、经营成本及税金。固定资产投资和流动资金的数额分别取自固定资产投资估算表及流动资金估算表。

(3) 项目计算期各年的净现金流量为各年现金流入量减对应年份的现金流出量，各年累计净现金流量为本年及以前各年净现金流量之和。

(4) 所得税前净现金流量为上述净现金流量加所得税之和，也即在现金流出中不计入所得税时的净现金流量。

2) 自有资金现金流量表的编制

(1) 现金流入各项的数据来源与全部投资现金流量表相同。

(2) 现金流出项目包括：自有资金、借款本金偿还、借款利息支出、经营成本及税金。借款本金偿还由两部分组成：一部分为借款还本付息计算表中本年还本额；一部分为流动资金借款本金偿还，一般发生在计算期最后一年。借款利息支付数额来自总成本费用估算表中的利息支出项。现金流出中其他各项与全部投资现金流量表中的相同。

(3) 项目计算期各年的净现金流量为各年现金流入量减对应年份的现金流出量。

2. 损益表的编制

损益表编制反映项目计算期内各年的利润总额、所得税及税后利润的分配情况。损益表的编制以利润总额的计算过程为基础。

利润总额计算公式如下：

利润总额=营业利润+投资净收益+营业外收支净额

营业利润=主营业务利润+其他业务利润-管理费-财务费

主营业务利润=主营业务收入-主营业务成本-销售费用-销售税金及附加

营业外收支净额=营业外收入-营业外支出

(1) 产品销售(营业)收入、销售税金及附加、总成本费用的各年度数据分别取自相应的辅助报表。

(2) 所得税=应纳税所得额×所得税税率。

按现行《工业企业财务制度》的规定，企业发生的年度亏损可以用下一年度的税前利润等弥补，下一年度利润不足弥补的，可以在 5 年内延续弥补，5 年内不足弥补的，用税后利润弥补。

(3) 税后利润=利润总额-所得税。

(4) 弥补损失主要是指支付被没收的财物损失，支付各项税收的滞纳金及罚款，弥补以前年度亏损。

(5) 税后利润按法定盈余公积金、公益金、应付利润及未分配利润等项进行分配。法定盈余公积金按照税后利润扣除用于弥补损失的金额后的 10%提取，盈余公积金已达注册资金 50%时可以不再提取。公益金主要用于企业的职工集体福利设施支出。应付利润为向投资者分配的利润。未分配利润主要指向投资者分配完利润后剩余的利润，可用于偿还固定资产投资借款及弥补以前年度亏损。

3. 资金来源与资金运用表的编制

项目资金来源包括：利润、折旧、摊销、长期借款、短期借款、自有资金、其他资金、回收固定资产余值、回收流动资金等。项目资金运用包括：固定资产投资、建设期利息、流动资金投资、所得税、应付利润、长期借款还本、短期借款还本等。

(1) 利润总额、折旧费、摊销费数据分别取自损益表、固定资产折旧费估算表、无形及递延资产摊销估算表。

(2) 长期借款、流动资金借款、其他短期借款、自有资金及"其他"项的数据均取自投资计划与资金筹措表。

(3) 回收固定资产余值及回收流动资金见全部投资现金流量表编制中的有关说明。

(4) 固定资产投资、建设期利息及流动资金数据取自投资计划与资金筹措表。

(5) 所得税及应付利润数据取自损益表。

(6) 长期借款本金偿还额为借款还本付息计算表中本年还本数；流动资金借款本金一般在项目计算期末一次偿还；其他短期借款本金偿还额为上年度其他短期借款额。

(7) 盈余资金等于资金来源减去资金运用。

(8) 累计盈余资金各年数额为当年及以前各年盈余资金之和。

4. 资产负债表的编制

资产负债表综合反映项目计算期内各年末资产、负债和所有者权益的增减变化及对应关系，用以考察项目资产、负债、所有者权益的结构是否合理，进行清偿能力分析。资产负债表的编制依据是"资产=负债+所有者权益"。

(1) 资产由流动资产、在建工程、固定资产净值、无形及递延资产净值 4 项组成。

① 流动资产总额为应收账款、存货、现金、累计盈余资金之和。

② 在建工程是指投资计划与资金筹措表中的年固定资产投资额，其中包括固定资产投资方向调节税和建设期利息。

③ 固定资产净值和无形及递延资产净值分别从固定资产折旧费估算表和无形及递延资产摊销估算表取得。

(2) 负债包括流动负债和长期负债。流动负债中的应付账款数据可由流动资金估算表直接取得。流动资金借款和其他短期借款两项流动负债及长期借款均指借款余额，需根据资

金来源与运用表中的对应项及相应的本金偿还项进行计算。

① 长期借款及其他短期借款余额的计算按式(1-26)进行：

$$第T年借款余额 = \sum_{t=1}^{n}(借款 - 本金偿还)_t \tag{1-26}$$

② 按照流动资金借款本金在项目计算期末用回收流动资金一次偿还的一般假设，流动资金借款余额的计算按式(1-27)进行：

$$第T年借款余额 = \sum_{t=1}^{T}(借款)_t \tag{1-27}$$

(3) 所有者权益包括资本金、资本公积金、累计盈余公积金及累计未分配利润。

5. 财务外汇平衡表的编制

财务外汇平衡表主要适用于有外汇收支的项目，用以反映项目计算期内各年外汇余缺程度，进行外汇平衡分析。外汇平衡分析主要是考察涉及外汇收支的项目在计算期内各年的外汇余缺程度，在编制外汇平衡表的基础上，对外汇不能平衡的年份根据外汇短缺程度，提出切实可行的解决方案。

1.3.6 财务评价指标体系与方法

1. 财务评价的主要内容

财务评价的主要内容包括盈利能力评价和清偿能力评价。

财务评价的分类：根据是否考虑时间价值分类可分为静态经济评价指标和动态经济评价指标；根据指标的性质分类可以分为时间性指标、价值性指标、比率性指标。

2. 建设项目财务评价方法

1) 财务盈利能力评价

财务盈利能力评价主要考察投资项目的盈利水平，因此，需编制全部投资现金流量表、自有资金现金流量表和损益表三个基本财务报表，计算财务内部收益率、财务净现值、投资回收期、投资收益率等指标。

(1) 财务净现值(FNPV)。财务净现值是指把项目计算期内各年的财务净现金流量，按照一个给定的标准折现率(基准收益率)折算到建设期初(项目计算期第一年年初)的现值之和。

$$FNPV = \sum_{t=1}^{n}(CI - CO)_t(1 + i_c)^{-t} \tag{1-28}$$

式中：FNPV——财务净现值；

(CI-CO)_t——第t年的净现金流量；

n——项目计算期；

i_c——标准折现率。

财务净现值表示建设项目的收益水平超过基准收益的额外收益。在进行投资方案的经济评价时，如果财务净现值大于等于零，则项目可行。

【例1-12】某建设项目总投资1 000万元，建设期为3年，各年投资比例分别为20%，50%，30%。从第4年开始项目有收益，各年净收益为200万元，项目寿命期(含建设期)为

10 年，第 10 年年末回收固定资产余值及流动资金 100 万元，基准折现率为 10%，计算该项目的财务净现值。

解：FNPV=-200(P/F,10%,1)-500(P/F,10%,2)-300(P/F,10%,3)+200(P/A,10%,7)(P/F,10%,3)+100(P/F,10%,10)=-200×0.909-500×0.826-300×0.751+200×4.868×0.751+100×0.386=-50.3264(万元)

(2) 财务内部收益率(FIRR)。财务内部收益率是指项目在整个计算期内各年财务净现金流量的现值之和等于零时的折现率，也就是使项目的财务净现值等于零时的折现率。

$$\sum_{t=1}^{n}(CI-CO)_t(1+FIRR)^{-t}=0 \tag{1-29}$$

式中：FIRR——财务内部收益率。

【例 1-13】 某建设项目期初一次投资 170 万元，当年建成投产，项目寿命期为 10 年，年净现金流量为 44 万元，期末无残值。计算该项目财务内部收益率。

解：年金现值系数为

$$(P/A,FIRR,10)=\frac{170}{44}=3.8636$$

查年金现值系数表，在 n=10 行与 3.8636 最接近的两个数为

$(P/A,20\%,10)=4.192$，$(P/A,25\%,10)=3.571$

利用线性插值法计算财务内部收益率 FIRR

$$\frac{FIRR-20\%}{25\%-20\%}=\frac{3.8636-4.192}{3.571-4.192}$$

解得 FIRR=22.64%。

(3) 投资回收期。投资回收期按照是否考虑资金时间价值可以分为静态投资回收期和动态投资回收期。

① 静态投资回收期。静态投资回收期是指以项目每年的净收益回收项目全部投资所需要的时间，是考察项目财务上投资回收能力的重要指标。全部投资既包括固定资产投资，又包括流动资金投资。项目每年的净收益是指税后利润加折旧。表达式如下：

$$\sum_{t=1}^{P_t}(CI-CO)_t=0 \tag{1-30}$$

式中：P_t——静态投资回收期；

CI——现金流入；

CO——现金流出；

$(CI-CO)_t$——第 t 年的净现金流量。

静态投资回收期一般以年为单位，自项目建设开始年算起，也可以自项目建成投产年算起(这时要加以说明)。如果项目建成投产后每年的净收益相等，则静态投资回收期可用式(1-31)计算。

$$P_t=\frac{K}{NB}+T_K \tag{1-31}$$

式中：K——全部投资；

NB——每年的净收益；

T_K——项目建设期。

如果项目建成投产后，每年的净收益不相等，则静态投资回收期可根据累计净现金流量计算。计算式为

$$P_t = 累计净现金流量开始出现正值的年份 -1+ \frac{上年累计现金流量的绝对值}{当年净现金流量} \qquad (1\text{-}32)$$

当静态投资回收期小于或等于基准投资回收期时，项目可行。

② 动态投资回收期。动态投资回收期是指在考虑了资金时间价值的情况下，以项目每年的净收益回收项目全部投资所需要的时间。表达式如下：

$$\sum_{t=0}^{P_t^l}(\mathrm{CI}-\mathrm{CO})_t(1+i_c)^{-t}=0 \qquad (1\text{-}33)$$

式中：P_t^l——动态投资回收期。

公式(1-33)计算 P_t^l 比较烦琐，在实际应用中往往是根据项目的现金流量表，用下面的近似公式计算。

$$P_t^l = 累计净现金流量现值出现正值年份 -1+ \frac{上年累计净现金流量现值绝对值}{当年净现金流量现值} \qquad (1\text{-}34)$$

动态投资回收期是在考虑了项目合理收益的基础上收回投资的时间，只要在项目寿命期结束之前能够收回投资，就表示项目已经获得了合理的收益。因此，只要动态投资回收期不大于项目寿命期，项目就可行。

(4) 投资收益率。投资收益率又称投资效果系数，是指在项目达到设计能力后，其每年的净收益与项目全部投资的比率，是考察项目单位投资盈利能力的静态指标。其表达式为

$$投资收益率 = \frac{年净收益}{项目全部投资} \times 100\% \qquad (1\text{-}35)$$

当项目在正常生产年份内各年的收益情况变化不大时，可用年平均净收益替代年净收益来计算投资收益率。在采用投资收益率对项目进行评价时，投资收益率不小于行业平均的投资收益率，项目即可行。投资收益率指标由于计算口径不同，又可分为投资利润率、投资利税率、资本金利润率等指标。

$$投资收益率 = \frac{利润总额}{投资总额} \times 100\% \qquad (1\text{-}36)$$

$$投资利税率 = \frac{利润总额+销售税金及附加}{投资总额} \times 100\% \qquad (1\text{-}37)$$

$$投资本金利润率 = \frac{税后利润}{投资总额} \times 100\% \qquad (1\text{-}38)$$

2) 清偿能力评价

投资项目的资金构成一般可分为借入资金和自有资金。自有资金可长期使用，而借入资金必须按期偿还。项目的投资者自然要关心项目偿债能力；借入资金的所有者——债权人也非常关心贷出资金能否按期收回本息。

(1) 贷款偿还期分析。

项目偿债能力分析可在编制贷款偿还表的基础上进行。为了表明项目的偿债能力，可按尽早还款的方法计算。在计算中，一般将贷款利息作如下假设：长期借款，当年贷款按半年计息，当年还款按全年计息。假设在建设期借入资金，在生产期逐期归还，则

$$建设期年利息 = \left(年初借款累计 + \frac{本年借款}{2}\right) \times 年利率 \tag{1-39}$$

$$生产期年利息 = 年初借款累计 \times 年利率 \tag{1-40}$$

流动资金借款及其他短期借款按全年计息。贷款偿还期的计算公式为

$$贷款偿还期 = 偿清债务年份数 - 1 + \frac{偿清债务当年应付的本息}{当年可用于偿清的资金总额} \tag{1-41}$$

贷款偿还期小于等于借款合同规定的期限时,项目可行。

(2) 资产负债率。

$$资产负债率 = \frac{负债总额}{资产总额} \tag{1-42}$$

资产负债率反映项目总体偿债能力。这一比例越低,则偿债能力越强。资产负债率的高低还反映了项目利用负债资金的程度,因此该指标水平应恰当。

(3) 流动比率。

$$流动比率 = \frac{流动资产总额}{流动负债总额} \tag{1-43}$$

该指标反映企业偿还短期债务的能力。该比率越高,单位流动负债将有更多的流动资产保证,短期债还能力就越强。但是可能导致流动资产利用率低下,影响项目收益。流动比率一般为 2 : 1 较好。

(4) 速动比率。

$$速动比率 = \frac{速动资产总额}{流动负债总额} \tag{1-44}$$

其中:速动资产=流动资产-存货。

该指标反映了企业在很短时间内偿还短期债务的能力。速动资产是流动资产中变现最快的部分,速动比率越高,短期偿债能力越强。同样,速动比率过高也会影响资产利用效率,进而影响企业经济效益。速动比率一般为 1 左右较好。

3) 不确定性分析

不确定性分析是指在信息不足、无法用概率描述因素变动规律的情况下,估计可变因素变动对项目可行性的影响程度及项目承受风险能力的一种分析方法。不确定性分析包括盈亏平衡分析和敏感性分析。

(1) 盈亏平衡分析。盈亏平衡分析的目的是寻找盈亏平衡点,据此判断项目风险大小及对风险的承受能力,为投资决策提供科学依据。盈亏平衡点就是盈利与亏损的分界点,在这一点"项目总收益=项目总成本"。项目总收益及项目总成本都是产量(Q)的函数。

$$TR = P(1-t)Q \tag{1-45}$$

$$TC = P + VQ \tag{1-46}$$

式中:TR——项目总收益;

P——产品销售价格;

t——销售税率;

TC——项目总成本;

V——单位产品可变成本；

Q——产量或销售量。

令 TR=TC 即可求出盈亏平衡产量、盈亏平衡单价、盈亏平衡单位产品可变成本、盈亏平衡生产能力利用率。表达式分别为

$$盈亏平衡产量 Q = \frac{F}{P(1-t)-V} \tag{1-47}$$

$$盈亏平衡单价 P = \frac{F+VQ}{(1-t)Q} \tag{1-48}$$

$$盈亏平衡单位产品可变成本 V = P(1-t) - \frac{F}{Q_c} \tag{1-49}$$

$$盈亏平衡生产能力利用率 \alpha = \frac{Q}{Q_c} \times 100\% \tag{1-50}$$

式中：Q_c——设计生产能力。

盈亏平衡产量表示项目的保本产量，盈亏平衡产量越低，项目保本越容易，项目风险越低；盈亏平衡价格表示项目可接受的最低价格，该价格仅能回收成本，该价格水平越低，表示单位产品成本越低，项目的抗风险能力就越强；盈亏平衡单位产品可变成本表示单位产品可变成本的最高上限，实际单位产品可变成本低于该成本时，项目盈利，因此 V 越大，项目的抗风险能力越强。

(2) 敏感性分析。敏感性分析是分析、预测项目主要影响因素发生变化时对项目经济评价指标，如财务净现值、内部收益率等的影响，从中找出敏感性因素，并确定其影响程度的一种方法。敏感性分析分为单因素敏感性分析和多因素敏感性分析。单因素敏感性分析中敏感因素的确定方法有以下两种。

① 相对测定法。即设定要分析的因素均从初始值开始变动，且假设各个因素每次均变动相同的幅度，然后计算在相同变动幅度下各因素对经济评价指标的影响程度，即灵敏度，灵敏度越大的因素越敏感。在单因素敏感性分析图上，表现为变量因素的变化曲线与横坐标相交的角度(锐角)越大的因素越敏感。

$$灵敏度(\beta) = \frac{评价指标变化程度}{变量因素变化幅度} = \frac{|(Y_1-Y_0)/Y_0|}{|\Delta \times i|} \tag{1-51}$$

② 绝对测定法。让经济评价指标等于其临界值，然后计算变量因素的取值。在单因素敏感性分析图上，表现为变量因素的变化曲线与评价指标临界值曲线相交的横截距越小的因素越敏感。

4) 风险分析

风险分析是指在可变因素的概率分布已知的情况下，分析可变因素在各种可能状态下项目经济评价指标的取值，从而了解项目的风险状况。

【课后任务】

一、根据本项目所学知识填空

1. 建设项目全过程造价咨询服务分为决策阶段、_____、_____、施工阶段、竣工验收、后评价阶段。

2. 投资项目财务评价包括_____、_____和财务可持续能力评价。

3. 财务评价参数采用官方汇率和_____，国民经济评价参数采用_____和社会折现率。

4. 拟建项目前期工作(大中型项目)分为四个阶段，即_____、项目建议书阶段、_____、评审阶段。

5. 工程实际造价是在_____阶段确定的。

6. 工程造价的两种管理是指_____。

二、根据本项目所学知识选择

1. 进行静态投资的估算，一般需要确定一个基准年，以便估算有一个统一的标准。静态投资估算的基准年常为(　　)。

　A. 项目开工的前一年　　　　　　B. 项目开工的第一年
　C. 项目投产的第一年　　　　　　D. 项目投产的前一年

2. 在全部投资的现金流量表中，计算期最后一年的产品销售收入是 38 640 万元，回收固定资产余值是 2 331 万元，回收流动资金是 7 266 万元，总成本费用是 26 062 万元，折旧费是 3 730 万元，经营成本是 21 911 万元，销售税金及附加是 3 206 万元，所得税是 3 093 万元，该项目固定资产投资是 56 475 万元。该项目所得税前净现金流量为(　　)万元。

　A. 20 027　　　B. 23 120　　　C. 18 969　　　D. 19 390

3. 当项目第一年投资 100 万元，第二年获得净收益 180 万元，基准收益率为 10%，则财务净现值为(　　)万元。

　A. 80　　　B. 72.7　　　C. 66.1　　　D. 57.9

三、根据本项目所学知识回答问题

1. 设立专营开发企业应当具备什么条件？
2. 房地产开发用地应当以什么方式取得？
3. 开发建设投资包括哪些内容？
4. 材料检验试验费属于材料费吗？社会保障费包括哪些费用？
5. 怎么计算建设项目的盈利能力指标？
6. 建设项目的经营成本有哪些？经营成本怎样估算？
7. 建设项目的建筑面积就是销售面积吗？
8. 建设期贷款利息怎样计算？
9. 建筑单体节能设计考虑哪些方案？
10. 施工期环境污染防治措施有哪些？
11. 建设项目可行性研究的目的是什么？哪类专业人员可以编制可行性研究报告？
12. 建设项目总投资包括哪些内容？建设项目财务评价的指标有哪些？

【能力拓展】

1. 2014 年 1 月 1 日，李女士出租房屋 5 年，则李女士以后 5 年中每年末可以得到 10 000 元房租，相比以后 5 年中每年初可以得到 10 000 元房租，这两种方案的收入于今天能差多少元？假设年利率为 3.35%。

2. 某施工企业于 2014 年 1 月 20 日组织优秀员工去香港考察学习，为期 5 天，这笔费用属于建筑安装工程费中的哪项费用？

3. 某施工企业在投标某建设工程项目时，因商务标的报价文件格式不符合要求，被电子评标系统评定为废标。为了此项投标，施工单位花费了人工工资、印刷包装、车辆交通等共 5 万元。这项费用属于建筑安装工程费中的哪项费用？

4. 某建设工程承包方包工包料，使用的幕墙玻璃在运输途中因路面颠簸，破碎了 5 块，请问这 5 块玻璃的费用是否应该由建设单位承担？为什么？

5. 某施工企业的王女士在休探亲假时单位未给发工资，你认为合理吗？为什么？

6. 某施工企业的办公室人员为施工工人购买了一批手套和毛巾，这笔费用属于建筑安装工程费的哪项费用？

7. 小王是某施工企业的材料保管员，月工资 2 000 元，这笔费用属于建筑安装工程费的哪项费用？

8. 根据附录的真实的估算报告，思考以下问题。

(1) 怎样计算容积率？怎样计算绿地率？一般要达到什么指标？

(2) 怎样确定住宅建设项目的用电负荷？

(3) 建筑节能措施有哪些？开发项目的节水措施有哪些？

(4) 全国人均住房面积城市达到多少平方米？农村达到多少平方米？

项目2 建设项目设计阶段工程造价的确定与控制

【学习要点及目标】

- 了解设计经济合理性提高的途径。
- 了解价值工程的特点。
- 熟悉价值工程的一般工作程序。
- 掌握价值工程的主要工作内容。
- 会编制单位工程概算。
- 会编制单项工程综合概算。
- 会编制建设项目总概算。
- 会审查设计概算。

【核心概念】

限额设计 价值工程 单位工程概算 单项工程综合概算 建设项目总概算

【工作任务单】

项目建设在项目 1 已经通过审批，立项完成，土地、规划手续也办理完毕。开发公司委托某设计公司按国家有关规定进行此建设项目的施工图设计并编制设计概算。编制其中3#住宅楼的土建单位工程设计概算。

某设计公司编制的3#住宅楼的土建单位工程设计概算见表2-1及表2-2。

[扉页] 工 程 建 设 项 目 概 算 书

建设项目名称：　　某旧村改造 3#住宅楼工程

概算费用总额(万元)：　　589.71

编制单位资质证书号：　　　　　　　　　资质证章：

编　制　人：　　　　　　　　　　　　　资格证章：

审　核　人：　　　　　　　　　　　　　资格证章：

专 用 审 定 人：　　　　　　　　　　　资质证章：

编制单位法定负责人：　　　　　　　　　签属时间：

表 2-1　单位工程设计概算表

建设项目名称：某旧村改造 3#住宅楼工程　建筑工程

序 号	项目名称	取费内容	费率/%	金额/元
1	一、直接费	(一)+(二)		4 194 914.69
2	(一)直接工程费	∑(人工费+材料费+机械费)		3 638 460.87
3	(1)人工费			1 331 516.66
4	(2)材料费			1 925 406.04
5	(3)机械费			381 538.17
6	(一)'直接工程费(省)	∑(人工费+材料费+机械费)		3 638 460.87
7	(二)措施费	(1)+(2)		556 453.82
8	(1)通用措施费	按概算费用计算规定计算		156 453.82
9	环境保护费		0.15	5 457.69
10	文明施工费		0.40	14 553.84
11	临时设施费		1	36 384.61
12	夜间施工费		0.70	25 469.23
13	二次搬运费		0.60	21 830.77
14	冬雨季施工增加费		0.80	29 107.69
15	已完工程及设备保护费		0.15	5 457.69
16	施工因素增加费		0.50	18 192.3
17	(2)专业工程措施费	按工程有可能实施方案计或按定额计或估算		400 000.00
18	措施费中的人工费			25 105.38
19	二、企业管理费	(一)'×企业管理费费率		305 630.71
20	企业管理费		8.40	305 630.71
21	三、利润	(一)'×利润率	6.60	240 138.42
22	人、材、机差价			640 510.98
23	规费前合计			5 381 194.8
24	四、规费	以下各规费的和		317 607.61
25	安全文明施工费	一+二+三	2	107 623.9
26	社会保障金	一+二+三	2.60	137 511.06

续表

序　号	项目名称	取费内容	费率/%	金额/元
27	住房公积金	按照工程所在市规定	3.80	51 551.64
28	危险作业意外伤害保险	按照工程所在市规定	0.12	5 977.43
29	工程排污费	按照工程所在市规定	0.30	14 943.58
30	五、税金	(一+二+三+四)×税率	3.48	1 983 181.32
	建筑工程概算造价	(一+二+三+四+五)		5 897 120.73

表2-2　直接工程费概算表

建设项目名称：某旧村改造工程

序号	定额编号	工程项目或费用名称	单位	数量	单价/元				合计/元			
					合计	其中			合计	其中		
						人工费	材料费	机械费		人工费	材料费	机械费
1	GJ-1-24	挖掘机挖土方，自卸车运土方1km以内	10m³	327.606	223.17	41.58	0.75	180.84	73 111.92	13 621.87	245.7	59 244.34
2	GJ-1-34	机械平整场地	10m²	103.960	6.81	1.32		5.49	707.97	137.23		570.74
3	GJ-1-33	竣工清理	10m³	2 562.36	10.56	10.56			27 058.52	27 058.52		
4	GJ-1-3	装载机装运土方，运距200m内	10m³	871.584	50.65	3.96		46.69	44 145.73	3 451.47		40 694.26
5	GJ-1-11	机械夯填土	10m³	871.584	54.23	38.94		15.29	47 266	33 939.48		13 326.52
6	GJ-2-31s	C20 现浇混凝土，碎石<40，混凝土独立基础	10m³	1.760	4 509.07	1 690.26	2 704.25	114.56	7 935.96	2 974.86	4 759.48	201.63
7	GJ-2-35s	C30 现浇混凝土，碎石<20，满堂基础无梁式	10m³	57.134	4 199.45	1 481.7	2 612.58	105.17	239 931.3	84 655.45	149 267.15	6 008.78
8	GJ-2-38s	C20 现浇混凝土，碎石<20，混凝土设备基础	10m³	0.800	3 352.36	1 217.04	2 051.45	83.87	2 681.89	973.63	1 641.16	67.1
9	GJ-3-17	M5.0 混浆/多孔，砖墙厚115mm	10m²	5.027	306.38	114.18	187.09	5.11	1 540.17	573.98	940.5	25.69

序号	定额编号	工程项目或费用名称	单位	数量	单价/元				合计/元			
					合计	其中			合计	其中		
						人工费	材料费	机械费		人工费	材料费	机械费
10	GJ-3-29s	M5.0 混浆/加气,混凝土砌块墙厚200mm	10m²	54.700	561.89	198	357.16	6.73	30 735.38	10 830.6	19 536.65	368.13
11	GJ-3-30s	M5.0 混浆/加气,混凝土砌块墙厚240mm	10m²	30.932	664.86	227.04	429.72	8.1	20 565.45	7 022.8	13 292.1	250.55
12	GJ-3-46s	C25现浇混凝土墙,碎石<31.5	10m³	9.696	6 482.54	2 704.68	3 577.46	200.4	62 854.71	26 224.58	34 687.05	1 943.08
13	GJ-3-48s	C25 轻型框剪墙,碎石<31.5	10m³	27.300	9 352.42	3 781.14	5 305.42	265.86	255 321.0	103 225.12	144 837.97	7 257.98
14	GJ-4-4	C25现浇混凝土矩形柱,碎石<40	10m³	17.960	7 753.98	3 541.56	3 952.7	259.72	139 261.4	63 606.42	70 990.49	4 664.57
15	GJ-4-11s	C25现浇混凝土矩形梁,碎石<31.5	10m³	18.990	7 617.48	3 134.34	4 166.94	316.2	144 655.9	59 521.12	79 130.19	6 004.64
16	GJ-4-31s	C30 现浇混凝土有梁板,碎石<20,板厚100mm	10m²	11.250	1 205.31	492.36	667.08	45.87	13 559.74	5 539.05	7 504.65	516.04
17	GJ-4-36s	C30 现浇混凝土平板,碎石<20,板厚100mm	10m²	40.560	739.54	306.24	407.75	25.55	29 995.74	12 421.09	16 538.34	1036.31
18	GJ-4-35s	C25 现浇混凝土斜板、折板,碎石<20,板厚100mm	10m²	11.130	748.33	312.84	409.69	25.8	8 328.91	3 481.91	4 559.85	287.15
19	GJ-4-46s	C20 现浇混凝土直形楼梯,碎石<20,板厚100mm	10m²	24.780	2 399.65	1 197.24	1 140.07	62.34	59 463.33	29 667.61	28 250.93	1 544.79
20	GJ-4-48s	C20现浇混凝土楼梯,碎石<20,每增减10mm	10m²	6.230	42.18	21.12	20.02	1.04	262.78	131.58	124.72	6.48

续表

序号	定额编号	工程项目或费用名称	单位	数量	单价/元				合计/元			
					合计	其 中			合计	其 中		
						人工费	材料费	机械费		人工费	材料费	机械费
21	GJ-4-51s	C20现浇混凝土栏板,碎石<20,板厚100mm	10m²	1.254	1 158.93	440.88	698.85	19.2	1 453.3	552.86	876.36	24.08
22	GJ-4-53s	C20现浇混凝土挑檐,碎石<20,底板厚80mm	10m²	16.400	922.92	516.78	383.43	22.71	15 135.89	8 475.19	6 288.25	372.44
23	GJ-4-54s	C20 现浇混凝土挑檐,碎石<20,板厚每增减10mm	10m²	32.800	40.51	20.46	19.08	0.97	1 328.73	671.09	625.82	31.82
24	GJ-4-55s	C20现浇混凝土压顶,碎石<20,板厚100mm	10m³	0.306	14 665.0	8 365.5	6 040.82	258.69	4 487.49	2 559.84	1 848.49	79.16
25	GJ-4-56s	C20现浇混凝土零星构件,碎石<20	10m³	0.588	26 260.1	11 304.4	14 368.4	587.17	15 440.94	6 647.03	8 448.65	345.26
26	GJ-5-32	成品钢质防火门安装	10m²	19.340	4 463.64	263.34	4 200.3		86 326.8	5 093	81 233.8	
27	GJ-5-33	成品钢质防盗门安装	10m²	11.132	2 948.00	189.42	2 758.58		32 817.14	2 108.62	30 708.51	
28	GJ-5-37	铝合金推拉窗(成品含纱门窗扇)安装	10m²	68.623	2 380.49	323.4	2 057.09		163 356.3	22 192.68	141 163.69	
29	GJ-5-46	成品塑钢百叶窗	10m²	3.152	684.68	244.2	440.48		2 158.11	769.72	1 388.39	
30	GJ-6-44	塑料管排水φ100	10m	19.675	255.48	48.84	206.64		5 026.57	960.93	4 065.64	
31	GJ-6-35	外墙面保温聚合物砂浆粘贴挤塑板	10m²	113.728	609.20	77.88	529.84	1.48	69 283.04	8 857.13	60 257.59	168.32
32	GJ-6-6	水泥砂浆1∶2,英红瓦屋面	10m²	72.820	2 178.75	355.08	1 817.87	5.8	158 656.5	25 856.93	132 377.29	422.36
33	GJ-6-28	水泥砂浆1∶3,屋面保温干铺聚氨酯泡沫板	10m²	7.176	1 321.30	518.1	776.57	26.63	9 481.65	3 717.89	5 572.67	191.1
34	GJ-6-20	聚氨酯二遍	10m²	87.426	581.88	25.74	556.14		50 871.44	2 250.35	48 621.1	

续表

序号	定额编号	工程项目或费用名称	单位	数量	单价/元				合计/元			
					合计	其 中			合计	其 中		
						人工费	材料费	机械费		人工费	材料费	机械费
35	GJ-6-10	水泥砂浆1:3,SBS改性沥青卷材一层平面	10m²	6.190	482.87	75.9	403.79	3.18	2 988.97	469.82	2 499.46	19.68
36	GJ-6-20	聚氨酯二遍	10m²	80.622	581.88	25.74	556.14		46 912.5	2 075.22	44 837.29	
37	GJ-6-30	楼面保温干铺聚氨酯泡沫板	10m²	62.570	409.20	20.46	388.74		25 603.64	1 280.18	24 323.46	
38	GJ-6-11	SBS改性沥青卷材一层立面	10m²	38.082	377.75	32.34	345.41		14 385.48	1 231.57	13 153.9	
39	GJ-6-10	SBS改性沥青卷材一层平面	10m²	173.544	482.87	75.9	403.79	3.18	83 799.19	13 171.99	70 075.33	551.87
40	GJ-6-35	外墙面保温聚合物砂浆粘贴挤塑板	10m²	38.082	609.20	77.88	529.84	1.48	23 199.55	2 965.83	20 177.37	56.36
41	GJ-6-12	水泥砂浆1:3,SBS改性沥青卷材二层平面	10m²	85.489	783.78	89.76	690.84	3.18	67 004.57	7 673.49	59 059.22	271.86
42	GJ-7-6s	C15现浇无筋混凝土,碎石<40,楼地面垫层	10m²	151.060	190.03	90.42	92.04	7.57	28 705.93	13 658.85	13 903.56	1 143.52
43	GJ-7-10s	C20细石混凝土,楼地面找平层40mm	10m²	312.100	197.67	115.5	77.16	5.01	61 692.81	36 047.55	24 081.64	1 563.62
44	GJ-7-11s	C20细石混凝土,楼地面找平层每增减5mm	10m²	87.868	25.70	15.84	9.19	0.67	2 258.21	1 391.83	807.51	58.87
45	GJ-7-16	水泥砂浆1:2,楼地面块料面层装饰石材	10m²	25.390	2 111.83	349.14	1 748.38	14.31	53 619.36	8 864.66	44 391.37	363.33
46	GJ-7-17	水泥砂浆1:2.5,楼地面块料面层石材楼梯	10m²	8.570	3 332.49	700.92	2 591	40.57	28 559.44	6 006.88	22 204.87	347.68
47	GJ-7-8	水泥砂浆1:3,楼地面找平层20mm	10m²	182.833	108.46	66	39.65	2.81	19 830.07	12 066.98	7 249.33	513.76

序号	定额编号	工程项目或费用名称	单位	数量	单价/元				合计/元			
					合计	其　中			合计	其　中		
						人工费	材料费	机械费		人工费	材料费	机械费
48	GJ-7-9	水泥砂浆1:3，楼地面找平层每增减5mm	10m²	58.950	20.29	11.22	8.39	0.68	1 196.1	661.42	494.59	40.09
49	GJ-7-6s	C15现浇无筋混凝土，碎石<40，楼地面垫层	10m²	202.080	190.03	90.42	92.04	7.57	38 401.26	18 272.07	18 599.44	1 529.75
50	GJ-7-15s	C20 细石混凝土，楼地面整体面层40mm	10m²	12.550	207.44	114.18	86.86	6.4	2 603.37	1 432.96	1 090.09	80.32
51	GJ-7-28	水泥砂浆1:3，水泥砂浆1:2.5，墙、柱面抹灰	10m²	263.470	177.59	136.62	38.68	2.29	46 789.64	35 995.27	10 191.02	603.35
52	GJ-7-29	混合砂浆 1:0.3:3，混合砂浆1:1:6，墙、柱面抹灰	10m²	662.410	162.12	122.1	37.69	2.33	107 389.9	80 880.26	24 966.23	1 543.42
53	GJ-7-36	墙、柱饰面木龙骨装饰木夹板饰面	10m²	14.640	5 100.36	1 754.28	3 329.73	16.35	74 669.27	25 682.66	48 747.25	239.36
54	GJ-7-40	涂料面层墙柱面，刷乳胶漆	10m²	334.960	141.61	52.14	89.47		47 433.69	17 464.81	29 968.87	
55	GJ-7-2	楼地面垫层，级配砂石	10m²	130.010	329.25	130.68	196.72	1.85	42 805.79	16 989.71	25 575.57	240.52
56	GJ-7-45	顶棚面刷乳胶漆	10m²	143.778	142.12	52.14	89.98		20 433.73	7 496.58	12 937.14	
57	GJ-7-30	墙、柱面块料面层干挂石材墙面	10m²	42.620	3 650.70	842.82	2 704.1	103.78	155 592.8	35 920.99	115 248.74	4 423.1
58	GJ-7-42	涂料面层外墙涂料	10m²	282.108	220.03	93.06	126.97		62 072.22	26 252.97	35 819.25	
59	GJ-8-67s	C15现浇混凝土散水，碎石<40	10m²	15.740	501.66	228.36	268.93	4.37	7 896.13	3 594.39	4 232.96	68.78
60	GJ-9-21	20m以上建筑物垂直运输机械现浇混凝土结构，檐高30m以内	10m²	491.880	322.11			322.11	158 439.4			158 439

续表

序号	定额编号	工程项目或费用名称	单位	数量	单价/元				合计/元			
					合计	其中			合计	其中		
						人工费	材料费	机械费		人工费	材料费	机械费
61	GJ-9-38	建筑物超高人工、机械降效檐高 30m 以内	10m²	491.880	586.80	545.55		41.25	288 635.1	268 345.1		20 290.0
62	GJ-9-52	大型机械场外运输及安拆费，履带式单斗液压挖掘机	台次	1.000	4 773.48	792	1 167.59	2 813.89	4 773.48	792	1 167.59	2 813.89
63	GJ-9-51	大型机械场外运输及安拆费，履带式推土机	台次	1.000	4 682.91	396	1 206.07	3 080.84	4 682.91	396	1 206.07	3 080.84
64	GJ-9-62	大型机械场外运输及安拆费，自升式塔式起重机	台次	1.000	25 316.9	7920	489	16 907.9	25 316.97	7920	489	16 907.9
65	GJ-9-5	脚手架多层框架建筑物檐高 40m 以内	10m²	491.880	539.89	196.68	301.14	42.07	265 561.0	96 742.96	148 124.74	20 693.3
		建筑工程							3 638 460	1 331 516.6	1 925 406.0	381 538

2.1 建设项目设计概算编制基础知识

设计阶段工程造价表现为设计概预算，是设计概算和设计预算的总称，在不同设计阶段确定建设项目的全部建设费用。相关研究表明，设计阶段对工程造价的影响程度在 75% 以上。

在建筑设计阶段，影响工程造价的主要因素有平面形状、结构形式、流通空间、建筑体量、空间组合。

2.1.1 设计标准及其经济性

进入21世纪以来，科技发展日新月异，企业创新层出不穷，标准化日益在企业管理中发挥着重要的作用。它已经成为提高企业管理水平，促进企业发展的有效途径。做好标准化设计是建设企业实现现代管理和科学管理的需要，也是企业创造经济效益必不可少的基本手段和基础工作。建筑设计规范是由政府或立法机关颁布的对新建建筑物所做的最低限度技术要求的规定，是建筑法规体系的组成部分。

1. 建筑设计规范的内容

建筑设计规范的内容一般分行政实施部分和技术要求部分。行政实施部分规定建筑主管部门的职权：设计审查和施工许可证的颁发等内容。技术要求部分主要包括：对建筑物按用途和构造进行分类分级；各类(级)建筑物的允许使用负荷、建筑面积、高度和层数的限制等；防火和疏散，有关建筑构造的要求；结构、材料、供暖、通风、照明、给水排水、消防、电梯、通信、动力等的基本要求(这些部分通常另有专业规范)；某些特殊和专门的规定等。有些国家的大城市还制定与建筑设计规范平行的火警区域规范和分区规范。前者规定市区由于防火要求不同而对区内建筑物提出的技术要求；后者规定不同区域内的建筑功能类型以及对建筑物高度等的限制。

在工程设计中采用标准设计可对建设工程规模、内容、建造标准进行控制；保证工程的安全性和使用功能；提供设计所必需的指标、定额、建设方法和构造措施；为控制工程造价提供方法和依据；减少设计工作量、提高设计效率；贯彻执行国家的技术经济政策，密切结合自然条件和技术发展水平，合理利用资源和材料设备，考虑施工、生产、使用和维修的要求，促进建筑工业化、装配化，加快建设速度。

根据国家规定，对于技术上复杂而又缺乏设计经验的项目，可按初步设计、技术设计和施工图设计三个阶段进行设计。从工程造价的角度考虑，采用经济层厂房最为经济合理。从建筑设计的经济性角度考虑，在满足建筑物使用要求的前提下，尽量增大流动空间。住宅的层高和净高增加，会使工程造价随之增加。钢结构建筑物相对钢筋混凝土结构建筑物而言，自重较大，基础造价相对增加。

限额设计的含义是按照被批准的投资估算控制初步设计，按批准的初步设计总概算控制施工图设计，即将上阶段设计审定的投资额和工程量现行分解到各专业，然后再分解到各单位工程和分部工程。

2. 限额设计控制工作的主要内容

1) 重视初步设计的方案选择

在初步设计开始时，项目总设计师应将可行性研究报告的设计原则、建设方案和各项控制经济指标向设计人员交底，对关键设备、工艺流程、总图方案、主要建筑和各项费用指标要提出技术、经济比较选择方案；在初步设计限额设计中，各专业设计人员应在拟定设计原则、技术方案和选择设备材料过程中先掌握工程的参考造价和工程量，严格按照限额设计所分解的投资额和控制工程量进行设计，并以单位工程为考核单元，事先做好专业内部平衡调整，提出节约投资的措施，力求将造价和工程量控制在限额范围之内。

2) 严格控制施工图预算

限额设计控制就是将施工图预算严格控制在批准的设计概算范围以内并有所节约。施工图设计必须严格按照批准的初步设计确定的原则、范围、内容、项目和投资额进行。施工图阶段限额设计的重点应放在初步设计工程量控制方面，控制工程量一经审定，即作为施工图设计工程量的最高限额，不得突破。当初步设计受外界条件的限制时，如地质报告、设备、材料的供应等，往往会造成在施工图设计阶段乃至建设施工过程中的局部修改、变更，可能引起已经确认的概算价值的变化，这种正常的变化在一定范围内允许，但须经核算与调整。当建设规模、产品方案、工艺方案、工艺流程或设计方案发生重大变更时，原初步设计已失去指导施工图设计的意义，此时必须重新编制或修改初步文件，另行编制修改初步设计的概算报原审批单位审批。

3）加强设计变更管理

除非不得不进行设计变更，否则任何人员无权擅自更改设计。如若预料到将要发生变更，则设计变更发生越早越好。若在设计阶段变更，只需修改图纸，损失有限；若在采购阶段变更，则不仅要修改图纸，还需重新采购设备和材料；若在施工期间发生变更，除发生上述费用外，已建工程还可能将被拆除，势必造成重大变更损失。为做好限额设计控制工作，应建立健全相应的设计管理制度，尽可能将设计变更控制在设计阶段，对影响工程造价的重大设计变更，需进行由多方人员参加的技术经济论证，获得有关管理部门批准后方可进行，使建设投资得到有效控制。

2.1.2 价值工程

价值工程的含义是通过各相关领域的写作，对所研究对象的功能与成本进行系统分析，不断创新，旨在提高所研究对象价值的思想方法和管理技术。价值工程性质属于一种思想方法和管理技术；价值工程核心内容是对功能与成本进行系统分析和不断创新；价值工程的目的旨在提高产品的价值；价值工程通常是由多个领域协作而开展的活动。

1. 价值工程的特点

(1) 以使用者的功能需求为出发点。

(2) 对研究对象进行功能分析并系统研究功能与成本之间的关系。

(3) 致力于提高价值的创造性活动。

(4) 有组织、有计划、有步骤地开展工作。

2. 价值工程的一般工作程序

(1) 准备阶段。步骤是步骤选择、组成价值工程小组、制订工作计划。解决的问题是VE 的对象是什么？

(2) 分析阶段。步骤是收集整理信息资料、功能系统分析、功能评价。解决的问题是：该对象的用途是什么？成本和价值是多少？

(3) 创新阶段。步骤是方案创新、方案评价、提案编写。解决的问题是：是否有替代方案？新方案的成本是多少？能否满足要求？

(4) 实施阶段。步骤是审批、实施与检查、成果鉴定。

3. 价值工程的主要工作内容

(1) 对象选择。对象选择的一般原则是：①优先考虑企业生产经营商迫切要求改进的主要产品，或是对国计民生有重大影响的项目。②对企业经济效益影响大的产品。具体包括：设计方面选择结构复杂、体积重、技能性差、能源消耗高的；施工生产方面选择产量大、工序烦琐、工艺复杂、工艺落后的；销售方面选择用户意见大、退货索赔多、竞争力差、销售量下降或者市场占有率低的产品；成本方面选择成本高、利润低的产品或在成本构成中比重大的产品。

对象选择方法有经验分析法、百分比法、ABC 分析法、强制确定法(当 $V_i < 1$ 时，部件 i 作为 VE 对象；当 $V_i=1$ 时不作为 VE 对象；当 $V_i > 1$ 时视情况而定)。

(2) 信息资料的搜集。搜集的资料包括市场信息、用户信息、竞争对手信息、设计技术方面的信息、制造及外协调方面的信息、经济方面的信息、本企业的基本情况、国家和社会方面的情况。搜集资料是一项周密而系统的调查研究活动，应有计划、有组织、有目的地进行。搜集资料的方法有面谈法、观察法、书面调查法。

(3) 进行系统分析和功能评价。系统分析是价值工程活动的中心环节，具有明确用户的功能要求、转向对功能的研究、可靠实现必要的功能三个方面的作用。功能评价包括研究对象的价值评价和成本评价两个方面的内容。

(4) 进行方案评价与提案编写。从众多的备选方案中选出价值最高的可行方案。

2.2　建设项目设计概算的编制

2.2.1　建设项目设计概算的编制准备

1. 设计概算的内涵及构成

1) 设计概算的内涵

设计概算是指在初步设计阶段根据设计要求对工程造价进行的概略计算。

设计概算是初步设计文件的重要组成部分，是在投资估算的控制下由设计单位根据初步设计图纸及说明，利用国家或地区颁发的概算指标、概算定额、设备材料预算价格和费用定额及地方当时具体规定等，按照设计要求，概略地计算建设项目造价的文件。

设计概算的编制主体一般是设计单位，编制的工程对象是一个建设项目，计算的费用范围包括从项目筹建时起至竣工结束时为止的全部建设费用。

按照分级管理的原则，国家规定，由各级有关部门负责对不同规模的建设项目审批设计文件，在报批初步设计文件的同时批准设计概算。设计概算经批准后，必须严格执行，不得随意突破。

初步设计阶段的概算投资组成是：

项目概算总投资=工程费用+工程建设其他费+预备费+建设期利息+
铺底流动资金+固定资产投资方向调节税

其中：工程费用=建筑工程费+设备购置费+安装工程费

工程建设其他费=固定资产其他费用+无形资产费用+其他资产费用

经营性项目铺底流动资金指生产经营性项目为保证生产和经营正常进行，按其所需流动资金的 30%，作为铺底流动资金计入建设项目总概算，竣工投产后计入生产流动资金，但不构成建设项目总造价。

2) 设计概算的作用

(1) 设计概算是编制项目投资计划、确定和控制项目投资的依据。国家规定，固定资产投资计划要以批准的初步设计概算为依据，没有批准的初步设计文件及其概算的工程不能列入固定资产投资计划。设计概算一经批准，即作为控制建设项目投资的最高限额。如果由于设计变更等原因建设费用超过概算，必须重新审查批准。

(2) 设计概算是签订建设工程合同和贷款合同的依据。建设工程总承包合同不得超过设计总概算的投资额。银行贷款或各单项工程的拨款累计总额不能超过设计概算，如果项目投资计划所列支投资额与贷款突破设计概算，必须查明原因，之后由建设单位报请上级主管部门调整或追加设计概算总投资。

(3) 设计概算是控制施工图设计和施工图预算的依据。设计单位必须按照批准的初步设计和总概算进行施工图设计，施工图预算不得突破设计概算，如确需突破总概算时，应按规定程序报批。

(4) 设计概算是衡量设计方案技术经济合理性和选择最佳设计方案的依据。设计部门在初步设计阶段要选择最佳设计方案时，设计概算是从经济角度衡量设计方案经济合理性的重要依据。

(5) 设计概算是考核建设项目投资效果的依据。通过竣工决算与设计概算对比，可以分析和考核投资效果的好坏，同时还可以验证设计概算的准确性，有利于加强设计概算管理和建设项目造价管理工作。

3) 设计概算文件的构成

设计概算由单位工程概算、单项工程综合概算、建设项目总概算三级构成。各级设计概算的编制内容及相互关系如图 2-1 所示。若干个单位工程概算汇总后成为单项工程概算，若干个单项工程概算和其他工程费用、预备费、建设期利息等概算汇总成为建设项目总概算。单项工程概算和建设项目总概算仅是一种归纳、汇总性文件，最基本的计算文件是单位工程概算书。建设项目若为一个独立单项工程，则建设项目总概算书与单项工程综合概算书可合并编制。

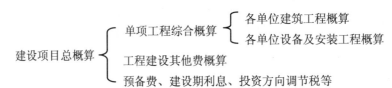

图 2-1　设计概算的编制内容及相互关系

(1) 单位工程概算。单位工程概算是确定单位工程所需建设费用的文件，是编制单项工程综合概算的依据。单位工程概算按工程性质分为建筑工程概算和设备及安装工程概算两大类。建筑工程概算包括土建工程概算，给排水、采暖工程概算，通风、空调工程概算，电气照明工程概算，弱电工程概算，特殊构筑物工程概算等；设备以及安装工程概算包括机械设备及安装工程概算，工具、器具及生产家具购置费概算等。

(2) 单项工程综合概算。单项工程综合概算是确定单项工程所需建设费用的综合文件，由组成该单项工程的各单位工程概算汇总而成，是建设项目总概算的组成部分。

单项工程综合概算文件一般包括编制说明、综合概算表(含其所附的单位工程概算表和主要材料表)和有关专业的单位工程概算书等三部分。当建设项目只有一个单项工程时，此时该综合概算文件实为项目总概算，除包括上述三部分内容外，还应包括工程建设其他费用、预备费、建设期利息和固定资产投资方向调节税的概算。

单项工程综合概算表是根据单项工程所辖范围内的各单位工程概算等基础资料，按照国家或部委所规定的统一表格进行编制。单项工程综合概算表的结构形式与总概算表相同(见表2-3)。

工业建设项目单项工程综合概算表由建筑工程和设备以及安装工程两大部分组成；民用工程项目单项工程综合概算表就是建筑工程一项。单项工程综合概算的费用组成主要包括工程费用。当不编制单项工程总概算时，还应包括工程建设其他费、建设期利息、预备费等费用项目。

(3) 建设项目总概算。建设项目总概算是设计文件的重要组成部分，是确定整个建设项目从筹建到竣工交付使用所预计花费的全部建设费用的文件，根据所包括的各个单项工程综合概算及工程建设其他费和预备费等汇总编制而成。

建设项目总概算的组成内容如图2-2所示。需要说明的是，长期以来，总概算表中的费用项目按照工程性质分成三大部分，预备费与建设期利息等专项费用合并称为"第三部分"，图2-2将其分开，有利于与投资估算及项目评价相衔接，也有利于与竣工决算及新增资产核定相衔接。

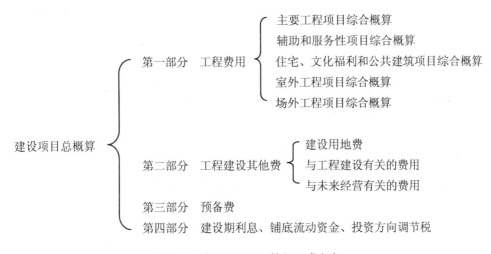

图 2-2　建设项目总概算的组成内容

建设项目总概算文件应按照主管部门规定的统一表格进行编制，一般包括：编制说明、总概算表(一般格式见表 2-3)、各单项工程综合概算书、工程建设其他费概算表、主要材料设备汇总表。总概算文件应加封面、签署页(扉页)和目录装订成册。

建设项目总概算编制说明包括如下内容。

表 2-3　总(综合)概算表

建设项目(单项工程名称)：　　　　　　　　　　　　　　　　　　共　页　第　页

序号	概算表编号	工程和费用名称	概算价值/元					技术经济指标				占投资额/%
			建筑工程费	设备购置费	安装工程费	其他费用	合计	计量指标	单位	数量	单位造价/元	

审定：　　　　审核：　　　　校对：　　　　编制：　　　　编制日期：　年　月　日

① 工程概况。说明建设项目的建设规模、范围、建设地点、建设条件、建设期、产量、品种及厂外工程的主要情况等。

② 编制依据。说明设计文件依据、概算指标、概算定额、材料价格及各种费用标准等。

③ 编制方法。说明编制概算是采用概算定额还是采用概算指标。

④ 投资分析。主要分析各项投资的比例，并与类似工程比较，分析投资高低的原因，说明设计的经济合理性。

⑤ 主要材料和设备数量。说明建筑安装工程主要材料(如钢材、木材、水泥等)和主要机械设备、电气设备的数量。

⑥ 其他有关问题。

【例2-1】 已知某新建工厂，拟建三个生产车间总造价为3 000万元，一栋办公楼造价为540万元，一栋宿舍楼造价为400万元，一座食堂兼大会堂造价为260万元，厂区两条道路造价为180万元，一座中心花园造价为100万元，一座围墙造价为30万元，大门及传达室造价为25万元。

为了车间生产，需购置一些生产用设备，购置费为6 000万元，其中有一部分需要安装，安装费为1 000万元。另外办公楼内也需要购置办公桌椅及书柜等物品，共计260万元。该项目占用农田3.33hm²(50亩)的征地费、联合试运转费、建设单位管理费等其他工程费用数额，共计1 800万元。

假设预备费率为10%，其他费用暂不考虑。该建设项目的总费用计算如下。

(1) 建筑工程费。包括三个车间、一栋办公楼、一栋宿舍楼、一座食堂、两条道路、中心花园、围墙及大门、传达室等主要工程的建设费用。

建筑工程费=3 000+540+400+260+180+100+30+25=4 535(万元)

(2) 安装工程费。包括需要安装的设备的费用1 000万元。

(3) 设备购置费。全部生产用设备的购置费为6 000万元。

(4) 工器具及生产用家具购置费。为办公而购置的办公桌椅、书柜等物品所发生的费用为工器具和生产用家具购置费，共计260万元。

(5) 其他工程费。含征地费在内的其他工程费之和为1 800万元。

(6) 预备费。

预备费=(4 535+1 000+6 000+260+1 800) × 10%
　　　 =13 595 × 10%=1 359.5(万元)

(7) 建设项目总费用。

建设项目总费用=4 535+1 000+6 000+260+1 800+1 359.5=14 954.5(万元)

2. 建设项目设计概算的编制原则和依据

1) 设计概算的编制原则

(1) 严格执行国家的建设方针和经济政策。编制设计概算是一项重要的技术经济工作，要严格按照党和国家的方针、政策办事，坚决执行勤俭节约的方针，严格执行规定的设计标准。

(2) 完整、准确地反映设计内容。编制设计概算时，要认真了解设计意图，根据设计文件、图纸准确计算工程量，避免重算和漏算。设计修改后，要及时修正概算。

(3) 坚持结合拟建工程的实际,反映工程所在地当时的价格水平。要实事求是地对工程所在地的建设条件、可能影响造价的各种因素进行认真的调查研究,在此基础上正确使用定额、指标、费率和价格等各项编制依据,按照现行工程造价的构成,根据有关部门发布的价格信息及价格调整指数,考虑建设期的价格变化因素,使概算尽可能地反映设计内容、施工条件和实际价格。

2) 设计概算的编制依据

(1) 国家有关建设和造价管理的法律、法规和方针政策,国家综合部门的文件,包括设计概算编制办法、设计概算的管理办法和设计标准等有关规定。

(2) 国务院主管部门和各省、市、自治区根据国家规定或授权制定的各种规定及办法等。在收集这些资料时,一要注意文件的实用性,二要注意其使用的时间性,随着时间的变化,各种规定要求也在不断地变化。

(3) 建设项目的设计文件,包括批准的可行性研究报告以及其他有关文件等,满足编制设计概算的各专业设计图纸、文字说明和主要设备表。对设计图纸的要求如下。

① 土建工程中建筑专业提交建筑平、立、剖面图和初步设计文字说明(应说明或注明装修标准、门窗尺寸);结构专业提交结构平面布置图、构件截面尺寸、特殊构件配筋率。

② 给排水、电气、采暖通风、空调、动力等专业的平面布置图或文字说明和主要设备表。

③ 室外工程有关各专业提交平面布置图;总图专业提交建设场地的地形图和场地设计标高及道路、排水沟、挡土墙、围墙等构筑物的断面尺寸。

(4) 与建设项目相适应的概算定额、概算指标等以及建设项目所在地政府发布的有关取费文件规定。建筑工程按项目所在地区的概算定额或概算指标,设备安装工程按全国统一的安装工程定额,其他专业工程按各专业部委内部定额。定额与指标是确定概算费用额度的标准,必须以建设项目主管部门规定的概算定额和概算指标为标准。

(5) 投资估算文件。投资估算是设计概算的最高额度标准,一般要求设计概算不得突破投资估算。按有关规定要求,如果设计概算超过投资估算 10%以上,则要进行概算修正,并分析原因,加强控制。

(6) 项目计划实施期的税率、汇率等,现行的有关设备的原价及运杂费率。

(7) 建设场地的自然条件和施工条件。

(8) 类似工程的概、预算及技术经济指标。

(9) 建设单位提供的有关工程造价的其他资料。

3) 设计概算编制的准备工作

(1) 了解建设项目拟定的建设规模、生产能力、工艺流程、设备及技术要求等情况。

(2) 了解项目建设地点的水文地质状况、自然环境与社会环境状况。

(3) 了解建设项目的资金来源、项目建设的准备情况,包括"三通一平",施工方式的确定,施工用水、用电的供应等诸多因素。

(4) 了解项目建设的前期工作进展情况,包括可行性研究报告的审批情况及投资估算额度与费用范围,以便于进行概算控制。

(5) 了解不同地区概算编制要求与标准,包括概算定额的使用要求、取费标准的规定、设备及材料的预算价格、市场价格信息等有关内容。

(6) 了解设备与材料的供应情况，包括设备与材料的供应方式、供应的数量、质量要求及加工方式等内容。尤其对一些进口设备要作大量的社会调查，或者找相应的进口设备参考，最好能有厂家的具体报价。

(7) 进行建设项目分解。根据已批准的项目建设计划，将完整的建设项目分解成单项工程、单位工程，并按专业不同进行分类，如建筑工程项目、安装工程项目、市政工程项目及其他工程项目等。项目分解是计算各种不同性质的费用的基础条件。项目由大到小划分，费用的计算则是由小到大汇总。

2.2.2 建设项目设计概算的编制实施

1. 建筑工程费概算方法

1) 应用概算定额编制设计概算

当初步设计达到一定深度、建筑结构比较明确时，可采用概算定额编制设计概算。利用概算定额编制设计概算的方法与利用预算消耗量定额编制施工图预算的方法基本相同，不同之处是设计概算的项目划分比施工图预算项目粗略。因此，应用概算定额编制设计概算的方法又叫扩大单价法或扩大结构定额法。

应用概算定额编制设计概算的步骤如下。

(1) 熟悉设计图纸，了解设计意图、施工条件和施工方法。

(2) 列出土建设计图中各分部分项的工程项目，并计算工程量。

(3) 进行主要材料分析，并考虑材料价差的计算。

(4) 根据工程量和概算定额基价计算直接费。

(5) 按照措施费、间接费和利税标准，计算出措施费、间接费和利税。

(6) 计算建筑工程概算总价值。

(7) 将概算价值除以建筑面积得出造价指标。

采用该法编制概算比较准确，但计算比较烦琐。只有具备一定的设计图纸，并熟悉概算定额，才能弄清分部分项工程的扩大综合内容，才能正确地计算扩大分部分项的工程量。同时在套用概算定额基价时，要注意对材料预算价格、取费标准等的变化测定系数加以调整。

2) 应用概算指标编制设计概算

当初步设计深度不够，不能准确计算工程量，但工程采用的技术比较成熟而又有类似概算指标可以利用时，可采用概算指标来编制概算。

概算指标一般是以建筑面积为单位，以整幢建筑物为依据而编制的表示价值或工料消耗量的指标。它的数据均来自各种已建工程的预算或竣工决算资料，用建筑面积除需要的各种人工、材料等而得出。概算指标比概算定额更为扩大、综合，按此编制的设计概算比按概算定额编制的设计概算更加简化，但精确度显然要低一些，是一种对工程造价估算的方法。

(1) 直接套用概算指标编制概算。如果拟建工程在设计上与概算指标中的工程特征相符，可直接套用指标进行编制。当指标规定了土建工程每 100 平方米或每平方米建筑面积的人工、主要材料消耗量时，概算的具体步骤及计算公式为

① 根据概算指标中的人工工日数及现行工资标准计算人工费。

$$每平方米建筑面积人工费=指标人工工日数×日工资标准 \tag{2-1}$$

② 根据概算指标中的主要材料数量及现行材料预算价格计算材料费。

$$每平方米建筑面积主要材料费=\sum (主要材料数量×材料预算价格) \tag{2-2}$$

③ 按主要材料费及其他材料费的比例，求出其他材料费。

$$每平方米建筑面积其他材料费=每平方米建筑面积主要材料费$$
$$×其他材料费的比例 \tag{2-3}$$

④ 施工机械使用费在概算指标中一般是用"元"或占直接费百分比来表示，直接按概算指标规定计算。

⑤ 按上述人工费、材料费、机械费，计算出直接费。

$$每平方米建筑面积直接费=人工费+主要材料费+其他材料费+机械费 \tag{2-4}$$

⑥ 按上述直接费及地区现行取费标准，计算出间接费、利润、税金等其他费用。

⑦ 将直接费和其他费用相加，得出概算单价。

$$每平方米建筑面积概算单价=直接费+间接费+利润+税金 \tag{2-5}$$

⑧ 用概算单价和建筑面积相乘，得出概算价值。

$$设计概算价值=设计建筑面积×每平方米建筑面积概算单价 \tag{2-6}$$

(2) 概算指标的修正。随着建筑技术的发展，新结构、新技术、新材料的应用，设计做法也在不断地发展，设计的内容不可能完全符合概算指标规定的结构特征，此时不能简单地按照类似的概算指标套算，必须根据具体情况，对某一项或某几项不符合设计要求的内容，分别加以修正后使用。修正方法为

$$单位建筑面积造价修正概算指标=原概算指标单价-换出结构构件单价$$
$$+换入结构构件单价 \tag{2-7}$$
$$换出(或换入)结构构件单价=换出(或换入)结构构件工程量$$
$$×相应的概算定额单价 \tag{2-8}$$

【例 2-2】 某拟建砖混结构住宅工程 3 420m²，结构形式与已建成的某工程相同。已建成的类似工程每平方米建筑面积主要资源消耗为：人工消耗 5.08 工日，钢材 23.8kg，水泥 205kg，原木 0.05m³，铝合金门窗 0.24m²，其他材料费为主材费的 45%，机械费占直接费的 8%。拟建工程主要资源的现行预算价格分别为：人工 60 元/工日，钢材 3.50 元/kg，水泥 0.35 元/kg，原木 1 400 元/m³，铝合金门窗 350 元/m²，拟建工程综合费率为 20%。

拟建工程与类似工程相比，只有外墙保温贴面不同，其他部分均较为接近。类似工程外墙为珍珠岩保温、水泥砂浆抹面，每平方米建筑面积消耗量分别为 0.044m³、0.842m²。现行预算价格为珍珠岩 154 元/m³、水泥砂浆 9 元/m²。拟建工程外墙为聚苯板保温、喷刷仿面砖真石漆，每平方米建筑面积消耗量分别为：0.08m³、0.82m²，现行预算价格为聚苯板保温 386 元/m³，仿面砖真石漆 80 元/m²。

下面应用概算指标法，编制拟建工程概算造价。

(1) 计算拟建工程的人工费、材料费和机械费指标。

人工费=5.08×60=304.80(元/m²)

材料费=(23.8×3.50+205×0.35+0.05×1 400+0.24×350)×(1+45%)=448.12(元/m²)

机械费=直接费×8%

直接费=(304.80+448.12)÷(1-8%)=818.39(元/m²)

(2) 计算拟建工程概算指标。

概算指标=818.39×(1+20%)=982.07(元/m²)

(3) 结构差异额=(0.08×386+0.82×80)-(0.044×154+0.842×9)=82.13(元/m²)

(4) 计算拟建工程修正概算指标和概算造价。

修正概算指标=982.07+82.13×(1+20%)=1 080.63(元/m²)

拟建工程概算造价=3 420×1 080.63=3 695 754.60(元)=369.58(万元)

3) 应用类似工程预算编制概算

类似工程预算法是利用技术条件与拟建工程相类似的竣工工程或在建工程的工程造价资料来编制拟建工程设计概算的方法。

类似工程预算法适用于拟建工程初步设计与竣工或在建工程的设计类似而又没有概算指标可用的情况，但必须对结构差异和时间差异(价差)进行调整。结构差异的调整与概算指标法相同，价差调整常用的有下面两种方法。

(1) 类似工程造价资料有具体的人工、材料、机械台班的用量时，可按材料用量、工日数量、机械台班用量乘以拟建工程所在地的现行材料预算价格、人工单价、机械台班单价计算出直接费，再乘以当地的综合费率，得出造价指标。

(2) 类似工程造价资料只有人工、材料、机械台班费用和其他直接费、间接费时，调整计算公式为

$$D = AK$$
$$K = aK_a + bK_b + cK_c + dK_d + eK_e + fK_f \tag{2-9}$$

式中：D——拟建工程单方概算造价；

A——类似工程单方预算造价；

K——综合调整系数；

a、b、c、d、e、f——分别为类似工程预算中的人工费、材料费、机械台班费、其他直接费、间接费、利税占类似工程预算造价的比重，$a+b+c+d+e+f=1$；

K_a、K_b、K_c、K_d、K_e、K_f——分别为拟建工程与类似工程相比，人工费、材料费、机械台班费、其他直接费、间接费、利税因建设时间和地区不同的差异系数。

【例2-3】 新建某项工程。该工程适用现行取费标准为：间接费率25%，利润率7%，税金率3.44%。

在进行该工程概算时，可利用的类似工程建筑体积为1 000m³，预算成本(直接费+间接费)为85 000元，其中，基本直接费占73.32%，其他直接费占5%，间接费占21.68%。

经测算，新建工程基本直接费修正系数为1.35，其他直接费修正系数为1.12，间接费修正系数为1.02。另外，由于局部建筑与结构的不同，新建工程相比于类似工程1 000m³建筑体积净增加直接费12 500元。

应用类似工程预算资料，编制拟建工程概算如下。

(1) 对应类似工程，新建工程总直接费的修正系数为

$K=aK_a+bK_b+cK_c$ =73.32%×1.35+5%×1.12+21.68%×1.02=1.27

(2) 总预算成本 A=85 000×1.27+12 500×(1+25%)=123 575(元)

(3) 利润 B=123 575×7%=8 650.25(元)

(4) 税金 C=(A+B)×3.44%=4 548.55(元)

(5) 概算单位造价=A+B+C=136 773.80(元)

新建工程拟用的概算指标为

136 773.80÷1 000=136.77(元/m³ 建筑体积)

2. 设备购置费概算方法

设备购置费是指为工程建设项目购置或自制的达到固定资产标准的设备、工具、器具的费用。确定固定资产的标准是：使用年限在一年以上，单位价值在 1 000 元、1 500 元或 2 000 元以上，单位价值的具体标准由各主管部门规定。新建项目和扩建项目的新建车间购置或自制的全部设备、工具、器具，不论是否达到固定资产标准，均计入设备、工器具购置费中。

设备购置费用由原价及交货地点至工地仓库的运杂费构成。由于采购及交货方式不同，具体费用组成也不同。一般计算公式为

$$设备购置费=设备原价或进口设备到岸价+设备运杂费 \qquad (2\text{-}10)$$

1) 国产标准设备原价

国产标准设备是指按照主管部门颁布的标准图纸和技术要求，由我国设备生产厂批量生产的，符合国家质量检验标准的设备。标准设备原价一般指的是设备制造厂的交货价，即出厂价。如设备由设备成套公司供应，成套公司的服务费应计入设备运杂费中，以订货合同价为设备原价。有的设备有带备件的出厂价和不带备件的出厂价，在计算设备原价时，一般按带有备件的出厂价计算。

主要标准设备原价一般是根据设备型号、规格、材质、数量及所附带的配件内容，套用主管部门规定的或工厂自行制定的现行产品出厂价格逐项计算。非主要标准设备的原价可按占主要设备总原价的百分比计算。

2) 国产非标准设备原价

国产非标准设备是指国家尚无定型标准，各设备生产厂不可能在工艺过程中采用批量生产，只能按一次订货，并根据具体的设计图纸制造的设备。非标准设备原价有多种不同的计算方法，如成本计算估价法、系列设备插入估价法、分部组合估价法、定额估价法等。无论采用哪种计价方法，都应该使非标准设备计价接近实际出厂价。

(1) 估价指标法。

① 根据非标准设备的类别、性质、质量、材料等，按设备单位质量(t)规定的估价指标计算。估价时将设备质量乘以相应的单位质量设备的估价指标。

② 根据非标准设备的类别、质量、材质、精密程度及制造厂家，按每台设备规定的估价指标计算。估价时将设备台数乘以相应的每台设备的估价指标。

(2) 成本计算估价法。

① 材料费=材料净重×(1+加工损耗系数)×每吨材料综合价。

② 加工费=设备总质量(t)×设备每吨加工费。

③ 辅助材料费(简称辅材费)=设备总质量×辅助材料费指标。

④ 专用工具费：按①～③项之和乘以一定百分比计算。

⑤ 废品损失费：按①~④项之和乘以一定百分比计算。

⑥ 外购配件费：按设备设计图纸所列的外购配件计算。

⑦ 包装费：按①~⑥项之和乘以一定百分比计算。

⑧ 利润：按①~⑤项加⑦项之和乘以一定百分比计算。

⑨ 增值税：税率为17%，计算公式为

$$增值税=当期销项税额-进项税额 \tag{2-11}$$

$$当期销项税额=税率×销售额 \tag{2-12}$$

⑩ 非标准设备设计费：按国家规定的设计费收费标准另行计算。

【例2-4】 采购一台国产非标准设备，制造厂生产该台设备所用材料费为20万元，加工费2万元，辅助材料费为4 000元，专用工具费率为1.5%，废品损失费率为10%，外购配件费为5万元，包装费率为1%，利润率为7%，增值税率为17%，非标准设备设计费为2万元。

该国产非标准设备的原价计算如下。

材料费=20万元

加工费=2万元

辅助材料费=4 000元

专用工具费=(20+2+0.4)×1.5%=0.336(万元)

废品损失费=(22.4+0.336)×10%=2.274(万元)

外购配件费=5万元

包装费=(22.4+0.336+2.274+5)×1%=0.3(万元)

利润=(22.4+0.336+2.274+0.3)×7%=1.772(万元)

销项税金=(22.4+0.336+2.274+5+0.3+1.772)×17%=5.454(万元)

非标准设备设计费=2万元

非标设备原价=22.4+0.336+2.274+5+0.3+1.772+5.454+2=39.536(万元)

3) 进口设备原价

进口设备的交货方式主要有：①内陆交货类，即卖方在出口国内陆的某个地点交货；②目的地交货类，即卖方要在进口国的港口或内地交货；③装运港交货类，即卖方在出口国装运港完成交货任务，有装运港船上交货价(FOB，又称离岸价)、运费在内价(C&F)和运费、保险费在内价(CIF，又称到岸价)等几种价格。装运港交货的主要特点是：卖方按照约定的时间在装运港交货，只要卖方把合同规定的货物装船后提供货运单据便完成交货任务，可凭单据收回货款。

FOB是我国购买进口设备采用最多的一种货价。采用船上交货价时卖方的责任是：在规定的期限内，负责在合同规定的装运港口将货物装上买方指定的船只，并及时通知买方；负责货物装船前的一切费用和风险；负责办理出口手续；提供出口国政府或有关方面签发的证件；负责提供有关装运单据。买方的责任是：负责租船或订舱，支付运费，并将船期、船名通知卖方；负担货物装船后的一切费用和风险；负责办理保险及支付保险费，办理在目的港的进口和收货手续；接受卖方提供的有关装运单据，并按合同规定支付货款。

基于FOB的进口设备抵岸价构成为

进口设备价格=货价+国外运输费+国外运输保险费+银行财务费+外贸手续费+关税+增值税

(1) 进口设备的货价。

$$货价=外币金额×银行牌价(卖价) \qquad (2-13)$$

式中的外币金额指进口设备 FOB。

(2) 国外运输费。即从装运港(站)到我国抵达港(站)的运费。我国进口设备大部分采用海洋运输方式，小部分采用铁路运输，个别采用航空运输。具体可参照中国远洋运输公司、铁道部、民航总局有关运价表计算。海运费率约为 6%，铁路运输费率约为 1%，空运费率约为 8.5%。计算公式为

$$国外运输费=货价×国外运输费率 \qquad (2-14)$$

(3) 国外运输保险费。对外贸易货物运输保险是由保险人(保险公司)与被保险人(由出口人或进口人)订立保险契约，在被保险人交付议定的保险费后，保险人根据保险契约的规定对货物在运输过程中发生的承保责任范围内的损失给予经济上的补偿。这是一种财产保险。我国保险公司收取的海运保险费率约为 0.266%，陆路运输保险费率约为货价的 0.35%，空运保险费率约为 0.455%。计算公式为

$$国外运输保险费 = \frac{(货价+国外运输费)×运输保险费率}{1-运输保险费率} \qquad (2-15)$$

(4) 银行财务费。一般指中国银行手续费，费率为 0.4%～0.5%。计算公式为

$$银行财务费=货价×银行财务费率 \qquad (2-16)$$

(5) 外贸手续费。指按商务部规定的外贸手续费率计取的费用，外贸手续费率约为 1.5%，计算公式为

$$外贸手续费=(货价+国外运输费+国外运输保险费)×外贸手续费率 \qquad (2-17)$$

(6) 关税。关税是由海关对进出国境或关境的货物和物品征收的一种税，属于流转性课税。关税包括财政关税和保护关税。对进口设备征收的进口关税实行最低和普通两种税率。进口设备的关税完税价指设备运抵我国口岸的到岸价。计算公式为

$$关税=关税完税价格×关税税率=(货价+国外运输费+运输保险费)×关税税率 \qquad (2-18)$$

(7) 增值税。增值税是我国政府对从事进口贸易的单位和个人，在进口商品报关进口后征收的税种。我国增值税条例规定，进口应税产品均按组成计税价格税率直接计算应纳税额，不扣除任何项目的金额或已纳税额。增值税基本税率为 17%。计算公式为

$$增值税=组成计税价格×增值税税率 \qquad (2-19)$$

$$组成计税价格=关税完税价格+关税+消费税 \qquad (2-20)$$

消费税只对部分进口设备(如轿车等)征收。

4) 设备运杂费

设备运杂费通常由下列各项构成。

(1) 运费和装卸费。国产设备由设备制造厂交货地点起至工地仓库(或施工组织设计指定的需要安装设备的堆放地点)所发生的运费和装卸费；进口设备则由我国到岸港口或边境车站起至工地仓库(或施工组织设计指定的需安装设备的堆放地点)所发生的运费和装卸费。

(2) 包装费。指设备原价没有包含为运输而进行的包装支出的各种费用。

(3) 设备供销部门的手续费。按有关部门规定的统一费率计算。

(4) 采购与仓库保管费。指采购、验收、保管和收发设备所发生的各种费用，包括设备采购、保管和管理人员的工资、工资附加费、办公费、差旅交通费，设备供应部门办公和

仓库所占固定资产使用费、工具用具使用费、劳动保护费、检验试验费等。这些费用可按主管部门规定的采购与保管费费率计算。

设备运杂费按设备原价乘以设备运杂费率计算。设备运杂费率按各部门及省、市等的规定计取。计算公式为

$$设备运杂费=设备原价×设备运杂费率 \tag{2-21}$$

【例 2-5】 某宾馆设计采用进口与国产电梯各一部，其数据分别如下。

(1) 进口电梯。

① 每台毛重为 3t。

② 离岸价(FOB)每台 60 000 美元(美元对人民币汇率按 1：8.3 计算)；海运费率为 6%；海运保险费率为 0.266%；关税税率为 22%；增值税税率为 17%；银行财务费率为 0.4%；外贸手续费率为 1.5%。

③ 到货口岸至安装现场 300km，运输费为 0.60 元/(t·km)，装、卸费均为 50 元/t；国内运输保险费费率为 0.1%；现场保管费费率为 0.2%。

(2) 国产电梯。

① 每台毛重为 3.5t；甲地生产仓库交货价格为 43 万元/台。

② 生产仓库至火车站 15km 为汽车运输；甲地火车站至乙地火车站 600km 为火车运输；乙地火车站至现场指定地点 8km 为汽车运输；汽车运费 0.60 元/(t·km)；汽车装、卸车费各 50 元/t；火车运费 0.03 元/(t·km)；火车装、卸车费各 40 元/t；采购保管费率为 1%。

进口电梯及国产电梯至施工现场的概算价格计算见表 2-4、表 2-5。

表 2-4　进口电梯概算价格计算表

费用项目	计 算 式	金额/元
1 货价(FOB)	60 000×8.3	498 000.00
2 进口设备从属费用		267 436.88
2.1 运输费	498 000×0.06	29 880.00
2.2 运输保险费	(498 000+29 880)×0.002 66÷(1−0.002 66)	1 407.91
2.3 关税	(498 000+29 880+1 407.91)×0.22	116 443.34
2.4 增值税	(498 000+29 880+1 407.91+116 443.34)×0.17	109 774.31
2.5 银行财务费	498 000×0.004	1 992.00
2.6 外贸手续费	(498 000+29 880+1 407.91)×0.015	7 939.32
3 国内运杂费		1 606.28
3.1 运输及装卸费	3×(300×0.6+50×2)	840.00
3.2 运输保险费	(498 000+267 436.88+840)×0.001	766.28
4 现场保管费	(498 000+267 436.88+1 606.28)×0.002	1 534.08
5 概算价格	498 000+267 436.88+1 606.28+1 534.08	768 577.24

表 2-5　国产电梯概算价格计算表

费用项目	单价或费用	计 算 式	金额/元
1 设备原价			430 000.00
2 生产仓库至甲火车站运费			381.50

续表

费用项目	单价或费用	计 算 式	金额/元
2.1 装车费	50 元/t	3.5×50	175.00
2.2 运费	0.6 元/(t·km)	15×3.5×0.6	31.50
2.3 卸车费	50 元/t	3.5×50	175.00
3 甲火车站至乙火车站运费			343.00
3.1 装车费	40 元/t	3.5×40	140.00
3.2 运费	0.03 元/(t·km)	3.5×600×0.03	63.00
3.3 卸车费	40 元/t	3.5×40	140.00
4 乙火车站至施工现场运费			366.80
4.1 装车费	50 元/t	3.5×50	175.00
4.2 运费	0.6 元/(t·km)	3.5×8×0.6	16.80
4.3 卸车费	50 元/t	3.5×50	175.00
5 采购保管费	1%	(430 000+381.5+343+366.8)×0.01	4 310.91
6 概算价格		(1)+(2)+(3)+(4)+(5)	435 402.21

5) 工器具及生产家具购置费

工器具及生产家具购置费指新建项目或扩建项目初步设计规定所必须购置的不够固定资产标准的设备、仪器、工卡模具、器具、生产家具和备品备件等的费用，计算公式为

$$工器具及生产家具购置费=设备购置费×定额费率 \qquad (2-22)$$

3. 安装工程费概算方法

设备安装工程费概算的编制方法是根据初步设计深度和要求明确的程度来确定的。主要编制方法有以下几种。

1) 预算单价法

当初步设计有详细的设备清单时，可直接按安装工程预算消耗量定额单价编制安装工程概算。根据计算的设备安装工程量乘以安装工程预算综合单价，经汇总求得。概算编制程序基本同安装工程施工图预算。该方法具有计算具体、精确性高的优点。

2) 扩大单价法

当初步设计深度不够、设备清单不完备，只有主体设备资料或仅有成套设备质量等资料时，可采用主体设备、成套设备的综合扩大安装单价来编制概算。

上述两种方法的具体操作与建筑工程概算相类似。

3) 设备价值百分比法

当初步设计深度不够，只有设备出厂价而无详细规格、质量时，安装费可按设备费的一定百分比计算。安装费率由主管部门制定或由设计单位根据已完类似工程确定。该方法常用于价格波动不大的定型产品和通用设备的安装工程概算，计算公式为

$$设备安装费=设备原价×安装费率 \qquad (2-23)$$

4) 综合吨位指标法

当初步设计提供的设备清单有规格和设备质量时，可采用综合吨位指标编制概算。综合吨位指标由主管部门或由设计单位根据已完工类似工程资料确定。该方法常用于设备价

格波动较大的非标准设备和引进设备的安装工程概算，计算公式为

$$设备安装费=设备吨重×每吨设备安装费指标(元/t) \qquad (2-24)$$

5) 综合造价比例法

这是根据各专业单位工程造价占单项工程综合造价的比例，已知土建工程造价或设备购置费用，然后计算各专业单位工程造价的方法。该方法主要适用于一般工业与民用建筑工程的概算编制。

【例 2-6】 已知某工程项目的土建工程概算为 1 223 554 元。现有同类工程的各专业单位工程造价占单项工程综合造价的比例资料，如表 2-6 所示。

表 2-6　专业单位工程造价比例资料

专业工程	土建工程	采暖工程	通风空调工程	电气照明工程	给排水工程	设备购置费用	设备安装费用	工器具费用
比例/%	40.0	1.5	13.5	2.5	1.0	38.0	3.0	0.5

该工程的综合概算造价计算如下。

(1) 根据土建工程造价比例，估算单项工程综合概算造价。

$$单项工程综合概算造价=\frac{土建单位工程概算造价}{40\%}$$

$$=\frac{1\,223\,554}{40\%}=3\,058\,885(元)$$

(2) 根据各专业单位工程造价比例，估算各单位工程概算造价。

采暖单位工程造价=3 058 885×1.5%=45 883(元)

通风空调单位工程造价=3 058 885×13.5%=412 949(元)

电气照明单位工程造价=3 058 885×2.5%=76 472(元)

给排水单位工程造价=3 058 885×1%=30 589(元)

设备购置费=3 058 885×38%=1 162 376(元)

设备安装费=3 058 885×3%=91 767(元)

工器具购置费=3 058 885×0.5%=15 294(元)

2.2.3　建设项目设计概算的审查

1. 设计概算审查的意义

设计概算应全面、完整地反映建设项目的投资数量和投资构成，作为控制建设项目投资规模和工程造价的主要依据。长期以来的实际情况表明，不少建设项目，特别是一些大中型建设项目和重点建设项目，常常出现"三算"层层超的现象，即初步设计概算投资总额超过可行性研究阶段批准的投资估算总额，施工图预算造价超过概算投资总额，竣工决算造价又超过施工图预算造价。

概算投资总额被突破的主要原因有：①建设项目没有按建设程序办事，事先可行性研究不够，或随意扩大建设内容；②在报批设计文件时，为了争项目，故意少报投资，预留投资缺口；③概算编制质量不高，不能正确掌握材料设备价格和定额标准等规定，或概算

资料不足，存在着低估漏项的情况；④在市场经济条件下，难以掌握物价、利率、汇率等方面的变化规律。

审查设计概算的意义如下。

(1) 有利于合理分配投资资金、加强投资计划管理、合理确定和有效控制工程造价。概算编制偏高或偏低会影响工程造价的控制、投资计划的真实性、投资资金的合理分配。设计概算审查，可以使概算投资总额更加完整、合理、确切，尽可能地接近实际造价。

(2) 有利于促进设计概算编制单位严格执行国家有关概算的编制规定和费用标准，提高概算的编制质量。

(3) 有利于促进设计的技术先进性与经济合理性。设计概算中的技术经济指标是概算的综合反映，与同类工程对比，可看出它的先进与合理程度。在概算审查中，对建设项目设计的经济合理性进行评价，提出合理化建议和修改意见，可以促使节省投资、提高效益。

(4) 经过审查的设计概算，为建设项目投资的落实提供可靠的依据。作足投资，不留缺口，有助于提高建设项目的投资效益。

2. 设计概算的审查方式

设计概算是初步设计文件的组成部分，审查设计概算是与审查初步设计同时进行的。在一般情况下，由建设项目的主管部门组织建设单位、设计单位等有关部门，采用会审的方式，联合进行审查，既审查设计，又审查概算，对设计和概算的修改，往往通过主管部门的文件批复予以认定。

会审时，可以先由会审单位分头审查，然后集中研究定案；也可以组织有关部门组成专门审查班子，按照审查人员的业务专长划分若干小组，将概算费用进行分解，分头审查，最后集中起来讨论定案。

3. 设计概算的审查步骤

(1) 熟悉情况，掌握数据。掌握建设项目的建设规模、设计能力和工艺流程。熟悉设计概算的组成内容以及编制的依据和方法，审阅图纸和说明书，弄清概算所列的工程项目费用构成、各项技术经济指标，弄清概算各表同设计文字说明之间的相互关系。同时还要做好有关概算定额或费用的文件资料的收集整理工作，搜集国内外同类型工程有关的技术数据和经济指标，搜集有关材料、设备价格行情、贷款利率等资料，为审查工作做好必要的准备。

(2) 进行经济对比分析，找出差距。利用已收集的概算定额或指标以及有关技术经济指标中的相应数据，与设计概算进行分析比较；把设计和概算列明的工程性质、结构类型、建设条件、投资比例、生产规模、建设面积、设备数量、造价和劳动定员等各项技术经济指标，与国内外同类型工程的相应指标进行对比分析，从而找出差距，提供审查线索。

(3) 处理概算中的问题。对审查中遇到的一些新问题、新情况，在对比设计经济指标找出差距的基础上，深入进行调查研究，弄清工程项目的内外条件，了解设计是否经济合理，概算采用的定额、指标、费用标准是否符合现行规定和工程实际，了解有无扩大规模、多估投资或预留缺口等情况。根据调查资料，按照国家规定核实概算投资。

(4) 研究、定案、调整概算。对审查过程中发现的问题，按照单项、单位工程的顺序，先按建筑工程费、设备购置费、安装工程费和工程建设其他费分类整理；然后汇总核增或核减的项目及其投资额；最后将具体审核数据按照原编概算、审核结果、增减投资、增减幅度等逐一列表，相应调整所属项目投资合计，汇总审核后的总投资及增减投资额。对差错较多、问题较大或不能满足要求的，责成按会审意见修改返工，重新报批；对无重大原则问题，深度基本满足要求，投资增减不多的，当场核定概算投资额；对已经会审的定案问题，应及时调整概算，并提交审批部门审定后，正式下达审批概算。

4. 设计概算的审查方法

设计概算审查的方法应根据工程项目的投资规模、类型性质、结构复杂程度和概算编制质量等具体确定。采用适当方法审查设计概算，是确保审查质量、提高审查效率的关键。下面是常用的方法。

1) 对比分析法

通过建设规模、标准与立项批文对比；工程数量与设计图纸对比；综合范围、内容与编制方法、规定对比；各项取费与规定标准对比；材料、人工单价与统一信息对比；引进设备、技术投资与报价要求对比；技术经济指标与同类工程对比等，发现设计概算存在的主要问题和偏差。

2) 查询核实法

对一些关键设备和设施、重要装置、引进工程图纸不全、难以核算的较大投资进行多方查询核对，逐项落实。主要设备的市场价向设备供应部门或招标公司查询核实；重要生产装置、设施向同类企业(工程)查询了解；引进设备价格及有关费税向进出口公司调查落实；复杂的建安工程向同类工程的建设、施工单位征求意见；深度不够或不清楚的问题直接向原概算编制人员、设计人员询问清楚。

3) 联合会审法

联合会审前，可先采取多种形式分头审查，包括设计单位自审，主管、建设、承包单位初审，工程造价咨询企业评审，邀请同行专家预审，审批部门复审等，经层层审查把关后，由有关单位和专家进行联合会审。在会审会上，由设计单位介绍概算编制情况及有关问题，各有关单位、专家报告初审、预审意见，然后进行分析讨论，逐一核实概算存在的问题。经过充分协商，认真听取设计单位意见后，实事求是地处理、调整。

5. 设计概算审查的内容

1) 审查编制依据

设计概算编制依据的审查重点是编制依据的合法性、时效性、适用范围。

2) 审查编制深度

(1) 审查设计概算编制说明。主要检查概算的编制方法、深度和编制依据等重大原则问题。编制说明有差错，具体概算必有差错。

(2) 审查概算编制的完整性。大中型项目的设计概算应有完整的编制说明和"三级概算"，达到规定的深度。要审查是否有符合规定的"三级概算"，各级概算的编制、核对、审核是否按规定签署，有无随意简化。

(3) 审查概算的编制范围。审查编制范围及具体内容是否与批准的项目范围及具体工程内容一致；审查分期建设项目的建筑范围及具体工程内容有无重复交叉或漏算；审查其他费用项目是否符合规定，各项费用是否分别列出等。

3) 审查建筑工程概算

(1) 审查工程量。根据初步设计图纸、概算定额、工程量计算规则和施工组织设计的要求进行审查。

(2) 审查采用定额或指标，包括定额或指标的适用范围、定额基价的调整、补充定额或指标。审查补充定额或指标时，要注意补充定额的项目划分、内容组成、编制原则等与现行的定额精神是否一致。

(3) 审查材料预算价格。着重对材料原价和运输费用进行审查。进行运输费用审查时，要审查节约运输费用的措施。材料预算价格的审查，要根据设计文件确定材料消耗用量，以耗用量大的主要材料作为审查重点。

(4) 审查各项费用。应结合项目特点，审查各项费用所包含的具体内容，避免重复计算或遗漏。取费标准应根据国家有关部门或地方规定标准执行。

4) 审查设备及安装工程概算

设备及安装工程概算的审查重点是设备清单和安装费用计算。

(1) 审查设备规格、数量和配置是否符合设计要求，是否与设备清单相一致；设备原价和运杂费的计算是否正确，非标准设备原价的计价方法是否符合规定；进口设备的各项费用的组成及其计算程序、方法是否符合国家主管部门的规定。

(2) 审查设备安装工程概算，包括编制方法、编制依据等。要审查计算安装费，确定设备数量及种类是否符合设计要求，避免一些不需要安装的设备也计算了安装费。当采用预算消耗量定额单价或概算定额基价计算安装费时，要审查计量单位是否合适，安装工程量计算是否符合规则，是否准确无误；当采用概算指标计算安装费时，要审查概算指标是否合理，计算结果是否达到精度要求。

5) 审查综合概算和总概算

(1) 审查综合概算、总概算的编制内容、方法是否符合现行规定和设计文件的要求，有无超出设计文件的项目，有无将非生产性项目以生产性项目列入。

(2) 审查总概算文件的组成内容是否完整地包括建设项目从筹建到竣工投产为止的全部费用组成。

(3) 审查总图设计和工艺流程。总图布置应根据生产和工艺的要求，全面规划，紧凑合理，厂区运输和仓库布置要避免迂回运输。分期建设的工程项目要统筹考虑，合理安排，留有余地。总图占地面积应符合规划要求，以节约投资；按照生产要求和工艺流程合理安排工程项目，主要车间工艺生产要形成合理的流水线，避免工艺倒流，造成生产运输和管理上的困难以及人力、物力的浪费。

(4) 审查经济效果。设计概算是初步设计的经济反映，要按照生产规模、工艺流程、产品品种和质量从企业的投资效益和投产后的运营效益全面分析，审查其是否达到了先进可靠、经济合理的要求。

(5) 审查项目的"三废"治理。拟建项目必须同时安排"三废"(废水、废气、废渣)的治理方案和投资，对于未作安排或漏项、多算、重算的项目，要按国家有关规定核实投资，以满足"三废"排放达到国家标准要求。

(6) 审查技术经济指标。确认技术经济指标计算方法和程序是否正确，综合指标和单项指标与同类型工程指标相比，是偏高还是偏低，查明原因并予以纠正。

(7) 审查建筑工程费。生产性建设项目的建筑面积和造价指标要根据设计要求和同类工程计算确定，做到主要生产项目和辅助生产项目相适应，建筑面积和工艺设备安装相吻合。非生产性项目要按照国家和所在地区主管部门规定的建筑标准，审查建筑面积标准和造价指标。

(8) 审查设备及安装工程费。审查设备数量是否符合设计要求，详细核对设备清单；审查设备价值是否符合规定，标准设备的价格与国家指导价格是否相符，非标准设备价格计算的依据是否合理；安装工程费用与需要安装设备是否符合。安装工程费必须按国家规定的安装工程概算定额或概算指标计算。

(9) 审查工程建设其他费。这一部分费用包括的内容较多，要按照国家和地区的规定逐项详细审查，不属于总概算范围的费用项目不能列入概算。应查明具体费率或计取标准是否按国家、行业有关部门规定计算，有无随意列项、多列、交叉计列和漏项等。没有具体规定的费用要根据实际情况核算后再列入。

【课后任务】

根据本项目所学知识进行选择。

1. 根据国家规定，对于技术上复杂而又缺乏设计经验的项目，可按(   )进行。
    A. 初步设计和施工图设计两个阶段
    B. 施工图设计和概算设计两个阶段
    C. 初步设计、技术设计和施工图设计三个阶段
    D. 总体设计、初步设计、技术设计和施工图设计四个阶段

2. 从工程造价的角度考虑，采用(   )厂房最为经济合理。
    A. 单层   B. 经济层   C. 多层   D. 高层

3. 从建筑设计的经济性角度考虑，下列说法不正确的是(   )。
    A. 建筑物平面形状越简单越好
    B. 在建筑面积不变的情况下，建筑层高增加会引起各项费用的增加
    C. 在满足建筑物使用要求的前提下，尽量增大流通空间
    D. 当建筑层数增加时，单位建筑面积所分摊的流通空间费用会有所降低。

4. 按照建设程序，建设项目的工艺流程是在(   )阶段确定的。
    A. 项目建议书   B. 可行性研究   C. 初步设计   D. 技术设计

5. 下列关于民用建筑设计与工程造价的关系中正确的是(   )。
    A. 住宅的层高和净高增加，会使工程造价随之增加
    B. 圆形住宅既有利于施工，又能降低造价
    C. 小区的住宅密度指标越高越好
    D. 住宅层数越多，造价越低

6. 从经济角度来说，有关钢结构的下列说法中不正确的是(   )。
    A. 相对钢筋混凝土结构而言，结构尺寸减小
    B. 相对钢筋混凝土结构而言，自重较重，基础造价有所提高
    C. 在柱网布置方面有较大的灵活性
    D. 室内布置可以适应未来变化的需求

7. 某工程共有三个方案。方案一的功能评价系数为 0.61，成本评价系数为 0.55；方案二的功能评价系数为 0.63，成本评价系数为 0.6；方案三的功能评价系数为 0.69，成本评价系数为 0.50 则根据价值工程原理确定的最优方案为(　　)。

    A. 方案一　　　　B. 方案二　　　　C. 方案三　　　　D. 无法确定

8. 运用价值工程优化设计方案所得的结果是：甲方案价值系数为 1.28，单方造价为 156 元；乙方案价值系数为 1.20，单方造价为 140 元；丙方案价值系数为 1.05，单方造价为 175 元；丁方案价值系数为 1.18，单方造价为 168 元。最佳方案为(　　)。

    A. 甲　　　　　　B. 乙　　　　　　C. 丙　　　　　　D. 丁

9. 某建设项目有 4 个方案，其评价指标见表 2-7，根据价值工程原理，最好的方案是(　　)。

表 2-7　某建设项目 4 个方案的评价指标

方　案	甲	乙	丙	丁
功能评价总分	12	9	14	13
成本系数	0.22	0.18	0.35	0.25

    A. 甲　　　　　　B. 乙　　　　　　C. 丙　　　　　　D. 丁

10. 当初步设计达到一定深度，建筑结构比较明确时，编制建筑工程概算可以采用(　　)。

    A. 单位工程指标法　　　　　　　B. 概算指标法

    C. 概算定额法　　　　　　　　　D. 类似工程概算法

11. 拟建砖混结构住宅工程，其外墙采用釉面砖贴面，每平方米建筑面积消耗量为 $0.9m^2$，釉面砖全费用单价为 50 元/m^2。类似工程概算指标 58 050 元/$100m^2$，外墙采用水泥砂浆抹面，每平方米建筑面积消耗量为 $0.92m^2$，水泥砂浆抹面全费用单价为 9.5 元/m^2，则该砖混结构工程修正概算指标为(　　)。

    A. 571.22　　　　B. 616.72　　　　C. 625.00　　　　D. 633.28

12. 我国建设项目的设计程序包括(　　)。

    A. 设计准备　　　B. 初步方案　　　C. 技术设计

    D. 初步设计　　　E. 施工图设计

13. "三阶段设计"是指(　　)。

    A. 总体设计　　　B. 初步设计　　　C. 技术设计

    D. 修正设计　　　E. 施工图设计

14. 总平面设计中影响工程造价的因素包括(　　)。

    A. 占地面积　　　B. 功能分区　　　C. 主要燃料、材料供应

    D. 运输方式选择　　　E. 环保措施

15. 工业设计是由(　　)组成。

    A. 建筑设计　　　B. 水店设计　　　C. 总平面设计

    D. 工艺设计　　　E. 户型设计

16. 设计概算编制依据的审查内容有(　　)。

    A. 编制依据的合法性　　　　　　B. 编制依据的权威性

    C. 编制依据的准确性　　　　　　D. 编制依据的时效性

          E. 编制依据的适用范围

17. 在设计阶段实施价值工程可以( )。

          A. 使建筑产品的功能更为合理   B. 有效地控制工程造价

          C. 节约社会资源   D. 使建筑产品的造价达到最低

          E. 使建筑产品功能更好造价最低

18. 建设单位工程概算常用的编制方法包括( )。

          A. 预算单价法   B. 概算定额法   C. 造价指标法

          D. 类似工程预算法   E. 概算指标法

19. 单位工程概预算的审查内容包括( )。

          A. 工艺流程   B. 工程量   C. 经济效果

          D. 采用的定额或指标   E. 材料预算价格

20. 采用类似工程预算法编制单位工程概算时,应考虑修正的主要差异包括( )。

          A. 拟建对象与类似预算设计结构上的差异

          B. 地区工资、材料预算价格及机械使用费的差异

          C. 间接费用的差异

          D. 建筑企业等级的差异

          E. 工程隶属关系的差异

21. 编制建设工程概算的单位一般是( )。

          A. 房地产开发单位   B. 施工单位   C. 设计单位

          D. 审计单位   E. 造价咨询单位

【能力拓展】

1. 编制设计概算时,混凝土结构施工用的模板及支撑是否单独计算?

2. 编制设计概算时,是否考虑高层建筑施工费?

3. 编制设计概算时,施工措施用的脚手架怎样计算?

4. 编制设计概算时,施工措施用的垂直运输机械的安装拆卸及场外运输是否单独计算?

5. 建筑工程概算的编制方法有哪些?

6. 基本建设"三算"对比是指哪三算?

项目3 建设项目招标阶段工程造价的确定与控制

【学习要点及目标】

- 掌握工程招投标的概念、范围、程序，施工投标报价方法，工程合同价确定的方式。
- 熟悉施工招标单位及投标单位应具备的条件，施工招投标的开标评标及中标过程。
- 了解设备与材料采购招投标。
- 了解工程造价的计价方法——工程量清单计价法。
- 熟悉工程量清单计价依据。
- 了解定额的含义及分类。
- 了解人工工日消耗量指标的确定、材料消耗量指标的确定、机械台班消耗量指标的确定。
- 熟悉人工工日单价的确定、材料单价的确定、机械台班单价的确定。
- 会编制建设工程工程量清单。
- 掌握综合单价的形成过程。
- 会根据工程量清单和招标文件编制建设工程招标控制价。
- 会根据招标控制价编制投标报价。
- 会审查招标控制价。

【核心概念】

劳动定额 时间定额 产量定额 材料消耗定额 机械台班定额 综合单价 人工单价 材料预算价格 机械台班单价 招标工程量清单 已标价工程量清单 工程成本 单价合同 总价合同 安全文明施工费 总承包服务费 招标控制价 投标价

【工作任务单】

引用项目二的背景材料，开发公司委托某招标代理公司对此建设项目进行施工招标，并按国家有关规定编制3#住宅楼单位工程的工程量清单及招标控制价。

某招标代理公司编制的 3#住宅楼单位工程的工程量清单见表 3-1～表 3-4，编制的招标控制价见表 3-5～表 3-11。

[扉页]　　　　　　　　　　　某旧村改造 3#住宅楼

工程量清单

招标人：　　　　　　　　　　　　工程造价咨询人：

　　　　(单位盖章)　　　　　　　　　　　　(单位资质专用章)

法定代表人或其授权人：　　　　法定代表人或其授权人：

　　　　(签字或盖章)　　　　　　　　　　　(签字或盖章)

编制人：　　　　　　　　　　　复核人：

　　(造价人员签字盖专用章)　　　　(造价工程师签字盖专用章)

编制时间：　　　　　　　　　　复核时间：

表 3-1　分部分项工程清单

工程名称：某旧村改造 3#住宅楼

序号	项目编码	项目名称	项目特征	计量单位	工程数量
	一	地下工程			
1	010101001001	平整场地	(1) 土壤类别：一、二类土； (2) 弃土运距：自行考虑	m²	640.67
2	010101002001	挖一般土方	(1) 土壤类别：一、二类土； (2) 挖土深度：3.25m； (3) 弃土运距：1km	m³	2 978.24
3	010103001001	回填方	(1) 密实度要求：夯填土； (2) 填方材料品种：土方； (3) 填方粒径要求：符合设计要求； (4) 填方来源、运距：原土，1km	m³	726.32
4	010401001001	砖基础	(1) 砖品种、规格、强度等级：蒸压灰砂砖； (2) 基础类型：条形； (3) 砂浆强度等级：M7.5 砂浆； (4) 防潮层材料种类：1：2 水泥砂浆掺 5%防水剂	m³	6.32
5	010404001001	垫层	(1) 垫层材料种类、配合比、厚度：C15 混凝土 100mm； (2) 部位：满堂基础下	m³	88.2
6	010404001002	垫层	(1) 垫层材料种类、配合比、厚度：C15 混凝土 100mm； (2) 部位：地面	m³	58.76
7	010404001003	垫层	(1) 垫层材料种类、配合比、厚度：中粗砂 250mm； (2) 部位：地面	m³	130.02
8	010501002001	带形基础	(1) 混凝土种类：清水混凝土； (2) 混凝土强度等级：C30； (3) 部位：楼梯基础	m³	1.32

续表

序号	项目编码	项目名称	项目特征	计量单位	工程数量
9	010501003001	独立基础	(1) 混凝土种类：清水混凝土； (2) 混凝土强度等级：C30	m³	16
10	010501004001	满堂基础	(1) 混凝土种类：清水混凝土； (2) 混凝土强度等级：C3； (3) 抗渗等级：S6	m³	519.4
11	010507001001	散水、坡道	(1) 垫层材料种类、厚度：3∶7灰土； (2) 面层厚度：细石混凝土面层； (3) 混凝土种类：清水混凝土； (4) 混凝土强度等级：C20； (5) 变形缝填塞材料种类：建筑油膏嵌缝	m²	157.4
12	010507003001	电缆沟、地沟	(1) 土壤类别：一、二类土； (2) 沟截面净空尺寸：300×400； (3) 垫层材料种类、厚度：C15混凝土100mm； (4) 混凝土种类：清水混凝土； (5) 混凝土强度等级：C30	m	15
13	010401003001	实心砖墙	(1) 砖品种、规格、强度等级：蒸压灰砂砖； (2) 墙体类型：115mm； (3) 砂浆强度等级、配合比：M7.5水泥砂浆	m³	45.7
14	010402001001	砌块墙	(1) 砌块品种、规格：加气混凝土块 585×120×200； (2) 墙体类型：内墙； (3) 砂浆强度等级：M5.0混浆	m³	68.9
15	010402001002	砌块墙	(1) 砌块品种、规格：加气混凝土块 585×120×200； (2) 墙体类型：内墙； (3) 砂浆强度等级：M5.0混浆	m³	144.5
16	010502001001	矩形柱	(1) 混凝土种类：清水混凝土； (2) 混凝土强度等级：C30	m³	29.6
17	010502002001	构造柱	(1) 混凝土种类：清水混凝土； (2) 混凝土强度等级：C30	m³	0.9
18	010503002001	矩形梁	(1) 混凝土种类：清水混凝土； (2) 混凝土强度等级：C30	m³	483.1
19	010503005001	过梁	(1) 混凝土种类：清水混凝土； (2) 混凝土强度等级：C20	m³	2.5
20	010504001001	直形墙	(1) 混凝土种类：清水混凝土； (2) 混凝土强度等级：C30； (3) 厚度：200mm	m³	80.8

续表

序号	项目编码	项目名称	项目特征	计量单位	工程数量
21	010504001002	直形墙	(1) 混凝土种类：清水混凝土； (2) 混凝土强度等级：C30； (3) 厚度：250mm	m³	96.6
22	010505001001	有梁板	(1) 混凝土种类：清水混凝土； (2) 混凝土强度等级：C30	m³	51.2
23	010505003001	平板	(1) 混凝土种类：清水混凝土； (2) 混凝土强度等级：C30	m³	60.8
24	010506001001	直形楼梯	(1) 混凝土种类：清水混凝土； (2) 混凝土强度等级：C30； (3) 梯板厚：120mm	m²	54.8
25	010515001001	现浇构件钢筋	钢筋种类、规格：圆钢筋ϕ4	t	0.76
26	010515001002	现浇构件钢筋	钢筋种类、规格：圆钢筋ϕ6.5	t	0.45
27	010515001003	现浇构件钢筋	钢筋种类、规格：箍筋ϕ6.5	t	0.224
28	010515001004	现浇构件钢筋	钢筋种类、规格：箍筋ϕ8	t	0.144
29	010515001005	现浇构件钢筋	钢筋种类、规格：箍筋ϕ6.5　三级钢	t	3.335
30	010515001006	现浇构件钢筋	钢筋种类、规格：箍筋ϕ8　三级钢	t	2.29
31	010515001007	现浇构件钢筋	钢筋种类、规格：箍筋ϕ10　三级钢	t	0.08
32	010515001008	现浇构件钢筋	钢筋种类、规格：螺纹三级钢ϕ6.5	t	0.858
33	010515001009	现浇构件钢筋	钢筋种类、规格：螺纹三级钢ϕ8	t	8.124
34	010515001010	现浇构件钢筋	钢筋种类、规格：螺纹三级钢ϕ8 植筋	t	0.45
35	010515001011	现浇构件钢筋	钢筋种类、规格：螺纹三级钢ϕ10	t	3.62
36	010515001012	现浇构件钢筋	钢筋种类、规格：螺纹三级钢ϕ12	t	12.793
37	010515001013	现浇构件钢筋	钢筋种类、规格：螺纹三级钢ϕ14	t	11.782

续表

序号	项目编码	项目名称	项目特征	计量单位	工程数量
38	010515001014	现浇构件钢筋	钢筋种类、规格：螺纹三级钢ϕ16	t	37.855
39	010515001015	现浇构件钢筋	钢筋种类、规格：螺纹三级钢ϕ18	t	0.138
40	010515001016	现浇构件钢筋	钢筋种类、规格：螺纹三级钢ϕ20	t	0.209
41	010515003001	钢筋网片	钢筋种类、规格：钢丝ϕ1.6	t	1.665
42	010515009001	支撑钢筋(铁马)	(1) 钢筋种类：螺纹钢筋ϕ16； (2) 规格：L=600mm	t	1.09
43	010516003001	机械连接	(1) 连接方式：电渣压力焊； (2) 规格：14	个	595
44	010516003002	机械连接	(1) 连接方式：电渣压力焊； (2) 规格：16	个	1 007
45	010516003003	机械连接	(1) 连接方式：电渣压力焊； (2) 规格：20	个	1 336
46	010802003001	钢质防火门	(1) 门代号及洞口尺寸：FM-1 1 000×2 000； (2) 门框、扇材质：钢制	樘	30
47	010807001001	金属(塑钢断桥)窗	(1) 窗代号及洞口尺寸：C-1 至 C-6 平开 带纱； (2) 玻璃品种、厚度：中空玻璃(5+7+5)mm	樘	30
48	010904002001	楼(地)面涂膜防水	(1) 防水膜品种：合成高分子防水涂料； (2) 涂膜厚度、遍数：2 遍； (3) 反边高度：250mm	m²	732.93
49	010904001001	楼(地)面卷材防水	(1) 卷材品种、规格、厚度：SBC 改性沥青； (2) 防水层数：一层； (3) 反边高度：250mm	m²	854.89
50	010903001001	墙面卷材防水	(1) 卷材品种、规格、厚度：SBS 改性沥青卷材； (2) 防水层数：1	m²	380.82
51	011001001001	保温隔热屋面	(1) 保温隔热材料品种、规格厚度：挤塑板 40mm； (2) 黏结材料种类、做法：干铺 (3) 防护材料种类、做法：1：1 水泥砂浆 20mm	m²	586.9
52	011001003001	保温隔热墙面	(1) 保温隔热部位：地下室外墙外； (2) 保温隔热方式：外保温； (3) 保温隔热材料品种、规格厚度：聚苯板 50mm； (4) 黏结材料种类及做法：聚合物砂浆点粘 (5) 防护材料种类及做法：回填土	m²	380.82

续表

序号	项目编码	项目名称	项目特征	计量单位	工程数量
53	01B001	竣工清理		m³	25 623.6
54	010606009001	钢护栏	钢材品种、规格：不锈钢	m²	38.56
二		地上工程			
55	010402001003	砌块墙	(1) 砌块品种、规格：加气混凝土块 585×100×200； (2) 墙体类型：内墙； (3) 砂浆强度等级：M5.0 混浆	m³	91.1
56	010402001004	砌块墙	(1) 砌块品种、规格：加气混凝土块 585×120×200； (2) 墙体类型：内墙； (3) 砂浆强度等级：M5.0 混浆	m³	242.5
57	010402001005	砌块墙	(1) 砌块品种、规格：自保温加气混凝土块 585×120×240； (2) 墙体类型：外墙； (3) 砂浆强度等级：M5.0 混浆	m³	281.2
58	010502001002	矩形柱	(1) 混凝土种类：清水混凝土； (2) 混凝土强度等级：C30	m³	114.8
59	010502002002	构造柱	(1) 混凝土种类：清水混凝土； (2) 混凝土强度等级：C30	m³	32.7
60	010503002002	矩形梁	(1) 混凝土种类：清水混凝土； (2) 混凝土强度等级：C30	m³	129.9
61	010503004001	圈梁	(1) 混凝土种类：清水混凝土； (2) 混凝土强度等级：C25	m³	15.5
62	010503005002	过梁	(1) 混凝土种类：清水混凝土； (2) 混凝土强度等级：C25	m³	4.8
63	010504001003	直形墙	(1) 混凝土种类：清水混凝土； (2) 混凝土强度等级：C30	m³	176.4
64	010505001002	有梁板	(1) 混凝土种类：清水混凝土； (2) 混凝土强度等级：C30	m³	51.3
65	010505003002	平板	(1) 混凝土种类：清水混凝土； (2) 混凝土强度等级：C30	m³	344.8
66	010505006001	栏板	(1) 混凝土种类：清水混凝土； (2) 混凝土强度等级：C30	m³	11.4
67	010505007001	天沟、挑檐板	(1) 混凝土种类：清水混凝土； (2) 混凝土强度等级：C30	m³	32.8
68	010505010001	其他板	(1) 混凝土种类：清水混凝土； (2) 混凝土强度等级：C30； (3) 屋面斜板	m³	111.3

续表

序号	项目编码	项目名称	项目特征	计量单位	工程数量
69	010506001002	直形楼梯	(1) 混凝土种类：清水混凝土； (2) 混凝土强度等级：C30； (3) 梯板厚：170mm	m^2	190.7
70	010507005001	扶手、压顶	(1) 断面尺寸：240×200； (2) 混凝土种类：清水混凝土； (3) 混凝土强度等级：C25	m	3.06
71	010515001017	现浇构件钢筋	钢筋种类、规格：圆钢筋φ4 屋面	t	1.01
72	010515001018	现浇构件钢筋	钢筋种类、规格：圆钢筋φ6.5	t	1.08
73	010515001019	现浇构件钢筋	钢筋种类、规格：圆钢筋φ8 上人孔管井	t	0.25
74	010515001020	现浇构件钢筋	钢筋种类、规格：圆钢筋φ10 屋面	t	0.03
75	010515001021	现浇构件钢筋	钢筋种类、规格：箍筋φ6.5	t	0.732
76	010515001022	现浇构件钢筋	钢筋种类、规格：箍筋φ6.5 三级钢	t	13.363
77	010515001023	现浇构件钢筋	钢筋种类、规格：箍筋φ8 三级钢	t	5.58
78	010515001024	现浇构件钢筋	钢筋种类、规格：箍筋φ10 三级钢	t	0.562
79	010515001025	现浇构件钢筋	钢筋种类、规格：螺纹三级钢φ8	t	41.468
80	010515001026	现浇构件钢筋	钢筋种类、规格：螺纹三级钢φ8 植筋	t	1.1613
81	010515001027	现浇构件钢筋	钢筋种类、规格：螺纹三级钢φ10	t	6.597
82	010515001028	现浇构件钢筋	钢筋种类、规格：螺纹三级钢φ12	t	13.582
83	010515001029	现浇构件钢筋	钢筋种类、规格：螺纹三级钢φ14	t	13.984
84	010515001030	现浇构件钢筋	钢筋种类、规格：螺纹三级钢φ16	t	20.268
85	010515001031	现浇构件钢筋	钢筋种类、规格：螺纹三级钢φ20	t	1.082

序号	项目编码	项目名称	项目特征	计量单位	工程数量
86	010515003002	钢筋网片	钢筋种类、规格：圆钢筋$\phi1.6$	t	4.515
87	010515009002	支撑钢筋(铁马)	(1) 钢筋种类：螺纹钢筋$\phi16$； (2) 规格：$L=600mm$	t	6.32
88	010516002001	预埋铁件	(1) 钢材种类：预埋铁件； (2) 规格：$\phi20mm$ 内； (3) 铁件尺寸：40×40	t	1.032
89	010516003004	机械连接	(1) 连接方式：电渣压力焊； (2) 规格：14	个	100
90	010516003005	机械连接	(1) 连接方式：电渣压力焊； (2) 规格：16	个	2 072
91	010516003006	机械连接	(1) 连接方式：电渣压力焊； (2) 规格：20	个	193
92	010802004001	防盗门	(1) 门代号及洞口尺寸：M-1 800×2 000； (2) 门框、扇材质：铝合金	樘	50
93	010802003002	钢质防火门	(1) 门代号及洞口尺寸：FM-1 1 000×2 000； (2) 门框、扇材质：钢制	樘	84
94	010807001002	金属(塑钢、断桥)窗	(1) 窗代号及洞口尺寸：C-1-C-6 平开带纱； (2) 玻璃品种、厚度：中空玻璃(5+7+5)mm	樘	320
95	010807001003	金属(塑钢、断桥)窗	(1) 窗代号及洞口尺寸：C-7 百叶窗； (2) 玻璃品种、厚度：中空玻璃(5-7+5)mm	樘	12
96	010902002001	屋面涂膜防水	(1) 防水膜品种：合成高分子； (2) 涂膜厚度、遍数：2	m²	874.26
97	010902001001	屋面卷材防水	(1) 卷材品种、规格、厚度：SBS 改性沥青卷材； (2) 防水层数：1	m²	1 735.44
98	010904002002	楼(地)面涂膜防水	(1) 防水膜品种：合成高分子防水涂料； (2) 涂膜厚度、遍数：2 遍； (3) 反边高度：1 800mm	m²	726.32
99	011001001002	保温隔热屋面	(1) 保温隔热材料品种、规格厚度：挤塑板 50mm； (2) 黏结材料种类、做法：干铺	m²	110.56
100	011001003002	保温隔热墙面	(1) 保温隔热部位：挑檐下； (2) 保温隔热方式：外保温； (3) 保温隔热材料品种、规格及厚度：70×50	m	74.6
101	011001003003	保温隔热墙面	(1) 保温隔热部位：外墙外； (2) 保温隔热方式：外保温； (3) 保温隔热材料品种、规格厚度：聚苯板 50mm； (4) 黏结材料种类及做法：聚合物砂浆点粘； (5) 防护材料种类及做法：抗裂砂浆	m²	1 033.89

续表

序号	项目编码	项目名称	项目特征	计量单位	工程数量
102	010507004001	台阶	(1) 踏步高、宽：150×300； (2) 混凝土种类：清水混凝土； (3) 混凝土强度等级：C25	m³	4.9
103	010606009002	钢护栏	钢材品种、规格：不锈钢	m²	278.13
104	010901001001	瓦屋面	(1) 瓦品种、规格：英红瓦； (2) 黏结层砂浆的配合比：水泥砂浆粘贴	m²	728.2

表 3-2　总价措施项目清单

工程名称：某旧村改造 3#住宅楼

序号	项目名称	计算基础	费率/%	管理费	利润	金额/元
	某旧村改造 3#住宅楼					
1	夜间施工					
2	二次搬运					
3	冬、雨季施工					
4	地上、地下设施，建筑物的临时保护设施					
5	已完工程及设备保护					
	合计					

表 3-3　单价措施项目清单

工程名称：某旧村改造 3#住宅楼

序号	项目编码	项目名称及项目特征	计量单位	工程数量
1	011701002001	外脚手架 1. 搭设方式：双排； 2. 搭设高度：6m 内； 3. 脚手架材质：钢管； 4. 部位：混凝土内墙	m²	522.9
2	011701002002	外脚手架 (1) 搭设方式：双排； (2) 搭设高度：28m； (3) 脚手架材质：钢管	m²	760.9
3	011701002003	外脚手架 (1) 搭设方式：单排； (2) 搭设高度：3m； (3) 脚手架材质：钢管 (4) 部位：框架柱	m²	575
4	011701003001	里脚手架 (1) 搭设方式：双排； (2) 搭设高度：3m； (3) 脚手架材质：钢管	m²	1 473.7

续表

序 号	项目编码	项目名称及项目特征	计量单位	工程数量
5	011702001001	基础 基础类型：满樘基础	m²	99.7
6	011702001002	基础 基础类型：独立基础	m²	9.2
7	011702002001	矩形柱	m²	286
8	011702003001	构造柱	m²	3.69
9	011702006001	矩形梁 支撑高度：3.1m	m²	483.1
10	011702009001	过梁	m²	49.3
11	011702011001	直形墙	m²	773.8
12	011702011002	直形墙：抗渗混凝土	m²	761.1
13	011702014001	有梁板 支撑高度：3.1m	m²	475
14	011702016001	平板 支撑高度：3.1m	m²	502.4
15	011702024001	楼梯 类型：板式楼梯	m²	54.8
16	011702025001	其他现浇构件 构件类型：混凝土垫层	m²	16.7
17	011702026001	电缆沟、地沟 (1) 沟类型：地沟； (2) 沟截面：300×400	m²	14
18	011702029001	散水	m²	21.75
19	011703001001	垂直运输 (1) 建筑物类型及结构形式：框架结构； (2) 地下室建筑面积：1 159.6m²	m²	1 159.6
20	011705001001	大型机械设备进出场及安拆 (1) 机械设备名称：自升式塔式起重机、履带式单斗挖掘机； (2) 机械设备规格型号：QTZ40、1m³	台次	2
21	011701002004	外脚手架 (1) 搭设方式：双排 (2) 搭设高度：6m 内 (3) 脚手架材质：钢管 (4) 部位：混凝土内墙	m²	522.9
22	011701002005	外脚手架 (1) 搭设方式：双排 (2) 搭设高度：28m (3) 脚手架材质：钢管	m²	2 702.69

续表

序　号	项目编码	项目名称及项目特征	计量单位	工程数量
23	011701002006	外脚手架 (1) 搭设方式：双排 (2) 搭设高度：12m (3) 脚手架材质：钢管	m²	106.77
24	011701002007	外脚手架 (1) 搭设方式：单排 (2) 搭设高度：3m (3) 脚手架材质：钢管 (4) 部位：框架柱	m²	575
25	011701003002	里脚手架 (1) 搭设方式：双排 (2) 搭设高度：3m (3) 脚手架材质：钢管	m²	2 626.9
26	011702002002	矩形柱模板	m²	1 146.1
27	011702003002	构造柱模板	m²	524.6
28	011702006002	矩形梁模板 支撑高度：3.1m	m²	1 639
29	011702008001	圈梁模板	m²	182.2
30	011702009002	过梁模板	m²	94.3
31	011702011003	直形墙模板	m²	1 869
32	011702014002	有梁板模板 支撑高度：3.1m	m²	470.6
33	011702016002	平板模板 支撑高度：3.1m	m²	2 954.9
34	011702020001	其他板模板 支撑高度：小于3.6m	m²	965.7
35	011702021001	栏板模板	m²	130.3
36	011702022001	天沟、檐沟模板	m²	272.4
37	011702024002	楼梯模板 类型：板式楼梯	m²	190.7
38	011702025002	其他现浇构件模板 构件类型：压顶	m²	30.6
39	011702027001	台阶模板 台阶踏步宽：300mm	m²	13.7
40	011703001002	垂直运输机械 (1) 建筑物建筑类型及结构形式：框架结构； (2) 建筑物檐口高度、层数：22.5m，6层	m²	3 759.2

表 3-4　其他项目清单

工程名称：某旧村改造 3#住宅楼

序　号	项目名称	计量单位	金额/元	备　注
	某旧村改造 3#住宅楼			
1	暂列金额	项		
2	暂估价		400 000	
	承包人分包的专业工程暂估价	项		
	特殊项目暂估价	项	400 000	深基坑支护费
3	计日工			
4	总承包服务费		300 000	排降水单独发包

[扉页]

某旧村改造 3#住宅楼

招标控制价

招标人：　　　　　　　　工程造价咨询人：

　　　　(单位盖章)　　　　　　　　(单位资质专用章)

法定代表人或其授权人：　　法定代表人或其授权人：

　　　　(签字或盖章)　　　　　　　　(签字或盖章)

编制人：　　　　　　　　复核人：

　　　　(造价人员签字盖专用章)　　　(造价工程师签字盖专用章)

编制时间：　　　　　　　复核时间：

表 3-5　单项工程费用汇总表

工程名称：某旧村改造 3#住宅楼

序号	单位工程名称	金额/元	其中/元		
			暂列金额 承包人分包的专业工程暂估价 特殊项目暂估价	材料暂估价	规　费
1	某旧村改造 3#住宅楼	3 792 925.34	400 000		349 298.14

表 3-6　单位工程费汇总表

工程名称：某旧村改造 3#住宅楼

序　号	汇总内容	计算公式	费　率	金额/元	其中：暂估价/元
1	分部分项工程费			3 555 182.35	
1.1	地下工程			1 489 958.77	
1.2	地上工程			2 065 223.58	
2	地下工程措施项目费			419 335.86	
2.1	总价措施项目清单			79 891.15	
2.2	单价措施项目清单			339 444.71	

续表

序号	汇总内容	计算公式	费率	金额/元	其中：暂估价/元
3	地上工程措施项目费			865 294.81	
3.1	总价措施项目清单			略	
3.2	单价措施项目清单			865 294.81	
4	其他项目费			409 000	
4.1	暂列金额			0	
4.2	承包人分包的专业工程暂估价			0	
4.3	特殊项目暂估价			400 000	
4.4	计日工			0	
4.5	总承包服务费			9 000	
5	规费前合计	3 555 182.35+1 284 630.67+409 000		5 248 813.02	
6	规费			349 298.14	
7	税金	5248 813.02+349 298.14	3.48%	194 814.27	
	合计			5 792 925.43	

表 3-7 分部分项工程清单计价表

工程名称：某旧村改造 3#住宅楼

序号	项目编码	项目名称	项目特征	计量单位	工程数量	综合单价	合价	暂估价
一		地下工程					1 489 958	0
1	010101001001	平整场地	(1) 土壤类别：一、二类土； (2) 弃土运距：自行考虑	m²	640.67	0.63	403.62	
2	010101002001	挖一般土方	(1) 土壤类别：一、二类土； (2) 挖土深度：3.25m； (3) 弃土运距：1km	m³	2 978.24	14.65	43 631.2	
3	010103001001	回填土	(1) 密实度要求：夯填土； (2) 填方材料品种：土方； (3) 填方粒径要求：符合设计要求； (4) 填方来源、运距：原土，1km	m³	726.32	7.1	5 156.87	
4	010401001001	砖基础	(1) 砖品种、规格、强度等级：蒸压灰砂砖 240×115×53； (2) 基础类型：条形； (3) 砂浆强度等级：M7.5 砂浆	m³	6.32	378.06	2 389.34	

序号	项目编码	项目名称	项目特征	计量单位	工程数量	金额/元		暂估价
						综合单价	合价	
5	010404001001	垫层	(1) 垫层材料种类、厚度：C15 混凝土 100mm； (2) 部位：满樘基础下	m³	88.2	415.18	36 618.8	
6	010404001002	垫层	(1) 垫层材料种类、厚度：C15 混凝土 100mm； (2) 部位：地面	m³	58.76	415.18	24 395.9	
7	010404001003	垫层	(1) 垫层材料种类、厚度：中粗砂 250mm； (2) 部位：地面	m³	130.016	135.73	17 647.0	
8	010501002001	带形基础	(1) 混凝土种类：清水混凝土； (2) 混凝土强度等级：C30； (3) 部位：楼梯基础	m³	1.32	389.91	514.68	
9	010501003001	独立基础	(1) 混凝土种类：清水混凝土； (2) 混凝土强度等级：C30	m³	16	422.67	6 762.72	
10	010501004001	满堂基础	(1) 混凝土种类：清水混凝土； (2) 混凝土强度等级：C30； (3) 抗渗等级：S6	m³	519.4	413.55	214 797	
11	010507001001	散水、坡道	(1) 垫层材料种类、厚度：3∶7 灰土； (2) 面层厚度：细石混凝土面层； (3) 混凝土种类：清水混凝土； (4) 混凝土强度等级：C20； (5) 变形缝填塞材料种类：建筑油膏嵌缝	m²	157.4	79.77	12 555.8	
12	010507003001	电缆沟、地沟	(1) 土壤类别：一、二类土； (2) 沟截面净空尺寸：300×400； (3) 垫层材料种类、厚度：C15 混凝土 100mm； (4) 混凝土种类：清水混凝土； (5) 混凝土强度等级：C30	m	15	109.15	1 637.25	
13	010401003001	实心砖墙	(1) 砖品种、规格、强度等级：蒸压灰砂砖； (2) 墙体类型：115mm； (3) 砂浆强度等级、配合比：M7.5 水泥砂浆	m³	45.7	390.85	17 861.8	

续表

序号	项目编码	项目名称	项目特征	计量单位	工程数量	金额/元		暂估价
						综合单价	合价	
14	010402001001	砌块墙	(1) 砌块品种、规格、强度等级：加气混凝土块 585×120×200； (2) 墙体类型：内墙； (3) 砂浆强度等级：M5.0 混浆	m³	68.9	330.22	22 752.1	
15	010402001002	砌块墙	(1) 砌块品种、规格、强度等级：加气混凝土块 585×120×200； (2) 墙体类型：内墙； (3) 砂浆强度等级：M5.0 混浆	m³	144.5	335.6	48 494.2	
16	010502001001	矩形柱	(1) 混凝土种类：清水混凝土； (2) 混凝土强度等级：C30	m³	29.6	498.42	14 753.2	
17	010502002001	构造柱	(1) 混凝土种类：清水混凝土； (2) 混凝土强度等级：C30	m³	0.9	504.91	454.42	
18	010503002001	矩形梁	(1) 混凝土种类：清水混凝土； (2) 混凝土强度等级：C30	m³	483.1	458.49	221 496	
19	010503005001	过梁	(1) 混凝土种类：清水混凝土； (2) 混凝土强度等级：C25	m³	2.5	526.84	1 317.1	
20	010504001001	直形墙	(1) 混凝土种类：清水混凝土； (2) 混凝土强度等级：C30； (3) 厚度：200mm	m³	80.8	483.61	39 075.6	
21	010504001002	直形墙	(1) 混凝土种类：清水混凝土； (2) 混凝土强度等级：C30； (3) 厚度：250mm	m³	96.6	483.61	46 716.7	
22	010505001001	有梁板	(1) 混凝土种类：清水混凝土； (2) 混凝土强度等级：C30	m³	51.2	446.13	22 841.8	
23	010505003001	平板	(1) 混凝土种类：清水混凝土； (2) 混凝土强度等级：C30	m³	60.8	450.56	27 394.0	
24	010506001001	直形楼梯	(1) 混凝土种类：清水混凝土； (2) 混凝土强度等级：C30； (3) 梯板厚：120mm	m²	54.8	122.42	6 708.62	
25	010515001001	现浇构件钢筋	钢筋种类、规格：圆钢筋 $\phi4$	t	0.76	8 274.8	6 288.85	
26	010515001002	现浇构件钢筋	钢筋种类、规格：圆钢筋 $\phi6.5$	t	0.45	5 899.8	2 654.92	

续表

序号	项目编码	项目名称	项目特征	计量单位	工程数量	金额/元		暂估价
						综合单价	合价	
27	010515001003	现浇构件钢筋	钢筋种类、规格：箍筋ϕ6.5	t	0.224	6 309.6	1 413.35	
28	010515001004	现浇构件钢筋	钢筋种类、规格：箍筋ϕ8	t	0.144	5 580.3	803.57	
29	010515001005	现浇构件钢筋	钢筋种类、规格：箍筋ϕ6.5 三级钢	t	3.335	6 604.4	22 025.7	
30	010515001006	现浇构件钢筋	钢筋种类、规格：箍筋ϕ8 三级钢	t	2.29	5 882.9	13 472.0	
31	010515001007	现浇构件钢筋	钢筋种类、规格：箍筋ϕ10 三级钢	t	0.08	5 456.8	436.55	
32	010515001008	现浇构件钢筋	钢筋种类、规格：螺纹三级钢ϕ6.5	t	0.858	6 281	5 389.1	
33	010515001009	现浇构件钢筋	钢筋种类、规格：螺纹三级钢ϕ8	t	8.124	5 588.7	45 403.0	
34	010515001010	现浇构件钢筋	钢筋种类、规格：螺纹三级钢ϕ8 植筋	t	0.45	5 454.8	2 454.7	
35	010515001011	现浇构件钢筋	钢筋种类、规格：螺纹三级钢ϕ10	t	3.62	5 294.3	19 165.5	
36	010515001012	现浇构件钢筋	钢筋种类、规格：螺纹三级钢ϕ12	t	12.793	5 095.2	65 183.6	
37	010515001013	现浇构件钢筋	钢筋种类、规格：螺纹三级钢ϕ14	t	11.782	4 923.6	58 010.4	
38	010515001014	现浇构件钢筋	钢筋种类、规格：螺纹三级钢ϕ16	t	37.855	4 797.1	181596	
39	010515001015	现浇构件钢筋	钢筋种类、规格：螺纹三级钢ϕ18	t	0.138	4 751.9	655.77	
40	010515001016	现浇构件钢筋	钢筋种类、规格：螺纹三级钢ϕ20	t	0.209	4 696.5	981.57	
41	010515003001	钢筋网片	钢筋种类、规格：钢丝ϕ1.6	t	1.665	12.31	20.49	
42	010515009001	支撑钢筋(铁马)	(1) 钢筋种类：螺纹钢筋ϕ16； (2) 规格：L=600mm	t	1.09	4 732.2	5 158.12	
43	010516003001	机械连接	(1) 连接方式：电渣压力焊； (2) 规格：14	个	595	4.6	2 737	

序号	项目编码	项目名称	项目特征	计量单位	工程数量	金额/元		暂估价
						综合单价	合　价	
44	010516003002	机械连接	(1) 连接方式：电渣压力焊； (2) 规格：16	个	1 007	4.83	4 863.81	
45	010516003003	机械连接	(1) 连接方式：电渣压力焊； (2) 规格：20	个	1 336	25.28	33 774.0	
46	010802003001	钢质防火门	(1) 门代号及洞口尺寸：FM-1 1000×2000； (2) 门框、扇材质：钢制	樘	30	85.81	2 574.3	
47	010807001001	金属(塑钢、断桥)窗	(1) 窗代号及洞口尺寸：C-1-6； (2) 玻璃品种、厚度：中空玻璃(5+7+5)mm	樘	30	480.18	14 405.4	
48	010904002001	楼(地)面涂膜防水	(1) 防水膜品种：合成高分子防水涂料； (2) 涂膜厚度、遍数：2 遍； (3) 反边高度：250mm	m²	732.93	35.65	26 128.9	
49	010904001001	楼地面卷材防水	(1) 卷材品种、规格、厚度：SBC 改性沥青； (2) 防水层数：一层； (3) 反边高度：250mm	m²	854.89	48.5	41 462.1	
50	010903001001	墙面卷材防水	(1) 卷材品种规格厚度：SBS 改性沥青卷材 3mm； (2) 防水层数：1	m²	380.82	58	2 2087.5	
51	011001001001	保温隔热屋面	(1) 保温隔热材料品种规格、厚度：挤塑板 40mm； (2) 黏结材料种类、做法：干铺； (3) 防护材料种类、做法：1∶1 水泥砂浆 20mm	m²	586.9	33.57	19 702.2	
52	011001003001	保温隔热墙面	(1) 保温隔热部位：地下室外墙外； (2) 保温隔热方式：外保温； (3) 保温材料品种规格及厚度：聚苯板 50mm； (4) 黏结材料种类及做法：聚合物砂浆点粘； (5) 防护材料种类及做法：回填土	m²	380.82	46.47	17 696.7	

序号	项目编码	项目名称	项目特征	计量单位	工程数量	金额/元		
						综合单价	合价	暂估价
53	01B001	竣工清理		m³	25 623.6	1.11	28 442.2	
54	010606009001	钢护栏	钢材品种、规格：不锈钢	m²	38.56	222.83	8 592.32	
二		地上工程					2 065 223	0
55	010402001003	砌块墙	(1) 砌块品种、规格、强度等级：加气混凝土块 585×100×200； (2) 墙体类型：内墙； (3) 砂浆强度等级：M5.0 混浆	m³	91.1	332.92	30 329.0	
56	010402001004	砌块墙	(1) 砌块品种、规格、强度等级：加气混凝土块 585×120×200； (2) 墙体类型：内墙； (3) 砂浆强度等级：M5.0 混浆	m³	242.5	338.02	81 969.8	
57	010402001005	砌块墙	(1) 砌块品种、规格、强度等级：自保温加气混凝土块 585×120×240； (2) 墙体类型：外墙； (3) 砂浆强度等级：M5.0 混浆	m³	281.2	329.43	92 635.7	
58	010502001002	矩形柱	(1) 混凝土种类：清水混凝土； (2) 混凝土强度等级：C30	m³	114.8	503.01	57 745.5	
59	010502002002	构造柱	(1) 混凝土种类：清水混凝土； (2) 混凝土强度等级：C30	m³	32.7	510.1	16 680.2	
60	010503002002	矩形梁	(1) 混凝土种类：清水混凝土； (2) 混凝土强度等级：C30	m³	129.9	461.61	59 963.1	
61	010503004001	圈梁	(1) 混凝土种类：清水混凝土； (2) 混凝土强度等级：C25	m³	15.5	512.39	7 942.05	
62	010503005002	过梁	(1) 混凝土种类：清水混凝土； (2) 混凝土强度等级：C25	m³	4.8	532.48	2 555.9	
63	010504001003	直形墙	(1) 混凝土种类：清水混凝土； (2) 混凝土强度等级：C30	m³	176.4	487.7	86 030.2	
64	010505001002	有梁板	(1) 混凝土种类：清水混凝土； (2) 混凝土强度等级：C30	m³	51.3	448.69	23 017.8	
65	010505003002	平板	(1) 混凝土种类：清水混凝土； (2) 混凝土强度等级：C30	m³	344.8	453.21	156 266	

序号	项目编码	项目名称	项目特征	计量单位	工程数量	综合单价	合　价	暂估价
						金额/元		
66	010505006001	栏板	(1) 混凝土种类：清水混凝土； (2) 混凝土强度等级：C30	m³	11.4	580.96	6 622.94	
67	010505007001	天沟、挑檐板	(1) 混凝土种类：清水混凝土； (2) 混凝土强度等级：C30	m³	32.8	541.13	17 749.0	
68	010505010001	其他板	(1) 混凝土种类：清水混凝土； (2) 混凝土强度等级：C30 (3) 屋面斜板	m³	111.3	462.84	51 514.0	
69	010506001002	直形楼梯	(1) 混凝土种类：清水混凝土； (2) 混凝土强度等级：C30； (3) 梯板厚：170mm	m²	190.7	151.75	28 938.7	
70	010507005001	扶手、压顶	(1) 断面尺寸：240×200； (2) 混凝土种类：清水混凝土； (3) 混凝土强度等级：C25	m	3.06	546.99	1 673.79	
71	010515001017	现浇构件钢筋	(1) 钢筋种类、规格：圆钢筋； (2) ϕ4 屋面	t	1.01	8 322.4	8 405.64	
72	010515001018	现浇构件钢筋	钢筋种类、规格：圆钢筋ϕ6.5	t	1.08	5 953.9	6 430.23	
73	010515001019	现浇构件钢筋	(1) 钢筋种类、规格：圆钢筋ϕ8； (2) 上人孔管井	t	0.25	5 342.4	1 335.61	
74	010515001020	现浇构件钢筋	(1) 钢筋种类、规格：圆钢筋ϕ10； (2) 屋面	t	0.03	5 038.3	151.15	
75	010515001021	现浇构件钢筋	钢筋种类、规格：箍筋ϕ6.5	t	0.732	6 377.7	4 668.48	
76	010515001022	现浇构件钢筋	钢筋种类、规格：箍筋ϕ6.5　三级钢	t	13.363	6 673.1	89 173.8	
77	010515001023	现浇构件钢筋	钢筋种类、规格：箍筋ϕ8　三级钢	t	5.58	5 928.9	33 083.3	
78	010515001024	现浇构件钢筋	钢筋种类、规格：箍筋ϕ10　三级钢	t	0.562	5 489.0	3 084.85	
79	010515001025	现浇构件钢筋	钢筋种类、规格：螺纹三级钢ϕ8	t	41.468	5 624.6	233 242	
80	010515001026	现浇构件钢筋	钢筋种类、规格：螺纹三级钢ϕ8 植筋	t	1.1613	6 503.3	7 552.31	

续表

序号	项目编码	项目名称	项目特征	计量单位	工程数量	金额/元		暂估价
						综合单价	合价	
81	010515001027	现浇构件钢筋	钢筋种类、规格：螺纹三级钢ϕ10	t	6.597	5 321.0	35102.7	
82	010515001028	现浇构件钢筋	钢筋种类、规格：螺纹三级钢ϕ12	t	13.582	5 121.0	69 553.6	
83	010515001029	现浇构件钢筋	钢筋种类、规格：螺纹三级钢ϕ14	t	13.984	4 945.7	69 160.8	
84	010515001030	现浇构件钢筋	钢筋种类、规格：螺纹三级钢ϕ16	t	20.268	4 816.9	97 629.3	
85	010515001031	现浇构件钢筋	钢筋种类、规格：螺纹三级钢ϕ20	t	1.082	4 712.3	5 098.78	
86	010515003002	钢筋网片	钢筋种类、规格：圆钢筋ϕ1.6	t	4.515	920.24	4 154.88	
87	010515009002	支撑钢筋铁马	(1) 钢筋种类：螺纹钢筋ϕ16； (2) 规格：L=600mm	t	6.32	4 751.7	30 030.8	
88	010516002001	预埋铁件	(1) 钢材种类：预埋铁件； (2) 规格：ϕ20mm 内； (3) 铁件尺寸：40×40	t	1.032	12 496	12 896.8	
89	010516003004	机械连接	(1) 连接方式：电渣压力焊； (2) 规格：ϕ14	个	100	4.73	473	
90	010516003005	机械连接	(1) 连接方式：电渣压力焊； (2) 规格：ϕ16	个	2 072	4.95	10 256.4	
91	010516003006	机械连接	(1) 连接方式：电渣压力焊； (2) 规格：ϕ20	个	193	25.53	4 927.29	
92	010802004001	防盗门	(1) 门代号及洞口尺寸：M-1 800×2000； (2) 门框、扇材质：铝合金	樘	50	707.06	35 353	
93	010802003002	钢质防火门	(1) 门代号及洞口尺寸：FM-1 1000×2000； (2) 门框、扇材质：钢制	樘	84	1057.8	88 861.0	
94	010807001002	金属断桥窗	(1) 窗代号及洞口尺寸：C-1-6 平开带纱 尺寸见设计图纸； (2) 玻璃品种、厚度：中空玻璃(5+7+5)mm	樘	320	562.31	179 939.0	

续表

序号	项目编码	项目名称	项目特征	计量单位	工程数量	金额/元		暂估价
						综合单价	合价	
95	010807001003	金属断桥窗	(1) 窗代号及洞口尺寸：C-7 百叶窗； (2) 框、扇材质：铝合金	樘	12	536.48	6 437.76	
96	010902002001	屋面涂膜防水	(1) 防水膜品种：合成高分子； (2) 涂膜厚度、遍数：2	m²	874.26	35.68	31 193.6	
97	010902001001	屋面卷材防水	(1) 卷材品种规格厚度：SBS 改性沥青卷材 3mm； (2) 防水层数：1	m²	1 735.44	51.52	89 409.8	
98	010904002002	楼地面涂膜防水	(1) 防水膜品种：合成高分子防水涂料； (2) 涂膜厚度、遍数：2 遍； (3) 反边高度：1800mm	m²	726.32	35.68	25 915.1	
99	011001001002	保温隔热屋面	(1) 保温隔热材料品种规格、厚度：挤塑板 50mm； (2) 黏结材料种类、做法：干铺	m²	110.56	33.65	3 720.34	
100	011001003002	保温隔热墙面	(1) 保温隔热部位：挑檐下； (2) 保温隔热方式：外保温； (3) 保温隔热材料品种、规格及厚度：70×50	m	74.6	0.2	14.92	
101	011001003003	保温隔热墙面	(1) 保温隔热部位：外墙外； (2) 保温隔热方式：外保温； (3) 保温材料品种、规格及厚度：聚苯板 50mm； (4) 黏结材料种类做法：聚合物砂浆点粘； (5) 防护材料种类做法：抗裂砂浆	m²	1 033.89	42.28	43 712.8	
102	010507004001	台阶	(1) 踏步高、宽：150×300； (2) 混凝土种类：清水混凝土； (3) 混凝土强度等级：C25	m³	4.9	463.2	2 269.68	
103	010606009002	钢护栏	钢材品种、规格：不锈钢	m²	278.13	187.61	52 179.9	
104	010901001001	瓦屋面	(1) 瓦品种、规格：英红瓦； (2) 黏结层砂浆：水泥砂浆粘贴	m²	728.2	79.88	58 168.6	

表 3-8　总价措施项目清单计价表

工程名称：某旧村改造 3#住宅楼

序 号	项目名称	计算基础	费率/%	管理费	利 润	金额/元
1	夜间施工	3 284 659.42	0.7	1 149.63	712.77	24 855.02
2	二次搬运	3 284 659.42	0.6	985.40	610.95	21 304.31
3	冬、雨季施工	3 284 659.42	0.8	1 313.86	814.60	28 405.74
4	地上、地下设施、建筑物的临时保护设施					
5	已完工程及设备保护	3 284 659.42	0.15	246.35	152.74	5 326.08
	合计					79 891.00

表 3-9　单价措施项目清单计价表

工程名称：某旧村改造 3#住宅楼

序 号	项目编码	项目名称 项目特征	计量单位	工程数量	金额/元 综合单价	金额/元 合 价	金额/元 暂估价
	一	地下工程					
1	011701002001	外脚手架 (1) 搭设方式：双排； (2) 搭设高度：6m 内； (3) 脚手架材质：钢管； (4) 部位：混凝土内墙	m²	259.9	9.69	2 518.43	
2	011701002002	外脚手架 (1) 搭设方式：双排； (2) 搭设高度：28m； (3) 脚手架材质：钢管	m²	760.9	20.46	15 568.01	
3	011701002003	外脚手架 (1) 搭设方式：单排； (2) 搭设高度：3m； (3) 脚手架材质：钢管； (4) 部位：框架柱	m²	575	7.32	4 209	
4	011701003001	里脚手架 (1) 搭设方式：双排； (2) 搭设高度：3m； (3) 脚手架材质：钢管	m²	1 473.70	6.21	9 151.68	
5	011702001001	基础 基础类型：满堂基础	m²	99.70	67.68	6 747.70	

续表

序　号	项目编码	项目名称 项目特征	计量单位	工程数量	金额/元		
					综合单价	合　价	暂估价
6	011702001002	基础 基础类型：独立基础	m²	9.20	61.15	562.58	
7	011702002001	矩形柱	m²	286	61.31	17 534.66	
8	011702003001	构造柱	m²	3.69	71.76	264.79	
9	011702006001	矩形梁 支撑高度：3.1m	m²	483.1	68.75	33 213.13	
10	011702009001	过梁	m²	49.3	82.85	4 084.51	
11	011702011001	直形墙	m²	773.8	47.05	36 407.29	
12	011702011002	直形墙：抗渗混凝土	m²	761.1	48.38	36 822.02	
13	011702014001	有梁板 支撑高度：3.1m	m²	475	60.63	28 799.25	
14	011702016001	平板 支撑高度：3.1m	m²	502.40	55.89	28 079.14	
15	011702024001	楼梯 类型：板式楼梯	m²	54.80	157.27	8 618.4	
16	011702025001	其他现浇构件 构件类型：混凝土垫层	m²	16.70	44.91	750	
17	011702026001	电缆沟、地沟 (1) 沟类型：地沟； (2) 沟截面：300×400	m²	14	65.65	919.10	
18	011702029001	散水	m²	21.75	44.91	976.79	
19	011703001001	垂直运输 (1) 建筑物建筑类型及结构形式：框架结构； (2) 地下室建筑面积：1159.6m²	m²	1159.6	25.47	29 535.01	
20	011705001001	大型机械设备进出场及安拆 (1) 机械设备名称：自升式塔式起重机、履带式单斗挖掘机； (2) 机械设备规格型号：QTZ40、1m³	台次	2	74 683.22	74 683.22	
	二	地上工程					
21	011701002004	外脚手架 (1) 搭设方式：双排； (2) 搭设高度：6m 内； (3) 脚手架材质：钢管； (4) 部位：混凝土内墙	m²	522.9	9.69	5 066.9	

续表

序 号	项目编码	项目名称 项目特征	计量单位	工程数量	金额/元		
					综合单价	合 价	暂估价
22	011701002005	外脚手架 (1) 搭设方式：双排； (2) 搭设高度：28m； (3) 脚手架材质：钢管	m²	2 702.69	20.46	55 297.04	
23	011701002006	外脚手架 (1) 搭设方式：双排； (2) 搭设高度：12m； (3) 脚手架材质：钢管	m²	106.77	15.67	1 673.09	
24	011701002007	外脚手架 (1) 搭设方式：单排； (2) 搭设高度：3m； (3) 脚手架材质：钢管； (4) 部位：框架柱	m²	575	7.32	4 209	
25	011701003002	里脚手架 (1) 搭设方式：双排； (2) 搭设高度：3m； (3) 脚手架材质：钢管	m²	2 626.9	6.21	16 313.05	
26	011702002002	矩形柱模板	m²	1 146.1	61.31	70 267.39	
27	011702003002	构造柱模板	m²	524.6	71.76	37 645.3	
28	011702006002	矩形梁模板 支撑高度：3.1m	m²	1 639	68.75	112 681.25	
29	011702008001	圈梁模板	m²	182.2	60.43	11 010.35	
30	011702009002	过梁模板	m²	94.3	82.85	7 812.76	
31	011702011003	直形墙模板	m²	1 869	47.05	87 936.45	
32	011702014002	有梁板模板 支撑高度：3.1m	m²	470.6	60.63	28 532.48	
33	011702016002	平板模板 支撑高度：3.1m	m²	2 954.9	55.89	165 149.36	
34	011702020001	其他板模板 支撑高度：小于3.6m	m²	965.7	60.85	58 762.85	
35	011702021001	栏板模板	m²	130.3	83.45	10 873.54	
36	011702022001	天沟、檐沟模板	m²	272.4	68.7	18 713.88	

续表

序号	项目编码	项目名称 项目特征	计量单位	工程数量	综合单价	合价	暂估价
37	011702024002	楼梯模板 类型：板式楼梯	m²	190.7	157.27	29 991.39	
38	011702025002	其他现浇构件模板 构件类型：压顶	m²	30.6	120.6	3 690.36	
39	011702027001	台阶模板 台阶踏步宽：300mm	m²	13.7	36.7	502.79	
40	011703001002	垂直运输 (1) 建筑类型及结构：框架结构 (2) 建筑物檐口高度、层数：22.5m，6 层	m²	3 759.2	37.02	139 165.58	
		合计				1 204 739.52	

表 3-10 其他项目清单与计价汇总表

工程名称：某旧村改造 3#住宅楼

序号	项目名称	计量单位	金额/元	备注
1	暂列金额	项		
2	暂估价		400 000	
	特殊项目暂估价	项	400 000	深基坑支护费
3	计日工			
4	总承包服务费		9 000	排降水单独发包
	小 计		409 000	

表 3-11 规费、税金项目清单与计价表

工程名称：某旧村改造 3#住宅楼

序号	项目名称	计算基础	费率/%	金额/元
1	规费			349 298.14
1.1	安全文明施工费			163 762.96
1.1.1	环境保护费	3 555 182.35+1 284 630.67+409 000.00	0.11	5 773.69
1.1.2	文明施工费	3 555 182.35+1 284 630.67+409 000.00	0.29	15 221.56
1.1.3	临时设施费	3 555 182.35+1 284 630.67+409 000.00	0.72	37 791.45

序　号	项目名称	计算基础	费率/%	金额/元
1.1.4	安全施工费	3 555 182.35+1 284 630.67+409 000.00	2	104 976.26
1.2	工程排污费	5 248 813.02	0.15	7 873.22
1.3	住房公积金	579 085.48+346 458.97	3.60	33 319.6
1.4	危险作业意外伤害保险	5 248 813.02	0.15	7 873.22
1.5	社会保障费	5 248 813.02	2.60	136 469.14
2	税金	5 248 813.02+349 298.14	3.48	194 814.27

说明：分部分项工程清单计价表中的综合单价分析表按计价规范不公布。

3.1　建设项目招标控制价编制基础知识

在市场经济条件下，确定合理的工程造价，要有科学的工程造价依据和方法。在现行的工程造价管理体制下，确定工程造价的方法是工程量清单计价法。

3.1.1　招标控制价的编制方法和依据

1. 招标控制价的编制方法

建设工程招标阶段工程造价的编制方法是工程量清单计价法。工程量清单计价是一种新的计价模式，或者说是一种市场定价模式，是由建设产品的买方和卖方在建设市场上根据供求状况、信息状况进行自由竞价，从而最终能够签订工程合同价格的方法。工程量清单价款应包括完成招标文件规定的工程量清单，项目所需的全部费用包括分部分项工程费、措施项目费、其他项目费和规费、税金；完成每项分项工程所含全部过程内容的费用；完成每项工程内容所需的全部费用；工程量清单项目中没有体现的，在施工中又必须发生的工程内容所需的费用；考虑风险因素而增加的因素。

2. 招标控制价计价依据包括的内容

(1) 计算设备数量和工程量的依据：包括可行性研究资料、初步设计、扩大初步设计、施工图设计的图纸和资料、工程量计算规则、施工组织设计或施工方案等。

(2) 计算分部分项工程人工、材料、机械台班消耗量及费用的依据：包括概算指标、概算定额、消耗量定额、人工费单价、材料预算单价、机械台班单价、企业定额、市场价格。

工程建设定额的含义：定额是造价管理部门根据社会平均水平确定的，在合理的劳动组织和合理地使用材料和机械的条件下，完成单位质量合格产品所需消耗的人工、材料和施工机械台班的数量标准。正常施工条件是指生产过程按施工工艺和施工验收规范操作，施工环境正常，施工条件完善，劳动组织合理，材料符合质量标准和设计要求并储备合理，施工机械运转正常等。

建设工程定额依据现行国家标准、设计规范、施工及验收规范、技术操作规程、质量评定标准和安全操作规程，并参考了有代表性的工程设计、施工资料，按大多数施工企业采用的施工方法、机械化装备程度、合理的工期、施工工艺和劳动组织条件进行编制。在上述前提下，定额确定了完成单位合格产品的人工消耗量、材料消耗量、施工机械台班和仪器仪表台班消耗量，同时规定了应完成的工作内容和安全质量要求。

定额是科学发展的产物，它为企业科学管理提供了基本数据，成为实现科学管理的必备条件。它反映了建筑产品生产和生产消耗之间的关系。它的任务是研究建筑产品生产和生产消耗之间的内在关系，以便认识、掌握其运动规律，把建筑生产过程中投入的巨大人力、物力科学地、合理地组织起来，在确保安全生产的前提下，以最少的人力、物力消耗生产数量更多、质量更好的建筑产品。

(3) 计算建筑安装工程费用的依据：根据城乡和住房建设部、财政部关于印发《建筑安装工程费用项目组成》的通知(建标〔2013〕44 号)，各省、自治区均发布了适合本行政区域的建筑安装工程费用项目组成及费率标准。例如：山东省住房和城乡建设厅发布的《山东省建设工程费用项目组成及计算规则》。

(4) 计算设备费的依据：包括设备价格和运杂费率等。

(5) 《建设工程工程量清单计价规范》(GB 50 500—2013)版。

(6) 计算工程建设其他费用依据。包括各项工程建设其他费用定额等。

(7) 计算造价相关的法规和政策：包括工程造价包含的税种、税率；与产业政策、能源政策、环境政策、技术政策和土地等资源利用政策有关的取费标准；利率和汇率、其他计价依据。

3. 工程建设定额的特征

工程量清单计价过程中，关键是确定分部分项工程及部分措施工程的综合单价，而综合单价的确定目前是依据《建设工程消耗量定额》及其配套的费用定额编制而成。定额固有的特征如下。

1) 真实性和科学性

定额的科学性，体现在定额是在实际生产中，在认真研究客观规律的基础上，在总结广大工人生产经验的基础上，经过技术测定和统计分析，运用科学的方法制定的。定额还考虑了已经成熟推广的先进技术和先进的操作方法，反映了当前生产力水平的单位产品所需要的生产消耗量。

2) 系统性和统一性

工程定额是为建设工程服务的相对独立的系统。建设工程本身的特性，决定了定额的多种类、多层次。工程建设的不同阶段、不同专业、不同地区等，都对应有不同的定额。因此定额是由多种定额组成的，它的结构复杂，有鲜明的层次，明确的目标，统一的体系。

定额的统一性，主要是由国家对经济发展的有计划的宏观调控职能所决定的。为了建立全国统一建设市场和规范计价行为，作为计价主要依据的定额、规范，必须在一定范围是一种统一的尺度。如"计价规范"统一了分部分项工程项目名称、计量单位、项目编码

和工程量计算规则。

3) 稳定性和时效性

建筑工程是一定时期技术发展和管理水平的反映，而定额的编制和颁布执行也需要较长的时间，在执行过程中一般还会有一个进行修正、补充、适应的过程，因而在一定时间内是相对稳定的。根据具体情况不同，稳定的时间一般在 5～10 年。保持定额的稳定性是有效贯彻定额所必需的，但定额的稳定性是相对的，它具有一定的时效性。

定额水平的高低，是根据一定时期社会生产力水平确定的。随着科学技术的进步，社会生产力的水平不断提高，当定额不能适应生产和管理需要时，就失去了定额的作用，就要重新编制定额。所以，定额具有显著的时效性。

4) 指导性和群众性

定额的指导性，表现为在目前企业定额还不完善的情况下，为了有利于市场公平竞争，优化企业管理，确保工程质量和施工安全，规范工程计价行为，企业可参照定额，进行自主报价。企业可在消耗量定额的基础上，自行编制企业内部定额，逐步走向市场化，与国际计价方法接轨。

定额的群众性是指定额来自群众，又贯彻于群众。定额的制定和执行，具有广泛的群众基础。定额的编制采用工人、技术人员和定额专职人员相结合的方式，它能把职工的劳动效率和工作质量，国家、企业和劳动者个人三者的利益结合起来，充分调动广大职工的积极性。

4. 工程建设定额的分类

(1) 按照定额反映的物质消耗内容，工程建设定额分为劳动消耗定额、机械消耗定额、材料消耗定额。劳动消耗定额又称人工定额，是完成一定的合格产品规定活劳动消耗的数量标准。机械消耗定额又称机械台班定额，是指为完成一定合格产品所规定的施工机械消耗的数量标准。材料消耗定额又称材料定额，是指完成一定合格产品所需消耗材料的数量标准。 劳动消耗定额、材料消耗定额、机械消耗定额是工程建设的"三大基础定额"，是组成所有使用定额消耗内容的基础。

(2) 按照定额的编制程序和用途，工程建设定额分为施工定额、预算定额、概算定额、概算指标、投资估算指标。

(3) 按照投资费用性质，工程建设定额分为建筑工程定额、设备安装工程定额、建筑安装工程费用定额、工器具定额、工程建设其他费用定额。

(4) 按照专业性质，工程建设定额分为全国通用定额、行业通用定额、专业专用定额。

(5) 按照主编单位和管理权限，工程建设定额分为全国统一定额、行业统一定额、地区统一定额、企业定额、补充定额。

建设工程定额的分类详见图 3-1。

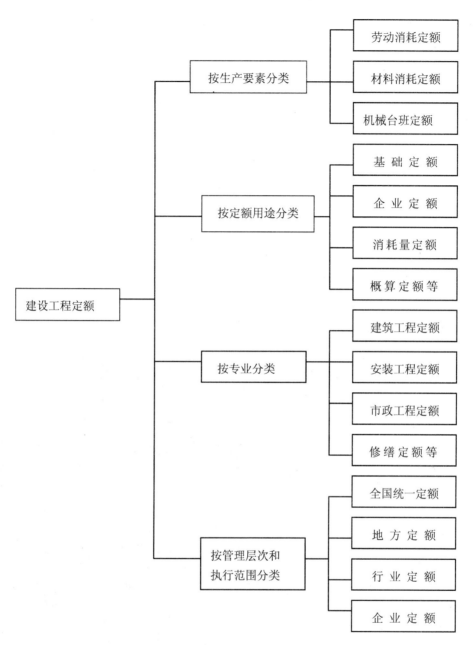

图 3-1　建设工程定额分类

3.1.2　建设工程施工定额的内涵

施工定额是指具有合理劳动组织的建筑安装工人或工作小组在正常施工条件下，为完成单位合格工程建设产品所需人工、机械台班、材料消耗的数量标准。施工定额反映企业的施工水平、装备水平和管理水平，作为考核施工单位劳动生产力水平、管理水平和确定工程成本、投标报价的依据。施工定额是施工企业管理工作的基础，也是工程定额体系中的基础定额。它由劳动定额、材料消耗定额和机械台班使用定额三部分组成。

1. 劳动定额

劳动定额是指在合理的劳动组织和正常的施工条件下，生产单位质量合格产品所需消耗的工作时间，或在一定的工作时间中生产的合格产品数量，即劳动消耗量定额简称劳动定额或人工定额。这个标准是国家和企业对工人在单位时间内完成的产品数量、质量的综合要求。它表示建筑安装工人劳动生产力的一个先进合理指标。

全国统一劳动定额与企业内部劳动定额在水平上具有一定的差别。企业应以全国统一劳动定额或地区统一劳动定额为标准结合单位实际情况，制定符合本企业实际的企业内部劳动定额，不能完全生搬照套。

1) 劳动定额表现形式

劳动定额可用时间定额和产量定额来表示。

(1) 时间定额。

时间定额是指在一定的生产技术和生产组织条件下，某工种、某种技术等级的工人小组或个人，完成单位合格产品所必须消耗的工作时间。定额的工作时间包括工人的有效工作时间、必需的休息时间和不可避免的中断时间。

时间定额以工日为单位，每个工日的工作时间按 8 小时计算。其计算公式如下：

$$单位产品的时间定额(工日) = \frac{1}{每工产量} \tag{3-1}$$

$$单位产品的时间定额(工日) = \frac{小组成员工日数总和}{台班产量} \tag{3-2}$$

时间定额是在实际工作中经常采用的一种劳动定额形式，它的单位单一，具有便于综合、累计的优点。在计划、统计、施工组织、编制预算中经常采用此种形式。

(2) 产量定额。

产量定额是指在一定的生产技术和生产组织条件下，某工种、某种技术等级的工人小组或个人，在单位时间(工日)内完成合格产品的数量。其计算公式如下：

$$产量定额 = \frac{1}{单位产品时间定额} \tag{3-3}$$

$$台班产量 = \frac{小组成员工日数总和}{小组完成单位产品的时间定额} \tag{3-4}$$

产量定额的计量单位，以单位时间的产品计量单位表示，如立方米、平方米、米、吨、块、套等。产量定额是根据时间定额计算的，两者互为倒数关系，即

$$时间定额 = \frac{1}{产量定额} \tag{3-5}$$

$$产量定额 = \frac{1}{时间定额} \tag{3-6}$$

即 时间定额×产量定额=1

例如，按我国 1985 年 12 月 23 日颁布并实施的《全国建筑安装工程统一劳动定额》规定，人工挖二类土方，时间定额为每立方米耗工 0.192 工日，记作 0.192 工日/m³。挖 1m³ 的二类土，每工的产量定额就是 $\frac{1}{0.192}$ =5.2m³，记作 5.2m³/工日。

【例 3-1】 按《全国建筑安装工程统一劳动定额》规定，计算某基槽人工挖二类土，土方量为 200m³，由 8 名工人组成的施工班组施工，完成该土方工程的总工日数、挖土天数及班组每工产量。

由《全国建筑安装工程统一劳动定额》可知，人工挖二类土方，时间定额为每立方米耗工 0.192 工日，则

总工日数=200×0.192=38.4(工日)

挖土天数=38.4÷8≈5(天)

班组每工产量=5.2×8=41.6(m³)

2) 劳动定额的作用

劳动定额反映产品生产中劳动消耗的数量标准，其作用主要表现在组织生产和按劳分配两个方面。其具体的作用主要有以下几点。

(1) 劳动定额是制定建筑工程定额的依据。

(2) 劳动定额是计划管理下达施工任务书的依据。

(3) 劳动定额是作为衡量工人劳动生产率的标准。

(4) 劳动定额是按劳分配和推行经济责任制的依据。

(5) 劳动定额是推广先进技术和劳动竞赛的基本条件。

(6) 劳动定额是建筑企业经济核算的依据。

(7) 劳动定额是确定定员编制与合理劳动组织的依据。

3) 施工过程的组成

定额是根据先进合理的施工条件对施工过程(生产过程)进行观察、研究和分析以后制定的。因此在编制定额以前，必须对施工过程进行深入的研究。

施工过程是在施工现场范围内所进行的建筑安装活动的生产过程。施工过程分为复合过程、工作过程、工序、操作和动作。其中：复合过程又称综合工作过程，它是由几个工作过程所组成，它们必须是在组织上发生直接关系，最终产品一致并在同时间进行的工作过程。如整个砌墙工程、抹灰工程等都是复合过程。工作过程是由同一工人(小组)所完成的在技术操作上相互联系的工序的组合，如砌砖、运砂浆、拌制砂浆等都是工作过程。工序是在组织上不可分割，而技术上属于同类操作的组合。工序的基本特点是工人、工具和材料固定不变，如砌墙中铺灰、摆砖等都属于工序。操作是工序的组成部分，如铺灰工序可分解为铲灰、摊灰两项操作。动作是一次性的，是操作的组成部分，如铲灰操作可分为拿铲、铲灰、抛灰等动作。

4) 施工中工人工作时间分析

由于工人工作和机械工作的特点不同，工作时间应按工人工作时间和机械工作时间两部分进行分析。

工人工作时间分析如图 3-2 所示。

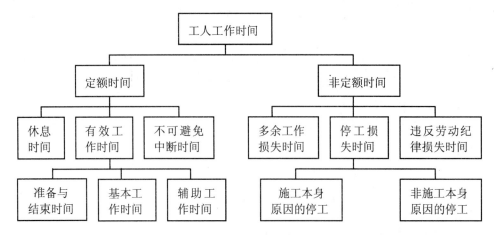

图 3-2　工人工作时间

2. 材料消耗定额

材料消耗定额是指在合理和节约使用材料的条件下，生产单位合格产品所必须消耗的一定品种、规格的原材料、燃料、半成品、配件和水、电、动力等资源的数量标准。在建筑工程中，材料费用占整个工程费用的 60%~70%。材料消耗量的多少，对工程造价有着直接的影响。用科学的方法合理地确定材料消耗定额，就可以保证材料的合理供应和合理使用，减少材料的浪费、积压或供应不及时的现象发生，对合理使用和节约材料、降低工程成本和确保施工的正常进行都具有重要意义。工程施工中所消耗的材料，按其消耗的方式可以分为两种：一种是实体性材料，另一种是周转性材料。

(1) 实体性材料是指在施工中一次性消耗的，构成实体的材料。例如砖墙用的加气混凝土砌块，浇注混凝土构件用的混凝土、钢筋等。

(2) 周转性材料是指在施工过程中能多次周转使用，经过修理、补充而逐渐消耗尽的材料。如模板、刚板桩、脚手架等。

施工中实体性材料的消耗，一般分为必须消耗的材料和损失的材料两类。其中必须消耗的材料是确定材料定额消耗量必须考虑的消耗。损失的材料属于施工生产中不合理的耗费，应通过加强管理来避免这种损失，所以在确定材料定额消耗量时一般不考虑损失材料的因素。

必须消耗的材料是指在合理用料的条件下，生产单位合格产品所必须消耗的材料。它包括直接用于工程的材料、不可避免的施工废料和不可避免的材料损耗。其中直接用于建筑产品的材料数量，称为材料净用量，当建筑产品完成施工后，这部分材料可以在建筑产品上看得见、摸得着、数得出，构成工程实体。材料净用量约占材料消耗量的 95%~99%。

材料损耗量，是指建筑产品施工过程中不可避免的材料损耗的数量。例如，混凝土和砂浆不可回收的落地灰，木作施工中产生的端头、锯末和刨花，液体材料施工中的落地、飞溅和挥发等，材料损耗在材料消耗中所占比重很小。

材料消耗量=材料净用量+材料损耗量

材料损耗量与材料净用量之比，称为材料损耗率。

$$材料定额损耗率 = \frac{材料损耗量}{材料净用量} \times 100\% \qquad (3\text{-}7)$$

材料消耗量还可根据材料净耗量及损耗率来确定，其计算公式为

$$材料消耗量 = 材料净用量 \times (1 + 材料损耗率) \qquad (3\text{-}8)$$

3. 机械台班使用定额

机械台班使用定额又称机械使用定额，是指施工机械在正常的施工条件下，合理地组织劳动和使用机械，完成单位合格产品所必须消耗的机械作业时间标准。

1) 施工中机械工作时间消耗分类

(1) 必须消耗的工作时间。包括有效工作时间、不可避免的无负荷工作时间、不可避免的中断工作时间。

(2) 损失的工作时间。包括多余工作时间、停工时间、违背劳动纪律时间和低负荷下的工作时间。

2) 机械台班使用定额的表示方法

机械台班定额通常以分式表示，同时表示时间定额和产量定额。

机械台班使用定额以台班为计量单位，工人使用一台机械工作一个班次(8 小时)称为一个台班。其表达形式与劳动定额相同，也有时间定额与产量定额两种形式。

(1) 机械时间定额。

机械时间定额是指某种机械在合理的施工组织和正常施工的条件下，单位时间内，生产某一单位合格产品所必须消耗的机械台班数量。机械时间定额可按下式计算：

$$机械时间定额 = \frac{1}{机械台班产量定额} \qquad (3\text{-}9)$$

由于机械必须由工人操作，操作机械和配合机械的人工时间定额可按下式计算：

$$人工时间定额 = \frac{小组成员工日数总和}{机械台班产量定额} \qquad (3\text{-}10)$$

【例 3-2】 一台 6t 塔式起重机吊装某种混凝土构件，配合机械作业的工人小组成员为：司机 1 人，起重和安装工 7 人，电焊工 2 人。已知机械台班产量为 40 块，试求吊装每一块构件的机械时间定额和人工时间定额。

$$机械时间定额 = \frac{1}{机械台班产量定额} = \frac{1}{40} = 0.025(台班/块)$$

$$人工时间定额 = \frac{小组成员工日数总和}{人工时间定额} = \frac{1+7+2}{40} = 0.25(工日/块)$$

或

$$人工时间定额 = (1+7+2) \times 0.025 = 0.25(工日/块)$$

(2) 机械台班产量定额。

机械台班产量定额是指某种机械在合理的劳动组织和正常的施工条件下，单位时间内完成合格产品的数量。机械台班产量定额可按下式计算：

$$机械台班产量定额 = \frac{1}{机械台班时间定额}$$

或

$$机械台班产量定额=\frac{小组成员工日数总和}{人工时间定额}$$

【例 3-3】 斗容量为 1m³ 的反铲挖土机挖三类土，深度 4m，每 100m³ 的时间定额为 0.391 台班，计算机械台班产量定额。

$$机械台班产量定额=\frac{1}{0.391}=2.56(100m³/台班)$$

在《全国建筑安装工程统一劳动定额》中，机械台班使用定额以台班产量定额为主，时间定额为辅，定额用分式形式表示为

$$\frac{机械时间定额}{机械产量定额} \tag{3-11}$$

例如，液压机反斗铲容量为 1m³，挖掘深度在 4m 以内，挖三类土，每 100m³ 需要的机械台班使用定额，以 1985 年《全国建筑安装工程统一劳动定额》为例，由表 3-12 可查得：每 100m³ 需要的机械时间定额和机械台班产量定额为 $\dfrac{0.391}{5.11}$。

表 3-12 挖土机挖土台班定额

项 目				装 车			不 装 车			编号
				一、二类土	三类土	四类土	一、二类土	三类土	四类土	
液压机反斗铲容量	0.75	挖掘深度/m	1.5 以内及 3.5 以外	0.500 4.00	0.560 3.57	0.625 3.20	0.385 5.20	0.434 4.61	0.489 4.09	116
			1.5~3.5	0.441 4.54	0.493 4.06	0.551 3.63	0.347 5.76	0.378 5.29	0.427 4.68	117
	1.00		2 以内及 4 以外	0.401 4.99	0.446 4.48	0.490 4.08	0.311 6.43	0.350 5.72	0.387 5.17	118
			2~4	0.351 5.70	0.391 5.11	0.435 4.60	0.270 7.42	0.303 6.59	0.341 5.87	119
序 号				一	二	三	四	五	六	

3) 确定机械时间利用系数

机械时间利用系数(K_b)是指机械净工作时间(t)与工作延续时间(T)的比值。

4) 确定机械净工作每小时生产率

建筑机械分为循环动作和连续动作两种类型。循环动作机械净工作每小时生产率(N_h)取决于该机械净工作每小时的正常循环次数(n)，以及每一次循环所生产的产品数量(m)，即 $N_h=nm$；连续工作机械净工作每小时生产率(N_h)，主要是由机械性能来确定。在一定的条件下，净工作每小时生产率通常是一个比较稳定的数值。确定方法是通过试验或实际观察，得出一定时间(t 小时)内完成的产品数量(m)，即 $N_h=m/t$；

5) 确定机械台班产量

机械时间定额=1/机械台班产量定额。

3.1.3 建设工程消耗量定额的内涵

建设工程消耗量定额是指规定消耗在合格质量的单位工程基本构造要素上的人工、材料和机械台班的数量标准。消耗量定额是由国家或其授权单位统一组织编制和颁发的一种法令性指标,有关部门必须严格遵守执行,不得随意变动。消耗量定额中的各项指标是国家允许建筑企业在完成工程任务时工、料、机消耗的最高限额。

消耗量定额规定的消耗内容包括人工、材料及机械台班的消耗,是以《全国统一基础定额》为基础,经过分析和调整而得的结果,是一种社会平均消耗,是一个综合性的定额。一个分项工程包含了所必须完成的全部工作内容,如砌体工程消耗量定额中包括了砌砖、调制砂浆以及各种材料运输等全部工作内容。而在劳动定额中,砌砖、调制砂浆以及各种材料运输等是分别列为单独的定额项目。因此,利用基础定额编制消耗量定额,必须根据选定的典型设计图纸,先计算出符合消耗量定额项目的施工过程的工程量,再分别计算出符合基础定额项目的施工过程的工程量,才能综合出每一消耗量定额项目计量单位的分项工程或结构构件的人工、材料和机械消耗指标。

1. 消耗量定额中人工工日消耗量指标(综合工日)的确定

1) 消耗量定额中人工消耗量的含义

人工消耗量是完成该定额单位下的分项工程所必需的用工数量,即包括基本用工和其他用工两部分。其中,其他用工又包括辅助用工、超运距用工和人工幅度差三项。

基本用工:是指完成某一单位合格分项工程所必须消耗的主要(技术工种)用工量。

辅助用工:是指为保证基本工作的顺利进行所必需的辅助性工作所消耗的用工量。如筛洗砂石、淋石灰膏等增加的用工; 机械挖运土石方的工作面排水、现场内机械行驶道路的养护、配合洒水车洒水以及清除铲斗刀片及车厢内积土等辅助用工。

超运距用工:是指消耗量定额中材料及半成品的运输距离超过劳动定额规定的运距而需增加的工日数。

人工幅度差:是指消耗量定额与劳动定额由于定额水平不同引起的水平差及在正常施工条件下,劳动定额中没有包括的用工因素。

人工幅度差主要包括施工中工序交叉、搭接停歇的时间损失,施工收尾及工作面小影响工效的时间损失,工程完工、工作面转移的时间损失,配合工程检验、验收时间损失,机械临时维修、移动时间损失以及施工用水、电管线移动的时间损失及不可避免的其他工时损失。

2) 人工工日消耗量的基本公式

人工工日消耗量的基本计算公式如下。

$$基本用工数量 = \sum(工序工程量 \times 时间定额)$$
$$辅助用工数量 = \sum(加工材料数量 \times 时间定额)$$
$$超运距用工数量 = \sum(超运距材料数量 \times 时间定额)$$

人工幅度差 = (基本用工 + 辅助用工 + 超运距用工) × 人工幅度差系数

合计工日数量(工日) = 基本用工 + 辅助用工 + 超运距用工 + 人工幅度差用工

国家现行规定的人工幅度差系数为 10%~15%。

【例3-4】 某项毛石护坡砌筑工程,定额测定资料如下。

① 完成每立方米毛石砌体的基本工作时间为 7.9h。

② 辅助工作时间、准备与结束时间、不可避免中断时间和休息时间分别占砌体工作延续时间的 3%、2%、2% 和 6%,人工幅度差系数为 10%。

根据上述条件确定砌筑每立方米毛石护坡人工时间定额和产量定额,并确定消耗量定额综合工日数量。

① 人工时间定额确定:

假定砌筑每立方米毛石护坡的工作延续时间定为 X,则:

$X=7.9+(3\%+2\%+2\%+6\%)X$

$X=7.9+(13\%)X$

$X=\dfrac{7.9}{1-13\%}=9.08(工时)$

每工日按 8 小时计算,则

$砌筑毛石护坡的人工时间定额=\dfrac{9.08}{8}=1.135(工日/m^3)$

② 人工产量定额的确定:

$砌筑毛石护坡的人工产量定额=\dfrac{1}{1.135}=0.881(m^3/工日)$

③ 消耗量定额人工消耗量:

定额人工消耗量=(基本用工+辅助用工+超运距用工)×(1+人工幅度差系数)

$=1.135×(1+10\%)×10=12.49(工日/10m^3)$

3) 消耗量定额人工消耗量的计算

$$定额工日=\sum(定额单位×时间定额)×(1+人工幅度差)$$

式中,人工幅度差为 10%。

消耗量定额 2-1-6 碎石灌浆垫层的人工消耗量计算如表 3-13 所示。

表 3-13 碎石灌浆垫层人工消耗量计算表

项目名称	计算量	单 位	劳动定额编号	时间定额	工日/10m³
碎石灌浆	10	m³	§10-3-39(一)	0.561	5.610
小面积加工 30%	3		0.561×0.3(按 0.3 系数)	0.1683	0.505
小计					6.115
砂浆超运 150m	10		§10-24-408(四)	0.129	1.290
合计					7.405
定额工日	(人工幅度差为 10%)7.405×1.1				8.146

2. 消耗量定额中材料消耗量指标的确定

材料消耗量由材料净用量和材料损耗量两部分组成。

1) 主要材料净用量的计算

消耗量定额主要材料净用量一般以施工定额中的材料消耗定额为基础,再按消耗量定额项目综合的内容适当调整确定。下面以砖砌体以及装饰块料材料为例确定消耗量定额主要材料消耗量。

(1) 砌体中砖及砂浆净用量的理论计算。其公式为

$$砖净用量(块/m^3)=\frac{墙厚(砖)\times 2}{墙厚(m)\times(砖长+灰缝)\times(砖厚+灰缝)} \tag{3-12}$$

式中，墙厚(砖)是以砖数表示的墙厚，如 1/2 砖、1 砖等；墙厚(m)是以米数表示的墙厚，如 0.115m、0.24m 等；标准砖的规格为 240mm×115mm×53mm，每块砖的体积为 0.001 462 8m³。

由于砖长、砖厚、灰缝是常数，代入数值后上式可近似地简化为

$$砖净用量(块/m^3)=127\times\frac{墙厚(砖)}{墙厚(m)} \tag{3-13}$$

如一砖墙，砖净用量=127×(1/0.24)=529.17(块/m³)

$$砂浆净用量(m^3/m^3)=1-砖单块体积(m^3/块)\times 砖净用量(块/m^3) \tag{3-14}$$

【例 3-5】 计算 10m³ 一砖墙的砖及砂浆净用量。

$$10m^3 一砖墙砖净用量=\frac{1\times 2}{0.24\times(0.24+0.01)\times(0.053+0.01)}\times 10=5\ 291(块)$$

相应砂浆净用量=10-0.001 462 8×5 291=2.66(m³)

(2) 消耗量定额材料净用量计算。

砌筑一砖厚墙体用砖和砂浆的净用量的确定，根据工程量计算规则，计算墙体工程量时，不扣除每个面积在 0.3m² 以内的孔洞及梁头、外墙板头等所占的体积，突出墙面的窗台虎头砖、门窗套及三皮砖以内的腰线和挑檐等体积也不增加。根据典型工程测算，每 10m³ 一砖墙体，综合考虑增减因素后，应扣减砖和砂浆用量 1.535%。则消耗量定额砖及砂浆净用量计算为

10m³ 一砖墙砖净用量=5 291×(1-0.015 35)≈5 210(块)

10m³ 一砖墙砂浆净用量=2.26×(1-0.015 35)≈2.23(m³)

常见砌筑材料的定额损耗率如表 3-14 所示。

表 3-14 常见砌筑材料的定额损耗率

序　号	材料名称	工程类型	定额损耗率/%
1	普通黏土砖	基础	0.5
2	普通黏土砖	实砌砖墙	2.0
3	毛石	砌体	2.0
4	多孔砖	轻质砌体	2.0
5	加气混凝土砌块	轻质砌体	7.0
6	轻质混凝土砌块	轻质砌体	2.0
7	硅酸盐砌块	轻质砌体	2.0
8	混凝土空心砌块	轻质砌体	2.0
9	砌筑砂浆	砖砌体	1.0
10	砌筑砂浆	毛石、方整石砌体	1.0
11	砌筑砂浆	多孔砖	10.0
12	砌筑砂浆	加气混凝土砌块	2.0
13	砌筑砂浆	硅酸盐砌块	2.0

(3) 消耗量定额材料消耗量计算。

根据砖及砂浆损耗率表知相应的砖及砂浆损耗率分别为 2% 和 1%，则：

10m³ 一砖墙砖消耗量=5210×(1+0.02)=5314(块)=5.314(千块)

10m³ 一砖墙砂浆消耗量=2.23×(1+0.01)=2.25(m³)

(4) 块料面层材料消耗量的计算。

块料面层材料一般是指用于装饰装修工程的墙面、地面、天棚及其他装饰面上具有一定规格尺寸的瓷砖、面砖、花岗石板以及各种材料的装饰面板等，定额以 10m² 为单位，其计算公式如下：

$$10m^2面层块料数量 = \frac{10}{(块长+缝宽)×(块宽+缝宽)}×(1+损耗率) \qquad (3-15)$$

【例 3-6】 地面大理石板规格为 800mm×800mm，其拼缝宽度为 2mm，损耗率为 1%，计算 10m² 地面需用大理石块数。

10m² 地面大理石板用量=10÷[(0.8 + 0.002)×(0.8 + 0.002)]×(1.01)≈16(块)

2) 消耗量定额中其他材料用量确定

在工程中用量不多、价值不大的材料，可采用估算等方法计算其用量后，合并为一个"其他材料"的项目，在定额项目表中以占材料费的百分比表示。

3) 辅助材料消耗量的确定

辅助材料也是直接构成工程实体的材料，但所占比重较小。它与次要材料的区别在于是否构成工程实体，如砌墙木砖、抹灰嵌条等。

4) 周转性材料摊销量的确定

周转性材料按多次使用、分次摊销的方法计入消耗量定额。

5) 消耗量定额材料耗用量计算

(1) 半成品材料消耗量，如灰土等，其消耗量计算公式如下：

$$半成品材料消耗量=定额单位×(1+损耗率) \qquad (3-16)$$

(2) 单一性质的材料，如天然级配砂、毛石、碎石、碎砖等，其消耗量计算公式如下：

$$单一材料消耗量=定额单位×压实系数×(1+损耗率) \qquad (3-17)$$

(3) 充灌性质的材料，如砂浆、砂等，其消耗量计算公式如下：

$$充灌材料消耗量 = \frac{骨料比重-骨料容重×压实系数}{骨料比重}$$
$$×填充密实度×(1+损耗率)×定额单位 \qquad (3-18)$$

【例 3-7】 计算消耗量定额 2-1-6 碎石灌浆垫层的材料消耗量。

碎石比重为 2.75t/m³，容重为 1.65 t/m³，压实系数为 1.08，损耗率为 3%，砂浆损耗率为 1%，填充密实度按 0.8 计算。

碎石消耗量=10×1.08×1.03=11.12(m³)

砂浆消耗量=(2.75-1.65×1.08)/2.75×0.8×1.01×10=2.84(m³)

3. 消耗量定额中机械台班消耗量指标的确定

1) 机械台班消耗量指标的确定

消耗量定额中的机械台班消耗量指标，一般按《全国建筑安装工程统一劳动定额》中的机械台班产量，并考虑一定的机械幅度差进行计算。

机械台班消耗量=施工定额机械台班消耗量×(1+机械幅度差率)。

2) 机械幅度差的内容

(1) 施工初期条件不完善和施工末期工程量不饱满的时间损失。

(2) 作业区转移及配套机械相互影响的时间损失。

(3) 挖土机只能向一侧装车，且无循环路线，挖土机必须等待汽车掉车的时间损失。

(4) 汽车装车或卸土倒车距离过长的时间损失。

(5) 工程检验、验收的时间损失。

(6) 临时停电、停水的时间损失。

3) 消耗量定额中主要机械

在消耗量定额中，机械消耗量分为主要机械和次要机械。定额一般根据施工现场情况进行取定。对于土石方工程中的主要机械，如挖掘机挖土，分为正铲、反铲、拉铲等，各种铲型又分斗容量，这样项目可能列出很多，给现场签证工作带来了难度，也可能给工程结算带来争议。考虑到现场的情况，定额按挖掘机的种类、斗容量并区分不同土类设置项目。

单独土石方中机械挖运土石方的主要机械，其机械幅度差按8%计入相应定额；机械土石方中主要机械的机械幅度差，按15%计入相应定额。

4) 消耗量定额中辅助机械

辅助机械是指配合主要机械作业的其他机械。在土石方工程中，推土机、装载机(装运土)、自卸汽车、机动翻斗车和拖拉机等机械，不配备辅助机械。

装载机(装车)、铲运机、挖掘机、压路机等机械，根据不同情况，配备了相应数量的推土机作为辅助机械；洒水车和水的配备情况(每10m³)如表3-15所示。

表3-15 洒水车和水的配备情况

主要机械	洒水车/台班	水/m³
铲运机	0.003	0.05
自卸汽车	0.006	0.12
压路机	0.008	0.155

3.1.4 施工资源的价格组成

施工资源是指在工程施工中所需消耗的生产要素，按资源的性质一般可分为：劳动力资源、施工机械设备资源、实体性材料、周转性材料等。

1. 人工单价的确定

(1) 人工单价：是指一个生产工人一个工作日在工程造价中应计入的全部人工费用。

(2) 影响人工单价的因素：政策因素、市场因素、管理因素。

(3) 我国现行体制下的人工费的确定。

公式1： $$人工费 = \sum (工日消耗量 \times 日工资单价) \tag{3-19}$$

$$日工资单价 = \frac{生产工人平均月工资(计时、计件) + 平均月(奖金 + 津贴补贴 + 特殊情况下支付的工资)}{年平均每月法定工作日}$$

(3-20)

注：式(3-19)主要适用于施工企业投标报价时自主确定人工费，也是工程造价管理机构编制计价定额确定定额人工单价或发布人工成本信息的参考依据。

公式2： $$人工费=\sum(工程工日消耗量×日工资单价)$$ (3-21)

日工资单价是指施工企业平均技术熟练程度的生产工人在每工作日(国家法定工作时间内)按规定从事施工作业应得的日工资总额。

工程造价管理机构确定日工资单价应通过市场调查，根据工程项目的技术要求，参考实物工程量人工单价综合分析确定，最低日工资单价不得低于工程所在地人力资源和社会保障部门所发布的最低工资标准的：普工1.3倍、一般技工2倍、高级技工3倍。

工程计价定额不可只列一个综合工日单价，应根据工程项目技术要求和工种差别适当划分多种日人工单价，确保各分部工程人工费的合理构成。

注：式(3-21)适用于工程造价管理机构编制计价定额时确定定额人工费，是施工企业投标报价的参考依据。

2. 材料单价的确定

工程施工中所用的材料按其消耗的不同性质，可分为实体性消耗材料和周转性消耗材料两种类型。材料预算价格是编制招标控制价或施工图预算的主要依据。合理确定材料预算价格构成，正确编制材料预算价格，有利于合理确定和有效控制工程造价。

(1) 材料预算价格：是指材料从其来源地到达施工工地仓库后的出库价格。材料预算价格一般由材料原价、运杂费、运输损耗费、采购及保管费组成。

(2) 影响材料价格变动的因素：①当市场供大于需时，价格就会下降，反之价格就会上升，从而也就会影响材料价格的涨落；②材料生产成本的变动直接影响材料价格的波动；③流通环节的多少和材料供应体制也会影响材料价格；④运输距离和运输方法的改变会影响材料运输费用的增减，从而也会影响材料价格；⑤国际市场行情会对进口材料价格产生影响。

(3) 我国现行体制下材料费的确定：

$$材料费=\sum(材料消耗量×材料单价)$$ (3-22)

$$材料单价=(材料原价+运杂费)×(1+运输损耗率(\%))×(1+采购保管费率(\%))$$ (3-23)

$$工程设备费=\sum(工程设备量×工程设备单价)$$ (3-24)

$$工程设备单价=(设备原价+运杂费)×(1+采购保管费率(\%))$$ (3-25)

3. 机械台班单价的确定

机械台班单价是一台机械一个工作日在工程造价中应计入的全部机械费用，即施工机械每个工作台班所需消耗的人工、材料、燃料动力和应分摊的费用，根据不同的获取方式，工程施工中所使用的机械设备一般可分为外部租用和内部租用两种情况。

(1) 机械台班单价每台班按8小时工作制计算。施工机械台班单价由七项费用组成，包括折旧费、大修理费、经常修理费、安拆费及场外运费、燃料动力费、人工费及车船使用费等。

(2) 影响机械单价的因素有施工机械的价格、机械设备的采购方式、机械设备的使用年限、机械设备的性能、折旧的方法、市场条件、管理水平及有关政策规定。

（3）我国现行体制下的机械费的确定。

机械台班单价确定公式：

$$机械台班单价=台班折旧费+台班大修理费+台班经常修理费+台班安拆费及场外运输费$$
$$+台班燃料动力费+台班人工费+台班车船使用费 \tag{3-26}$$

① 施工机械使用费。

$$施工机械使用费 = \sum (施工机械台班消耗量 \times 机械台班单价) \tag{3-27}$$

注：工程造价管理机构在确定计价定额中的施工机械使用费时，应根据《建筑施工机械台班费用计算规则》结合市场调查编制施工机械台班单价。施工企业可以参考工程造价管理机构发布的台班单价，自主确定施工机械使用费的报价，如租赁施工机械，公式为

$$施工机械使用费 = \sum (施工机械台班消耗量 \times 机械台班租赁单价) \tag{3-28}$$

② 仪器仪表使用费。

$$仪器仪表使用费=工程使用的仪器仪表摊销费+维修费 \tag{3-29}$$

4. 施工资源单价

施工资源单价是指为了获取并使用该施工资源所必须发生的单位费用，而单位费用的大小取决于获取该资源的市场条件、取得该资源的方式、使用该资源的方式以及一些政策性的因素。

综合单价是指在具体的资源条件下，完成一个规定计量单位项目所需的人工费、材料费、机械使用费、管理费和利润以及考虑风险因素的费用之和，不包括为了工程项目施工，发生于该工程施工前和施工过程中技术、生活、安全等方面的非工程实体项目费用和按政府规定应缴的税费。

我国现行价目表的基价：基价是一种工程单价，是单位建筑安装产品的不完全价格。消耗量定额价目表中的基价就是确定消耗量定额单位工程所需全部人工费、材料费、施工机械使用费之和的文件，旧称为单位估价表，它是按某一地区的人工工资单价、材料预算价格、机械台班单价计算的预算单价，不包括管理费和利润等其他各项费用。

3.1.5　工程量清单计价方法

1.《建设工程工程量清单计价规范》(GB 50500—2013)术语及解释

《建设工程工程量清单计价规范》(GB 50500—2013)术语包括：工程量清单、招标工程量清单、已标价工程量清单、分部分项工程、措施项目、项目编码、项目特征、综合单价、风险费用、工程成本、工程造价信息、工程造价指数、总承包服务费、安全文明施工费、工程设备、缺陷责任期、质量保证金、费用、利润、企业定额、规费、税金、发包人、承包人、工程造价咨询人、单价项目、总价项目等。术语解释如下。

1）工程量清单

载明建设工程分部分项工程项目、措施项目、其他项目的名称和相应数量以及规费、税金项目等内容的明细清单。

2）招标工程量清单

招标人依据国家标准、招标文件、设计文件以及施工现场实际情况编制的，随招标文

件发布供投标报价的工程量清单，包括其说明和表格。

3) 已标价工程量清单

构成合同文件组成部分的投标文件中已标明价格，经算术性错误修正(如有)且承包人已确认的工程量清单，包括其说明和表格。

4) 分部分项工程

分部工程是单项或单位工程的组成部分，是按结构部位、路段长度及施工特点或施工任务将单项或单位工程划分为若干分部的工程；分项工程是分部工程的组成部分，是按不同施工方法、材料、工序及路段长度等将分部工程划分为若干个分项或项目的工程。

5) 措施项目

为完成工程项目施工，发生于该工程施工准备和施工过程中的技术、生活、安全、环境保护等方面的项目。

6) 项目编码

分部分项工程和措施项目清单名称的阿拉伯数字标识。

7) 项目特征

构成分部分项工程项目、措施项目自身价值的本质特征。

8) 综合单价

完成一个规定清单项目所需的人工费、材料和工程设备费、施工机具使用费和企业管理费、利润以及一定范围内的风险费用。

9) 风险费用

隐含于已标价工程量清单综合单价中，用于化解发承包双方在工程合同中约定内容和范围内的市场价格波动风险的费用。

10) 工程成本

承包人为实施合同工程并达到质量标准，在确保安全施工的前提下，必须消耗或使用的人工、材料、工程设备、施工机械台班及其管理等方面发生的费用和按规定缴纳的规费和税金。

11) 工程造价信息

工程造价管理机构根据调查和测算发布的建设工程人工、材料、工程设备、施工机械台班的价格信息，以及各类工程的造价指数、指标。

12) 工程造价指数

反映一定时期的工程造价相对于某一固定时期的工程造价变化程度的比值或比率。包括按单位或单项工程划分的造价指数，按工程造价构成要素划分的人工、材料、机械等价格指数。

13) 总承包服务费

总承包人为配合协调发包人进行的专业工程发包，对发包人自行采购的材料、工程设备等进行保管以及施工现场管理、竣工资料汇总整理等服务所需的费用。

14) 安全文明施工费

在合同履行过程中，承包人按照国家法律、法规、标准等规定，为保证安全施工、文明施工，保护现场内外环境和搭拆临时设施等所采用的措施而发生的费用。

15) 工程设备

指构成或计划构成永久工程一部分的机电设备、金属结构设备、仪器装置及其他类似的设备和装置。

16) 缺陷责任期

指承包人对已交付使用的合同工程承担合同约定的缺陷修复责任的期限。

17) 质量保证金

发承包双方在工程合同中约定，从应付合同价款中预留，用以保证承包人在缺陷责任期内履行缺陷修复义务的金额。

18) 费用

承包人为履行合同所发生或将要发生的所有合理开支，包括管理费和应分摊的其他费用，但不包括利润。

19) 利润

承包人完成合同工程获得的盈利。

20) 企业定额

施工企业根据本企业的施工技术、机械装备和管理水平而编制的人工、材料和施工机械台班等的消耗标准。

21) 规费

根据国家法律、法规规定，由省级政府或省级有关权力部门规定施工企业必须缴纳的，应计入建筑安装工程造价的费用。

22) 税金

国家税法规定的应计入建筑安装工程造价内的营业税、城市维护建设税、教育费附加和地方教育附加。

23) 发包人

具有工程发包主体资格和支付工程价款能力的当事人以及取得该当事人资格的合法继承人，本规范有时又称招标人。

24) 承包人

被发包人接受的具有工程施工承包主体资格的当事人以及取得该当事人资格的合法继承人，本规范有时又称投标人。

25) 工程造价咨询人

取得工程造价咨询资质等级证书，接受委托从事建设工程造价咨询活动的当事人以及取得该当事人资格的合法继承人。

26) 单价项目

工程量清单中以单价计价的项目，即根据合同工程图纸(含设计变更)和相关工程现行国家计量规范规定的工程量计算规则进行计量，与已标价工程量清单相应综合单价进行价款计算的项目。

27) 总价项目

工程量清单中以总价计价的项目，即此类项目在相关工程现行国家计量规范中无工程量计算规则，以总价(或计算基础乘费率)计算的项目。

实行工程量清单计价，能更好地规范建设市场秩序；促进建设市场有序竞争；有利于我国工程造价管理政府职能的转变；有利于提高国内建设各方主体参与国际化竞争的能力，有利于提高工程建设的管理水平。

2. 工程量清单计价的基本思路

工程量清单计价的基本思路是在统一的工程量计算规则的基础上，制定工程量清单项目，根据具体工程的施工图纸计算出各个清单项目的工程量，再根据各种渠道所获得的工程造价信息和经验数据计算得到工程造价。工程量清单计价编制过程可以分为两个阶段：工程量清单的编制和利用工程量清单来编制招标控制价或投标报价。

$$\text{计算公式：分部分项工程费} = \sum \text{分部分项工程量} \times \text{分部分项工程综合单价} \quad (3\text{-}30)$$

$$\text{措施项目费} = \sum \text{措施项目工程量} \times \text{措施项目综合单价} \quad (3\text{-}31)$$

$$\text{单位工程报价} = \text{分部分项工程费} + \text{措施项目费} + \text{其他项目费} + \text{规费} + \text{税金} \quad (3\text{-}32)$$

$$\text{单项工程报价} = \sum \text{单位工程报价} \quad (3\text{-}33)$$

$$\text{建设项目总报价} = \sum \text{单项工程报价} \quad (3\text{-}34)$$

工程量清单计价具有真实性、实用性、竞争性和通用性的特点。《建设工程量清单计价规范》(GB 50500—2013)明确规定，本规范适用于建设工程发承包及实施阶段的计价活动。对于建设工程的承发包方式而言，主要适用于建设工程招标投标的计价活动。其所指建设工程是房屋建筑与装饰工程、仿古建筑工程、通用安装工程、市政工程、园林绿化工程、矿山工程、构筑物工程、城市轨道交通工程、爆破工程等各类工程。

3. 工程量清单的编制

1) 工程量清单的组成

工程量清单是招标文件的组成部分，主要是由分部分项工程量清单、措施项目清单和其他项目清单等组成，是编制招标控制价和投标报价的依据，是签订工程合同、调整工程量和办理竣工结算的基础。

2) 工程量清单项目设置

(1) 项目编码：项目编码以五级编码设置，用 12 位阿拉伯数字表示。第一级表示附录顺序码，建筑工程为 01，仿古建筑工程为 02，安装工程为 03，市政工程为 04，园林绿化工程为 05，矿山工程为 06，构筑物工程为 07，城市轨道工程为 08，爆破工程为 09；第二级表示专业顺序码(分两位)；第三级表示分部工程顺序码(分两位)；第四级表示分项工程项目名称顺序码(分三位)；第五级表示清单项目顺序码(分三位)

(2) 项目名称的设置和项目特征的描述。

(3) 计量单位：以重量计算的项目以吨或千克(t 或 kg)为单位，保留小数点后三位数字；以体积计算的项目以立方米为单位，保留小数点后两位数字；以面积计算的项目以平方米为单位，保留小数点后两位数字，以长度计算的项目以米为单位，保留小数点后两位数字；以自然计算单位计算的项目以个、套、块、组、台等为单位，应取整数。

4. 工程量清单及其计价格式

工程量清单是工程量清单计价的基础，应作为编制招标控制价、投标报价、计算工程量、支付工程款、调整合同价款、办理竣工结算以及工程索赔等依据之一。工程量清单由具有编制能力的招标人或受其委托、具有相应资质的工程造价咨询人编制，是招标文件的组成部分，其准确性和完整性由招标人负责。

工程量清单编制的依据包括建设工程工程量清单计价规范、国家或省级和行业建设主管部门颁发的计价依据和办法，建设工程设计文件、与建设工程项目有关的标准和规范及技术资料、招标文件及其补充通知及答辩纪要、施工现场情况和工程特点及常规施工方案、其他相关资料。工程量清单应由分部分项工程量清单、措施项目清单、其他项目清单、规费项目清单、税金项目清单组成。

5. 工程造价指数

工程造价指数是反映一定时期由于价格变化对于工程造价影响程度的一种指标，是调整过程造价价差的依据。利用工程造价指数分析价格变动趋势及其原因、估计工程造价变化对宏观经济的影响，是业主控制投资、投标人确定报价的重要依据。

工程造价指数按照工程范围、类别、用途分类，分为单价价格指数和综合造价指数；按造价资料期限长短分类，分为时点造价指数、月指数、季指数、年指数；按照不同基期分类，分为定基指数和环比指数。

6.《建设工程工程量清单计价规范》(GB 50500—2013)有关条款

"一般规定"

1) 计价方式

(1) 使用国有资金投资的建设工程发承包，必须采用工程量清单计价。

(2) 非国有资金投资的建设工程，宜采用工程量清单计价。

(3) 不采用工程量清单计价的建设工程，应执行本规范除工程量清单等专门性规定外的其他规定。

(4) 工程量清单应采用综合单价计价。

(5) 措施项目中的安全文明施工费必须按国家或省级、行业建设主管部门的规定计算，不得作为竞争性费用。

(6) 规费和税金必须按国家或省级、行业建设主管部门的规定计算，不得作为竞争性费用。

2) 发包人提供材料和工程设备

(1) 发包人提供的材料和工程设备(以下简称甲供材料)应在招标文件中按照本规范的规定填写《发包人提供材料和工程设备一览表》，写明甲供材料的名称、规格、数量、单价、交货方式、交货地点等。

承包人投标时，甲供材料单价应计入相应项目的综合单价中，签约后，发包人应按合同约定扣除甲供材料款，不予支付。

(2) 承包人应根据合同工程进度计划的安排，向发包人提交甲供材料交货的日期计划。发包人应按计划提供。

(3) 发包人提供的甲供材料如规格、数量或质量不符合合同要求，或由于发包人原因发生交货日期延误、交货地点及交货方式变更等情况的，发包人应承担由此增加的费用和(或)

工期延误，并应向承包人支付合理利润。

(4) 发承包双方对甲供材料的数量发生争议不能达成一致的，应按照相关工程的计价定额同类项目规定的材料消耗量计算。

(5) 若发包人要求承包人采购已在招标文件中确定为甲供材料的，材料价格应由发承包双方根据市场调查确定，并应另行签订补充协议。

3) 承包人提供材料和工程设备

(1) 除合同约定的发包人提供的甲供材料外，合同工程所需的材料和工程设备应由承包人提供，承包人提供的材料和工程设备均应由承包人负责采购、运输和保管。

(2) 承包人应按合同约定将采购材料和工程设备的供货人及品种、规格、数量和供货时间等提交发包人确认，并负责提供材料和工程设备的质量证明文件，满足合同约定的质量标准。

(3) 对承包人提供的材料和工程设备经检测不符合合同约定的质量标准，发包人应立即要求承包人更换，由此增加的费用和(或)工期延误应由承包人承担。对发包人要求检测承包人已具有合格证明的材料、工程设备，但经检测证明该项材料、工程设备符合合同约定的质量标准，发包人应承担由此增加的费用和(或)工期延误，并向承包人支付合理利润。

4) 计价风险

(1) 建设工程发承包，必须在招标文件、合同中明确计价中的风险内容及其范围，不得采用无限风险、所有风险或类似语句规定计价中的风险内容及范围。

(2) 由于下列因素出现，影响合同价款调整的，应由发包人承担。

① 国家法律、法规、规章和政策发生变化。

② 省级或行业建设主管部门发布的人工费调整，但承包人对人工费或人工单价的报价高于发布的除外。

③ 由政府定价或政府指导价管理的原材料等价格进行了调整。

(3) 由于市场物价波动影响合同价款的，应由发承包双方合理分摊，按本规范附录填写《承包人提供主要材料和工程设备一览表》作为合同附件；当合同中没有约定，发承包双方发生争议时，应按本规范相关规定调整合同价款。

(4) 由于承包人使用机械设备、施工技术以及组织管理水平等自身原因造成施工费用增加的，应由承包人全部承担。

(5) 当不可抗力发生，影响合同价款时，应按本规范相关规定执行。

"工程量清单编制"

1) 一般规定

(1) 招标工程量清单应由具有编制能力的招标人或受其委托、具有相应资质的工程造价咨询人编制。

(2) 招标工程量清单必须作为招标文件的组成部分，其准确性和完整性应由招标人负责。

(3) 招标工程量清单是工程量清单计价的基础，应作为编制招标控制价、投标报价、计算或调整工程量、索赔等的依据之一。

(4) 招标工程量清单应以单位(项)工程为单位编制，应由分部分项工程项目清单、措施项目清单、其他项目清单、规费和税金项目清单组成。

(5) 编制招标工程量清单应依据。

① 本规范和相关工程的国家计量规范；

② 国家或省级、行业建设主管部门颁发的计价定额和办法；

③ 建设工程设计文件及相关资料；

④ 与建设工程有关的标准、规范、技术资料；

⑤ 拟定的招标文件；

⑥ 施工现场情况、地勘水文资料、工程特点及常规施工方案；

⑦ 其他相关资料。

2) 分部分项工程项目

(1) 分部分项工程项目清单必须载明项目编码、项目名称、项目特征、计量单位和工程量。

(2) 分部分项工程项目清单必须根据相关工程现行国家计量规范规定的项目编码、项目名称、项目特征、计量单位和工程量计算规则进行编制。

3) 措施项目

(1) 措施项目清单必须根据相关工程现行国家计量规范的规定编制。

(2) 措施项目清单应根据拟建工程的实际情况列项。

4) 其他项目

(1) 其他项目清单应按照下列内容列项。

① 暂列金额。

② 暂估价，包括材料暂估单价、工程设备暂估单价、专业工程暂估价。

③ 计日工。

④ 总承包服务费。

(2) 暂列金额应根据工程特点按有关计价规定估算。

(3) 暂估价中的材料、工程设备暂估单价应根据工程造价信息或参照市场价格估算，列出明细表；专业工程暂估价应分不同专业，按有关计价规定估算，列出明细表。

(4) 计日工应列出项目名称、计量单位和暂估数量。

(5) 总承包服务费应列出服务项目及其内容等。

(6) 出现本规范未列的项目，应根据工程实际情况补充。

5) 规费

(1) 规费项目清单应按照下列内容列项。

① 社会保险费：包括养老保险费、失业保险费、医疗保险费、工伤保险费、生育保险费。

② 住房公积金。

③ 工程排污费。

(2) 出现本规范未列的项目，应根据省级政府或省级有关部门的规定列项。

6) 税金

(1) 税金项目清单应包括下列内容。

① 营业税。

② 城市维护建设税。

③ 教育费附加。

④ 地方教育附加。

(2) 出现本规范未列的项目，应根据税务部门的规定列项。

3.2 施工图预算的编制与审查

3.2.1 施工图预算的编制

对于非招标、非国有资金工程，在开工以前编制施工图预算。施工图预算是要根据批准的施工图设计、预算定额和单位计价表、施工组织设计文件以及各种费用定额等有关资料进行计算和编制的单位工程预算造价的文件。施工图预算是拟建工程设计概算的具体文件，也是单项工程综合概算的基础文件。

施工图预算的编制依据有：经批准和会审的施工图设计文件及有关标准图集；施工组织设计；工程预算定额；经批准的设计概算文件；单位计价表(是单价法编制施工图预算最直接的基础资料)。

施工图预算的编制方法一般为单价法：用各省价目表(或地区统一价目表)中各项基价(或地区价)乘以相应的各分项工程的工程量，求和后得到包括人工费、材料费和机械使用费在内的单位工程省价直接费(或地区价直接费)。

$$单位工程施工图预算直接费=\sum 工程量 \times 基价(或地区价)$$

施工图预算编制步骤：①准备资料，熟悉施工图纸和施工组织设计；②计算工程量；③套定额基价及地区价；④计算并汇总造价；⑤汇总工料分析表；⑥复核；⑦填写封面及编制说明。

3.2.2 施工图预算审查

施工图预算编制完成后，要经过三级复核或审查，以免由于各种原因造成预算偏差超过 3%。

1. 审查内容

(1) 审查工程量：包括土方工程、砖石工程、混凝土及钢筋混凝土工程、结构工程、地面工程、屋面工程、构筑物工程、装饰工程、金属构件制作、水暖工程、电气照明工程、设备及安装工程。

(2) 审查定额或单价的套用。

(3) 审查其他有关费用。

(4) 审查措施费及间接费的计取基础是否符合现行规定，有无不能作为计费基础的费用，列入计费的基础。

(5) 审查预算外调增的材料差价是否计取了间接费。直接费或人工费增减后，有关费用是否相应作了调整。

(6) 审查有无巧立名目，乱计费、乱摊费用现象。

2. 审查步骤

审查准备工作(熟悉施工图纸、根据预算编制说明，了解预算包括的工程范围，弄清所用单位工程设计表的适用范围，搜集并熟悉相应的单价、定额资料)；选择审查方法，审查相应的内容；整理审查资料。

1) 做好审查前的准备工作

(1) 熟悉施工图纸。施工图是编审预算分项数目的重要依据，必须全面熟悉了解，核对所有图纸，清点无误后，依次识读。

(2) 了解预算包括的范围。根据预算编制说明，了解预算包括的工程内容。例如，配套设备、室外管线、道路以及会审图后的设计变更等。

(3) 弄清预算采用的地区价。任何地区价或预算定额都有一定的适用范围，应根据工程性质，搜集熟悉相应的单价、定额资料。

2) 选择合适的审查方法，审查相应内容

由于工程规模、繁简程度不同，施工方法和施工企业情况不一样，所编工程预算的质量也不同，因此，需选择适当的审查方法进行审查。整理审查资料，并与编制单位交换意见，统一意见后，进行相应的修正。编制调整预算并调整定案。

3. 审查方法

1) 逐项审查法

逐项审查法又叫全面审查法，就是按预算定额顺序或施工的先后顺序，逐一地全部进行审查的方法。其具体计算方法和审查过程与编制施工图预算基本相同。此方法的优点是全面、细致，经审查的工程预算差错比较少，质量比较高；缺点是工作量大。对于一些工程量比较小、工艺比较简单的工程，编制工程预算的技术力量又比较雄厚，可采用全面审查法。

2) 标准预算审查法

对于利用标准图纸或通用图纸施工的工程，先集中力量，编制标准预算，以此作为标准审查的方法。按标准图纸设计或通用图纸施工的工程一般上部结构和做法相同，可集中力量细审一份预算或编制一份预算，作为这种标准图纸的标准预算，或以这种标准图纸的工程量为标准，对照审查，而对局部不同的部分作单独审查即可。这种方法的优点是时间短、效果好、好定案；缺点是只适应按标准图纸设计的工程，适用范围小。

3) 分组计算审查法

分组计算审查法是一种加快审查工程量速度的方法，把预算中的项目划分为若干组，并把相邻且有一定内在联系的项目编为一组，审查或计算同一组中某个分项工程量，利用工程量间具有相同或相似计算基础的关系，判断同组中其他几个分项工程量计算的准确程度的方法。

一般土建工程可以分为以下几个组。

(1) 地槽挖土、基础砌体、基础垫层、地面垫层、槽坑回填土、运土。

(2) 底层建筑面积、地面面层、地面垫层、楼面面层、楼面找平层、楼板体积、天棚抹灰、天棚刷浆、屋面面层。

(3) 内、外墙抹灰，墙面刷浆，外墙上的门窗和圈过梁，外墙砌体。

在第(1)组中，先将挖地槽土方、基础砌体体积(室外地坪以下部分)、基础垫层计算出来，而槽坑回填土、外运的体积按下式确定。

$$回填土量=挖土量-(基础砌体+垫层体积)$$
$$余土外运量=基础砌体+垫层体积$$

在第(2)组中，先把底层建筑面积、楼(地)面面积计算出来。而楼面找平层、顶棚抹灰、刷白的工程量与楼(地)面面积相同；垫层工程量等于地面面积乘以垫层厚度；底层建筑面积加挑檐面积，乘以坡度系数(平屋面不乘)就是屋面工程量；底层建筑面积乘以坡度系数(平屋面不乘)再乘以保温层的平均厚度为保温层工程量。

在第(3)组中，首先把各种厚度的内外墙上的门窗面积和过梁体积分别列表填写，然后再计算工程量。门窗及墙体构件统计表格式见表 3-16 和表 3-17。

表 3-16　门窗统计表

门窗编号	门窗洞口尺寸/m	每个面积/m²	个数	合计面积/m³	1 层					2 层以上每层				
					外 墙		内 墙			外 墙		内 墙		
					200	240	100	120	200	200	240	100	120	200

注：如果 2 层以上的门窗数不同时，应把不同楼层单独计算。

表 3-17　构件统计表

构件名称或代号	构件尺寸(长×宽×高)	每根构件体积/m³	根数	合计体积/m³	1 层					2 层以上每层				
					外 墙		内 墙			外 墙		内 墙		
					200	240	100	120	200	200	240	100	120	200

注：如果 2 层以上有不同时，应把不同楼层单独计算，圈梁也要在此表反映。

在第(3)组中，先求出内墙面积，再减门窗面积，再乘以墙厚减圈过梁体积就等于墙体积(如果室内外高差部分与墙体材料不同时，应从墙体中扣除，另行计算)。外墙内面抹灰可用墙体乘以定额系数计算，或用外抹灰乘以 0.9 来估算。

该方法的特点是审查速度快、工作量小。

4) 对比审查法

对比审查法是用已建成工程的预算或虽未建成但已审查修正的工程预算对比审查拟建的类似工程预算的一种方法。对比审查法，一般有以下几种情况，应根据工程的不同条件，区别对待。

(1) 两个工程采用同一个施工图，但基础部分和现场条件不同。其新建工程基础以上部分可采用对比审查法；不同部分可采用相应的审查方法进行审查。

(2) 两个工程设计相同，但建筑面积不同。根据两个工程建筑面积之比与两个工程分部分项工程量之比基本一致的特点，可审查新建工程各分部分项工程的工程量。或者用两个工程每平方米建筑面积造价以及每平方米建筑面积的各分部分项工程量，进行对比审查，如果基本相同时，说明新建工程预算是正确的；反之，说明新建工程预算有问题，找出差错原因，加以更正。

(3) 两个工程的面积相同，但设计图纸不完全相同时，可把相同的部分，如厂房中的柱子、屋架、屋面、砖墙等，进行工程量的对比审查，不能对比的分部分项工程按图纸计算。

5) 筛选审查法

筛选法是统筹法的一种，也是一种对比方法。建筑工程虽然有建筑面积和高度的不同，但是它们的各个分部分项工程量、造价、用工量在每个单位面积上的数值变化不大，我们把这些数据加以汇集、优选、归纳为工程量、造价(价值)、用工三个单方基本值表，并注明其适用的建筑标准。这些基本值犹如"筛子孔"，用来筛选各分部分项工程，筛下去的就不审查了，没有筛下去的就意味着此分部分项的单位建筑面积数值不在基本值范围之内，应对该分部分项工程详细审查。当所审查预算的建筑面积标准与"基本值"所适用的标准不同，就要对其进行调整。

筛选法的优点是简单易懂，便于掌握，审查速度和发现问题快。但解决差错分析其原因需继续审查。因此，此法适用于住宅工程或不具备全面审查条件的工程。

6) 重点审查法

此法是抓住工程预算中的重点进行审查的方法。审的重点一般是：工程量大或造价较高、结构复杂的工程，补充定额，计取各项费用(计费基础、取费标准等)。

重点抽查法的优点是重点突出，审查时间短、效果好。

7) 利用手册审查法

此法是把工程中常用的构件、配件事先整理成预算手册，按手册对照审查的方法。如工程常用的预制构配件洗池、大便台、检查井、化粪池、碗柜等，几乎每个工程都有，把这些按标准图集计算出工程量，套上单价，编制成预算手册使用，可大大简化预结算的编审工作。

8) 分解对比审查法

一个单位工程，按直接费与间接费进行分解，然后再把直接费按工种和分部工程进行分解，分别与审定的标准预算进行对比分析的方法，叫分解对比审查法。

分解对比审查法一般有三个步骤。

第一步，全面审查某种建筑的定性标准施工图或重复用施工图的工程预算，经审定后作为审查其他类似工程预算的对比基础。将审定预算按直接费与应取费用分解成两部分，再把直接费分解为各工种工程和分部工程预算，分别计算出每平方米预算价格。

第二步，把拟审的工程预算与同类型预算单方造价进行对比，若出入在 1%～3%之内(根据本地区要求)，再按分部分项工程进行分解，边分解边对比，对出入较大者进一步审查。

第三步，对比审查，其方法如下。

(1) 经分析对比，如发现应取费用相差较大，应考虑建设项目的投资来源和工程类别及取费项目和取费标准是否符合现行规定；材料调价相差较大，则应进一步审查材料调价统计表，将各种调价材料的用量、单位差价及其调增数量等进行对比。

(2) 经过分解对比，如发现土建工程预算价格出入较大，首先审查其土方和基础工程，因为±0.000 以下的工程往往相差较大。再对比其余各个分部工程，发现某一分部工程预算价格相差较大时，再进一步对比各分项工程或工程细目。在对比时，先检查所列工程项目是否正确，预算价格是否一致。发现相差较大者，再进一步审查所套预算单价，最后审查该项工程项目的工程量。

3.3 建设工程招标控制价编制

3.3.1 建设工程招标控制价编制准备

对于招标国有资金为主的工程，在招标时必须编制招标控制价。招标控制价是要根据批准的施工图设计、定额和计价软件以及各种费用定额等有关资料进行计算和编制的单位工程造价的文件。招标控制价是拟建工程设计概算的具体文件，也是单项工程综合概算的基础文件。

1. 招标控制价的编制内容

建筑安装工程费按照工程造价形成划分，由分部分项工程费、措施项目费、其他项目费、规费、税金组成，分部分项工程费、措施项目费、其他项目费包含人工费、材料费、施工机具使用费、企业管理费和利润。详见图 3-3。

1) 分部分项工程费

分部分项工程费是指各专业工程的分部分项工程应予列支的各项费用。

(1) 专业工程：是指按现行国家计量规范划分的房屋建筑与装饰工程、仿古建筑工程、通用安装工程、市政工程、园林绿化工程、矿山工程、构筑物工程、城市轨道交通工程、爆破工程等各类工程。

(2) 分部分项工程：是指按现行国家计量规范对各专业工程划分的项目。如房屋建筑与装饰工程划分的土石方工程、地基处理与桩基工程、砌筑工程、钢筋及钢筋混凝土工程等。

各类专业工程的分部分项工程划分见现行国家或行业计量规范。

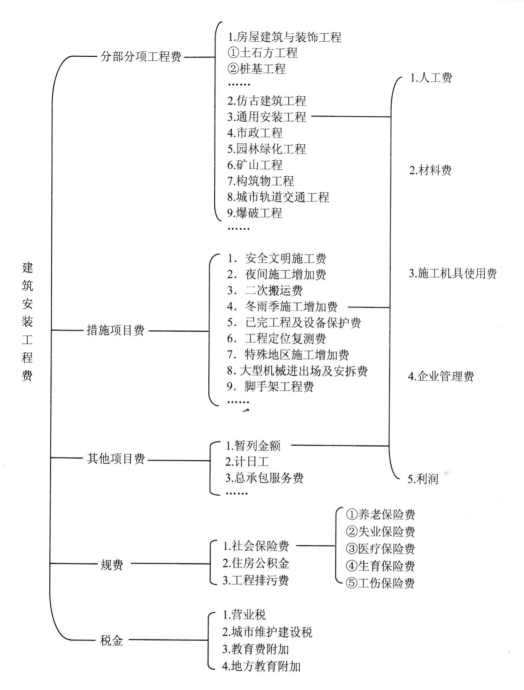

图 3-3　建筑安装工程费用项目组成图

2) 措施项目费

措施项目费是指为完成建设工程施工，发生于该工程施工前和施工过程中的技术、生活、安全、环境保护等方面的费用。具体包括以下内容。

(1) 安全文明施工费。

① 环境保护费：是指施工现场为达到环保部门要求所需要的各项费用。

② 文明施工费：是指施工现场文明施工所需要的各项费用。

③ 安全施工费：是指施工现场安全施工所需要的各项费用。

④ 临时设施费：是指施工企业为进行建设工程施工所必须搭设的生活和生产用的临时建筑物、构筑物和其他临时设施费用。包括临时设施的搭设、维修、拆除、清理费或摊销费等。

(2) 夜间施工增加费：是指因夜间施工所发生的夜班补助费、夜间施工降效、夜间施工照明设备摊销及照明用电等费用。

(3) 二次搬运费：是指因施工场地条件限制而发生的材料、构配件、半成品等一次运输不能到达堆放地点，必须进行二次或多次搬运所发生的费用。

(4) 冬雨季施工增加费：是指在冬季或雨季施工需增加的临时设施、防滑、排除雨雪，人工及施工机械效率降低等费用。

(5) 已完工程及设备保护费：是指竣工验收前，对已完工程及设备采取的必要保护措施所发生的费用。

(6) 工程定位复测费：是指工程施工过程中进行全部施工测量放线和复测工作的费用。

(7) 特殊地区施工增加费：是指工程在沙漠或其边缘地区、高海拔、高寒、原始森林等特殊地区施工增加的费用。

(8) 大型机械设备进出场及安拆费：是指机械整体或分体自停放场地运至施工现场或由一个施工地点运至另一个施工地点，所发生的机械进出场运输及转移费用及机械在施工现场进行安装、拆卸所需的人工费、材料费、机械费、试运转费和安装所需的辅助设施的费用。

(9) 脚手架工程费：是指施工需要的各种脚手架搭、拆、运输费用以及脚手架购置费的摊销(或租赁)费用。

措施项目及其包含的内容详见各类专业工程的现行国家或行业计量规范。

3) 其他项目费

(1) 暂列金额：是指建设单位在工程量清单中暂定并包括在工程合同价款中的一笔款项。用于施工合同签订时尚未确定或者不可预见的所需材料、工程设备、服务的采购，施工中可能发生的工程变更、合同约定调整因素出现时的工程价款调整以及发生的索赔、现场签证确认等的费用。

(2) 计日工：是指在施工过程中，施工企业完成建设单位提出的施工图纸以外的零星项目或工作所需的费用。

(3) 总承包服务费：是指总承包人为配合、协调建设单位进行的专业工程发包，对建设单位自行采购的材料、工程设备等进行保管以及施工现场管理、竣工资料汇总整理等服务所需的费用。

4) 规费

定义同前。

5) 税金

定义同前。

2. 编制招标控制价所需要的各费用构成要素参考计算方法

1) 企业管理费费率

(1) 以分部分项工程费为计算基础。

$$企业管理费费率(\%) = \frac{生产工人年平均管理费}{年有效施工天数 \times 人工单价} \times 人工费占分部分项工程费比例(\%) \qquad (3\text{-}35)$$

(2) 以人工费和机械费合计为计算基础。

$$企业管理费费率(\%) = \frac{生产工人年平均管理费}{年有效施工天数 \times (人工单价 + 每一日机械使用费)} \times 100\% \qquad (3\text{-}36)$$

(3) 以人工费为计算基础。

$$企业管理费费率(\%) = \frac{生产工人年平均管理费}{年有效施工天数 \times 人工单价} \times 100\% \qquad (3\text{-}37)$$

注：上述公式适用于施工企业投标报价时自主确定管理费，是工程造价管理机构编制计价定额确定企业管理费的参考依据。

工程造价管理机构在确定计价定额中的企业管理费时，应以定额人工费或(定额人工费+定额机械费)作为计算基数，其费率根据历年工程造价积累的资料，辅以调查数据确定，列入分部分项工程和措施项目中。

2) 利润

(1) 施工企业根据企业自身需求并结合建筑市场实际自主确定，列入报价中。

(2) 工程造价管理机构在确定计价定额中的利润时，应以定额人工费或(定额人工费+定额机械费)作为计算基数，其费率根据历年工程造价积累的资料，并结合建筑市场实际确定，以单位(单项)工程测算，利润在税前建筑安装工程费的比重可按不低于5%且不高于7%的费率计算。利润应列入分部分项工程和措施项目中。

3) 规费

(1) 社会保险费和住房公积金。

社会保险费和住房公积金应以定额人工费为计算基础，根据工程所在地省、自治区、直辖市或行业建设主管部门规定的费率计算。

$$社会保险费和住房公积金 = \sum(工程定额人工费 \times 社会保险费和住房公积金费率) \qquad (3\text{-}38)$$

式中：社会保险费和住房公积金费率可以每万元发承包价的生产工人人工费和管理人员工资含量与工程所在地规定的缴纳标准综合分析取定。

(2) 工程排污费。

工程排污费等其他应列而未列入的规费应按工程所在地环境保护等部门规定的标准缴纳，按实计取列入。

4) 税金

税金的计算公式为

$$税金 = 税前造价 \times 综合税率(\%) \qquad (3\text{-}39)$$

综合税率有以下几种。

(1) 纳税地点在市区的企业。

$$综合税率(\%) = \frac{1}{1 - 3\% - (3\% \times 7\%) - (3\% \times 3\%) - (3\% \times 2\%)} - 1 \tag{3-40}$$

(2) 纳税地点在县城、镇的企业。

$$综合税率(\%) = \frac{1}{1 - 3\% - (3\% \times 5\%) - (3\% \times 3\%) - (3\% \times 2\%)} - 1 \tag{3-41}$$

(3) 纳税地点不在市区、县城、镇的企业。

$$综合税率(\%) = \frac{1}{1 - 3\% - (3\% \times 1\%) - (3\% \times 3\%) - (3\% \times 2\%)} - 1 \tag{3-42}$$

(4) 实行营业税改增值税的，按纳税地点现行税率计算。

3.3.2 建设工程招标控制价编制实施

1. 招标控制价计价参考公式

1) 分部分项工程费

$$分部分项工程费 = \sum(分部分项工程量 \times 综合单价) \tag{3-43}$$

式中：综合单价包括人工费、材料费、施工机具使用费、企业管理费和利润以及一定范围的风险费用(下同)。

2) 措施项目费

(1) 国家计量规范规定应予计量的措施项目，其计算公式为

$$措施项目费 = \sum(措施项目工程量 \times 综合单价) \tag{3-44}$$

(2) 国家计量规范规定不宜计量的措施项目，其计算方法如下。

① 安全文明施工费。

$$安全文明施工费 = 计算基数 \times 安全文明施工费费率(\%) \tag{3-45}$$

计算基数应为定额基价(定额分部分项工程费+定额中可以计量的措施项目费)、定额人工费或(定额人工费+定额机械费)，其费率由工程造价管理机构根据各专业工程的特点综合确定。

② 夜间施工增加费。

$$夜间施工增加费 = 计算基数 \times 夜间施工增加费费率(\%) \tag{3-46}$$

③ 二次搬运费。

$$二次搬运费 = 计算基数 \times 二次搬运费费率(\%) \tag{3-47}$$

④ 冬雨季施工增加费。

$$冬雨季施工增加费 = 计算基数 \times 冬雨季施工增加费费率(\%) \tag{3-48}$$

⑤ 已完工程及设备保护费。

$$已完工程及设备保护费 = 计算基数 \times 已完工程及设备保护费费率(\%) \tag{3-49}$$

上述②～⑤项措施项目的计费基数建筑工程为省价直接费，装饰和安装工程为定额人工费，其费率由省工程造价管理机构根据各专业工程特点和调查资料综合分析后确定。

3) 其他项目费

(1) 暂列金额由建设单位根据工程特点，按有关计价规定估算，施工过程中由建设单位掌握使用，扣除合同价款调整后如有余额，归建设单位。

(2) 计日工由建设单位和施工企业按施工过程中的签证计价。

(3) 总承包服务费由建设单位在招标控制价中根据总包服务范围和有关计价规定编制，施工企业投标时自主报价，施工过程中按签约合同价执行。

4) 规费和税金

建设单位和施工企业均应按照省、自治区、直辖市或行业建设主管部门发布标准计算规费和税金，不得作为竞争性费用。

各专业工程计价定额的使用周期原则上为 5 年。工程造价管理机构在定额使用周期内，应及时发布人工、材料、机械台班价格信息，实行工程造价动态管理，如遇国家法律、法规、规章或相关政策变化以及建筑市场物价波动较大时，应适时调整定额人工费、定额机械费以及定额基价或规费费率，使建筑安装工程费能反映建筑市场实际。

建设单位在编制招标控制价时，应按照各专业工程的计量规范和计价定额以及工程造价信息编制。施工企业在使用计价定额时除不可竞争费用外，其余仅作参考，由施工企业投标时自主报价。

2. 招标控制价计价程序

招标控制价计价程序见表 3-18。

表 3-18　建设单位工程招标控制价计价程序

工程名称：　　　　　　　　　　　　标段：

序　号	内　容	计算方法	金额/元
1	分部分项工程费	按计价规定计算	
1.1			
1.2			
...			
2	措施项目费	按计价规定计算	
	其中：安全文明施工费	按规定标准计算	
3	其他项目费		
3.1	其中：暂列金额	按计价规定估算	
3.2	其中：专业工程暂估价	按计价规定估算	
3.3	其中：计日工	按计价规定估算	
3.4	其中：总承包服务费	按计价规定估算	
4	规费	按规定标准计算	
5	税金(扣除不列入计税范围的工程设备金额)	(1+2+3+4)×规定税率	
招标控制价合计=1+2+3+4+5			

若为施工企业投标，投标报价计价程序见表 3-19。

表 3-19 施工企业工程投标报价计价程序

工程名称： 标段：

序 号	内 容	计算方法	金额/元
1	分部分项工程费	自主报价	
1.1			
1.2			
1.3			
...			
2	措施项目费	自主报价	
	其中：安全文明施工费	按规定标准计算	
3	其他项目费		
3.1	其中：暂列金额	按招标文件提供金额计列	
3.2	其中：专业工程暂估价	按招标文件提供金额计列	
3.3	其中：计日工	自主报价	
3.4	其中：总承包服务费	自主报价	
4	规费	按规定标准计算	
5	税金(扣除不列入计税范围的工程设备金额)	(1+2+3+4)×规定税率	
投标报价合计=1+2+3+4+5			

3.《建设工程工程量清单计价规范》(GB 50500—2013)有关条款

招标控制价是招标人根据国家或省级、行业建设主管部门颁发的有关计价依据和办法，以及拟定的招标和招标工程量清单，结合工程具体情况编制的招标工程的最高投标限价。

1) 一般规定

(1) 国有资金投资的建设工程招标，招标人必须编制招标控制价。

(2) 招标控制价应由具有编制能力的招标人或受其委托具有相应资质的工程造价咨询人编制和复核。

(3) 工程造价咨询人接受招标人委托编制招标控制价，不得再就同一工程接受投标人委托编制投标报价。

(4) 招标控制价应按照本规范的规定编制，不应上调或下浮。

(5) 当招标控制价超过批准的概算时，招标人应将其报原概算审批部门审核。

(6) 招标人应在发布招标文件时公布招标控制价，同时应将招标控制价及有关资料报送工程所在地或有该工程管辖权的行业管理部门工程造价管理机构备查。

2) 编制与复核

(1) 招标控制价应根据下列依据。

① 本规范。

② 国家或省级、行业建设主管部门颁发的计价定额和计价办法。

③ 建设工程设计文件及相关资料。

④ 拟定的招标文件及招标工程量清单。

⑤ 与建设项目相关的标准、规范、技术资料。

⑥ 施工现场情况、工程特点及常规施工方案。

⑦ 工程造价管理机构发布的工程造价信息，当工程造价信息没有发布时，参照市场价。

⑧ 其他的相关资料。

(2) 综合单价中应包括招标文件中划分的应由投标人承担的风险范围及其费用。招标文件中没有明确的，如是工程造价咨询人编制，应提请招标人明确；如是招标人编制，应予明确。

(3) 分部分项工程和措施项目中的单价项目，应根据拟定的招标文件和招标工程量清单项目中的特征描述及有关要求确定的综合单价计算。

(4) 措施项目中的总价项目应根据拟定的招标文件和常规施工方案按本规范的规定计价。

(5) 其他项目应按下列规定计价。

① 暂列金额应按招标工程量清单中列出的金额填写。

② 暂估价中的材料、工程设备单价应按招标工程量清单中列出的单价计入综合单价。

③ 暂估价中的专业工程金额应按招标工程量清单中列出的金额填写。

④ 计日工应按招标工程量清单中列出的项目根据工程特点和有关计价依据确定的综合单价计算。

⑤ 总承包服务费应根据招标工程量清单列出的内容和要求估算。

⑥ 规费和税金应按本规范的规定计算。

3) 投诉与处理

(1) 投标人经复核认为招标人公布的招标控制价未按照本规范的规定进行编制的，应在招标控制价公布后5天内向招投标监督机构和工程造价管理机构投诉。

(2) 投诉人投诉时，应当提交由单位盖章和法定代表人或其委托人签名或盖章的书面投诉书。投诉书应包括下列内容。

① 投诉人与被投诉人的名称、地址及有效联系方式。

② 投诉的招标工程名称、具体事项及理由。

③ 投诉依据及有关证明材料。

④ 相关的请求及主张。

(3) 投诉人不得进行虚假、恶意投诉，阻碍招投标活动的正常进行。

(4) 工程造价管理机构在接到投诉书后应在两个工作日内进行审查，对有下列情况之一的，不予受理。

① 投诉人不是所投诉招标工程招标文件的收受人。

② 投诉书提交的时间不符合本规范规定的。

③ 投诉书不符合本规范规定的。

④ 投诉事项已进入行政复议或行政诉讼程序的。

(5) 工程造价管理机构应在不迟于结束审查的次日将是否受理投诉的决定书面通知投诉人、被投诉人以及负责该工程招投标监督的招投标管理机构。

(6) 工程造价管理机构受理投诉后，应立即对招标控制价进行复查，组织投诉人、被投诉人或其委托的招标控制价编制人等单位人员对投诉问题逐一核对。有关当事人应当予以配合，并应保证所提供资料的真实性。

(7) 工程造价管理机构应当在受理投诉的 10 天内完成复查，特殊情况下可适当延长，并做出书面结论通知投诉人、被投诉人及负责该工程招投标监督的招投标管理机构。

(8) 当招标控制价复查结论与原公布的招标控制价误差大于±3%时，应当责成招标人改正。

(9) 招标人根据招标控制价复查结论需要重新公布招标控制价的，其最终公布的时间至招标文件要求提交投标文件截止时间不足 15 天的，应相应延长投标文件的截止时间。

3.3.3 建设工程招标控制价审查

1. 招标控制价审查的内容

(1) 审查清单编码、项目名称、项目特征、工程量，看是否与工程量清单一致。

(2) 审查分部分项工程综合单价的形成过程，即套用定额子目是否正确，定额子目是否齐全，定额换算是否正确，定额工程量是否正确；人工单价、材料单价、机械台班单价是否符合本地区行业主管部门发布的有关文件。

(3) 审查措施项目计价表，一部分按照分部分项工程综合单价的审查方法，另一部分审查是否按照省级发布费率计算的。

(4) 审查其他项目、规费和税金的编制是否准确。

2. 审查步骤

审查准备工作(熟悉施工图纸，根据工程量清单及招标文件，了解招标控制价包括的工程范围，弄清所用单位工程清单计价表的适用范围，搜集并熟悉相应的人材机单价、定额资料)；选择审查方法，审查相应的内容；整理审查资料并调整修订。

3. 审查方法

(1) 逐项审查法：适用于一些工程量较小、工艺比较简单的工程。

(2) 标准控制价审查法：该方法的优点是时间短、效果好。其缺点是适用范围小，仅适用于采用标准图纸的工程。

(3) 分组计算审查法：该方法的特点是审查速度快、工作量小。

(4) 对比审查法：当工程条件相同时，用已完工程的预算或未完但经过审查修正的过程预算对比审查拟建工程的同类工程预算的一种方法。

(5) "筛选法"审查：能较快发现问题的一种方法，适用于审查住宅工程或不具备全面审查条件的过程。

(6) 重点审查法：是抓住工程招标控制价中的重点进行审核的方法。优点在于重点突出、审查时间短、效果好。

3.4　建设工程招标投标与合同价款的确定

招标投标是一种商品交易行为，是市场经济的要求，是一种竞争性采购方式。

3.4.1　建设工程招投标基础知识

建设工程招标是指招标人(或招标单位)在发包工程项目前，按照公布的招标条件，公开或书面邀请投标人(或投标单位)在接受招标文件要求的前提下前来投标，以便招标人从中择优选定的一种交易行为。

1. 建设工程招标的范围

(1) 大型基础设施、公用事业等关系社会公共利益、公众安全的项目。

(2) 全部或部分使用国有资金投资或者国家融资的项目。

(3) 使用国际组织或者外国政府贷款、援助资金的项目。

达到下列标准之一者，必须进行招标。

第一，单项合同估算价在 200 万元人民币以上的。

第二，重要设备、材料等货物的采购，单项合同估算价在 100 万元以上的。

第三，勘查、设计、监理等服务的采购，单项合同估算价在 50 万元人民币以上。

第四，单项合同估算价低于前 3 项规定的标准，但项目总投资在 3 000 万元人民币以上。

2. 建设工程招标的方式

建设工程招标包括公开招标和邀请招标两种方式。

1) 公开招标

公开招标又称竞争性招标，是指由于招标人在报刊、电子网络或其他媒体上刊登招标公告，吸引众多投标人参加投标竞争，招标人从中择优选择中标单位的招标方式。采用公开招标的优点。

(1) 由于投标人范围广，竞争激烈，一般招标人可以获得质优价廉的标的。

(2) 在国际竞争性招标中，可以引进先进的设备、技术和工程技术及管理经验。

(3) 可以保证所有合格的投标人都有参加投标的机会，有助于打破垄断，实行平等竞争。

其缺点如下。

(1) 公开招标耗时长。

(2) 公开招标耗费大，所需准备的文件较多，投入的人力大、物力大，招标文件要明确规范各种技术规格、评标标准以及买卖双方的义务等内容。

公开招标方式主要用于政府投资项目或投资额度大，工艺、结构复杂的较大型工程建设项目。

2) 邀请招标

邀请招标也称有限竞争招标，是指由招标单位选择一定数目的企业，向其发出投标邀请书，邀请他们参加招标竞争。邀请招标具有以下优缺点。

(1) 缩短了招标有效期，由于不用在媒体上刊登公告，招标文件只送几家，减少了工作量。

(2) 节约了招标费用。

(3) 提高了投标人的中标机会。

(4) 由于接受邀请的单位才是合格的投标人，所以有可能排除了许多更有竞争力的单位。

(5) 中标价格可能高于公开招标的价格。

无论公开招标还是邀请招标都必须按规定的招标程序完成，一般是事先制定统一的招标文件，投标均按招标文件的规定进行。

3. 建设工程招标的基本原则

建设工程招标应遵守公开、公平、公正和诚实信用的原则。

4. 建设工程招投标对工程造价的重要影响

推行工程招投标制，对工程造价的合理控制具有非常重要的影响。这种重要影响主要表现在以下几个方面。

(1) 推行招投标制基本形成了由市场定价的价格机制，使工程造价更加趋于合理。

推行招投标制最明显的表现是若干投标人之间出现激烈竞争，这种市场竞争最直接、最集中的表现就是在价格上的竞争。通过竞争确定出工程造价，使其趋于合理或下降，这将有利于节约投资、提高投资效益。

(2) 推行招投标制能够不断降低社会平均劳动消耗水平，使工程价格得到有效控制。

在建筑市场中，不同投标者的个别劳动消耗水平是有差异的。通过推行招投标，会使那些个别劳动消耗水平最低或接近最低的投标者获胜，这样便实现了生产力资源较优配置，也对不同投标者实行了优胜劣汰。面对激烈竞争的压力，为了自身的生存与发展，每个投标者都必须切实在降低自己个别劳动消耗水平上下功夫，这样将逐步而全面地降低社会平均劳动消耗水平，使工程价格更为合理。

(3) 推行招投标制便于供求双方更好地相互选择，使工程价格更加符合价值基础，进而更好地控制工程造价。

由于供求双方各自出发点不同，存在利益矛盾，因而单纯采用"一对一"的选择方式，成功的可能性较小。采用招投标方式就为供求双方在较大范围内进行相互选择创造了条件，为需求者(如建设单位、业主)与供应者(如勘察设计单位、施工企业)在最佳点上结合提供了可能。需求者对供给者选择(即建设单位、业主对勘察设计单位和施工单位的选择)的基本出发点是"择优选择"，即选择那些报价较低、工期较短、具有良好业绩和管理水平的供给者，这样即为合理控制工程造价奠定了基础。

(4) 推行招投标制有利于规范价格行为，使公平、公开、公正的原则得以贯彻。

我国招投标活动由特定的机构进行管理，有严格的程序必须遵循，有高素质的专家支持系统、工程技术人员的群体评估与决策，能够避免盲目过度的竞争和营私舞弊现象的发生，对建筑领域的腐败现象也能强有力地遏制，使价格形成过程变得透明而规范。

(5) 推行招投标制能够减少交易费用，节省人力、物力、财力，进而使工程造价有所降低。

我国目前从招标、投标、开标、评标直至定标，均有一些法律、法规规定，已进入制度化操作。招投标中，若干投标人在同一时间、地点报价竞争，在专家支持系统的评估下，以群体决策方式确定中标者，必然减少交易过程的费用，这本身就意味着招标人收益的增加。

5. 工程招投标的作用

招投标是市场经济的产物，是期货交易的一种方式。推行工程招投标的目的，就是要在建筑市场中建立竞争机制。

6. 建设工程招投标的分类

建设工程招投标可分为建设项目总承包招投标、工程勘察招投标、工程设计招投标、工程施工招投标、工程监理招投标、工程材料设备招投标。

1) 建设项目总承包招投标

建设项目总承包招投标又称建设项目全过程招投标，在国外也称为"交钥匙"工程招投标，它是指在项目决策阶段从项目建议书开始，包括可行性研究报告、勘察设计、设备材料询价与采购、工程施工、生产准备，直至竣工投产、交付使用全面实行招标。

工程总承包企业根据建设单位所提出的工程要求，对项目建议书、可行性研究、勘察设计、设备询价与选购、材料订货、工程施工、职员培训、试生产、竣工投产等实行全面投标报价。

2) 工程勘察招投标

工程勘察招投标是指招标人就拟建工程的勘察任务发布通知，以法定方式吸引勘察单位参加竞争，经招标人审查获得投标资格的勘察单位按照招标文件的要求，在规定时间内向招标人填写投标书，招标人从中选择优越者完成勘察任务。

3) 工程设计招投标

工程设计招投标是指招标人就拟建工程的设计任务发布通知，以吸引设计单位参加竞争，经招标人审查获得投标资格的设计单位按照招标文件的要求，在规定的时间内向招标人填报标书，招标人择优选定中标单位来完成设计任务。设计招标一般是设计方案招标。

4) 工程施工招投标

工程施工招投标是指招标人就拟建的工程发布通知，以法定方式吸引建筑施工企业参加竞争，招标人从中选择优越者完成建筑施工任务。施工招标可分为全部工程招标、单项工程招标和专业工程招标。

5) 工程监理招投标

工程监理招投标是指招标人就拟建工程的监理任务发布通告，以法定方式吸引工程监理单位参加竞争，招标人从中选择优越者完成监理任务。

6) 工程材料设备招投标

工程材料设备招投标是指招标人就拟购买的材料设备发布通告或邀请，以法定方式吸引材料设备供应商参加竞争，招标人从中选择优越者的法律行为。

设备与材料采购是建设工程施工中的重要工作之一。采购货物质量的好坏和价格的高低，对项目的投资效益影响极大。我国的《招标投标法》规定，在中华人民共和国境内进行与工程建设有关的重要设备、材料等的采购，必须进行招标。为了将这方面的工作做好，应根据采购物的具体特点，正确选择设备与材料的招投标方式，进而正确选择好设备、材

料供应商。

设备、材料采购的公开招标是由招标单位通过报刊、广播、电视等公开发布招标广告，在尽量大的范围内征集供应商。公开招标对于设备与材料的采购，能够引起最大范围内的竞争。其主要优点如下。

(1) 可以使具备资格的供应商能够在公平竞争条件下，以合适的价格获得供货机会。

(2) 可以使设备、材料采购者以合理价格获得所需的设备和材料。

7. 建设工程承发包方式

我国建设市场中的承发包方式有以下几种。

(1) 按照承包内容和范围划分承包方式：包括建设全过程承包、阶段承包(包工包料、包工部分包料、包工不包料)、专项承包。

(2) 按承包者所处地位划分承包方式：包括总承包、分承包、独立承包、联合承包。

(3) 按获得承包任务的途径划分承包方式：包括投标竞争、委托承包、指令承包。

(4) 按合同类型和计价方法划分承包方式，可分为总价合同、单价合同、成本加酬金合同等。

3.4.2 建设工程招投标与合同价款的确定

1. 招标人应具备的条件

根据我国《中华人民共和国招投标法》的规定，招标人是依法提出要进行招标的项目，公布招标的内容，并面向社会进行招标的法人或者其他组织。

施工招标单位组织应具备下列条件。

(1) 是法人或依法成立的其他组织。

(2) 有与招标工程相适应的经济、技术管理人员。

(3) 有组织编制招标文件的能力。

(4) 有审查投标单位资质的能力。

(5) 有组织开标、评标、定标的能力。

不具备上述(1)至(5)项条件的建设单位，须委托具有相应资质的中介机构代理招标，建设单位与中介机构签订委托代理招标的协议，并报招标管理机构备案。

设备招标人还应具备如下条件。

(1) 有组织建设工程设备供应工作的经验。

(2) 对国家和地区大中型基建、技改项目的成套设备招标单位，应当具有国家有关部门资格审查认证的相应的甲、乙级资格。

2. 建设工程施工招标的条件

(1) 概算已批准；建设工程项目已正式列入国家、部门或地方的年度固定资产投资计划；或按照国家规定需要履行项目审批手续的，已经履行审批手续。

(2) 建设用地的征用工作已完成。

(3) 有能够满足施工需要的施工图纸及技术资料。

(4) 建设资金和主要建筑材料、设备的来源已经落实。

(5) 已经建设工程项目所在地规划部门批准，施工现场的"三通一平"已经完成或一并列入施工招标范围。

3. 资格审查的基本程序

(1) 发布资格预审通告。

(2) 发出资格预审文件。

(3) 对潜在投标人资格的审查和评定。

(4) 发出审查合格通知书。

4. 施工招标文件的内容

我国《招标投标法》规定，招标人应当根据招标项目的特点和需要编制招标文件。招标文件应当包括招标项目的技术要求、对投标人资格审查的标准、投标报价要求和评标标准等所有实质性要求和条件以及拟签订合同的主要条款。国家对招标项目的技术、标准有规定的，招标人应当按照其规定在招标文件中提出相应要求。

施工招标文件应包括如下内容。

(1) 招标须知。

(2) 招标工程的技术要求和设计文件。

(3) 采用工程量清单招标的，应当提供工程量清单。

(4) 投标函的格式及附录。

(5) 拟签订合同的主要条款。

(6) 要求投标人提交的其他资料。

5. 招标文件的发售与修改

招标文件一般发售给通过资格预审、获得投标资格的投标人。投标人购买招标文件的费用无论中标与否，都不退还。招标人提供给投标人编制投标书的设计文件可以酌收押金，开标后投标人将设计文件退还的，招标人应当退还押金。

招标人对已发出的招标文件进行必要的澄清或者修改的，应当在招标文件要求提交投标文件截止时间至少 15 日前，以书面形式通知所有招标文件收受人。该澄清或者修改的内容为招标文件的组成部分。

6. 施工招标程序

施工招标分为公开招标与邀请招标，不同的招标方式，具有不同的活动内容，其程序也不尽相同。

1) 公开招标程序

(1) 建设项目报建。

根据《工程建设项目报建管理办法》的规定，凡在我国境内投资兴建的工程建设项目，都必须实行报建制度，接受当地建设行政主管部门的监督管理。

建设项目报建，是建设单位招标活动的前提，报建范围包括：各类房屋建筑(包括新建、改建、扩建、翻修等)、土木工程(包括道路、桥梁、基础打桩等)、设备安装、管道线路铺设和装修等建设工程。报建的内容主要包括：工程名称、建设地点、投资规模、工程规模、

发包方式、计划开竣工日期和工程筹建情况。

在建设项目的立项批准文件或投资计划下达后，建设单位根据《工程建设项目报建管理办法》规定的要求进行报建，并由建设行政主管部门审批。具备招标条件的，方可开始办理建设单位资质审查。

(2) 审查建设单位资质。

审查建设单位资质是指政府招标管理机构审查建设单位是否具备施工招标条件。不具备有关条件的建设单位，须委托具有相应资质的中介机构代理招标，建设单位与中介机构签订委托代理招标的协议，并报招标管理机构备案。

(3) 招标申请。

招标申请是指由招标单位填写"建设工程招标申请表"，并经上级主管部门批准后，连同"工程建设项目报建审查登记表"一起报招标管理机构审批。

申请表的主要内容包括：工程名称、建设地点、招标建设规模、结构类型、招标范围、招标方式、要求施工企业等级、施工前期准备情况(土地征用、拆迁情况、勘察设计情况、施工现场条件等)、招标机构组织情况。

(4) 资格预审文件与招标文件的编制、送审。

资格预审文件是指公开招标时，招标人要求对投标的施工单位进行资格预审，只有通过资格预审的施工单位才可以参加投标而编制的文件。资格预审文件和招标文件都必须经过招标管理机构审查，审查同意后方可刊登资格预审通告、招标通告。

(5) 刊登资格预审通告、招标通告。

刊登资格预审通告、招标通告是指通过报刊、广播、电视等或信息网上发布"资格预审通告"或"招标通告"。

(6) 资格预审。

资格预审是指招标人按资格预审文件的要求，对申请资格预审的投标人送交填报的资格预审文件和资料进行评比分析，确定出合格的投标人的名单，并报招标管理机构核准。

(7) 发放招标文件。

发放招标文件是指招标人将招标文件、图纸和有关技术资料发放给通过资格预审获得投标资格的投标单位。投标单位收到招标文件、图纸和有关资料后，应认真核对。核对无误后，应以书面形式予以确认。

(8) 勘察现场。

招标单位组织通过资格预审的投标单位进行勘查现场，目的在于了解工程场地和周围环境情况，以获取投标单位认为有必要的信息。

(9) 招标预备会。

招标预备会由招标单位组织，建设单位、设计单位、施工单位参加。目的在于澄清招标文件中的疑问，解答投标单位对招标文件和勘查现场中所提出的疑问和问题。

(10) 工程招标控制价或标底的编制与送审。

施工招标可编制招标控制价或标底，也可不编。如果编制标底，当招标文件的商务条款一经确定，即可进入编制，标底编制完后应将必要的资料报送招标管理机构审定。若不编制标底，一般用投标单位报价的平均值作为评标价或者实行合理低价中标。

(11) 投标文件的接收。

投标文件的接收是指投标单位根据招标文件的要求，编制投标文件，并进行密封和标志，在投标截止时间前按规定的地点递交至招标单位。招标单位接收投标文件并将其秘密封存。

(12) 开标。

在施工招投标中，开标、评标是招标程序中极为重要的环节。只有做出客观公正的评标，才能最终正确地选择最优秀最合适的承包商。《中华人民共和国招标投标法》规定，开标应当在招标文件确定的提交投标文件截止时间的同一时间公开进行；开标地点应当为招标文件中预先确定的地点。开标由招标人主持，邀请所有投标人参加。开标时，由投标人或者推选的代表检查投标文件的密封情况，也可以由招标人委托的公证机构检查并公证；经确认无误后，由工作人员当众拆封，宣读投标人名称、投标价格和投标文件的其他主要内容。招标人在招标文件要求提交投标文件的截止时间前收到的所有投标文件，开标时都应该当众予以拆封、宣读。开标过程应当记录，并存档备查。

开标应当在投标截止时间后，按照招标文件规定的时间和地点在投标单位法定代表人或授权代理人在场的情况下举行开标会议，按规定的议程进行开标。已建立建设工程交易中心的地方，开标应当在建设工程交易中心举行。

开标由招标单位主持，并邀请所有投标单位的法定代表人或者其代理人和评标委员会全体成员参加。建设行政主管部门及其工程招标投标监督管理机构依法实施监督。

开标的一般程序如下。

① 主持人宣布开标会议开始，介绍参加开标会议的单位、人员名单及工程项目的有关情况。

② 请投标单位代表确认投标文件的密封性。

③ 宣布公正、唱标、记录人员名单和招标文件规定的评标原则、定标办法。

④ 宣读投标单位的名称、投标报价、工期、质量目标、主要材料用量、投标担保或保函以及投标文件的修改、撤回等情况，并做当场记录。

⑤ 与会的投标单位法定代表人或者其代理人在记录上签字，确认开标结果。

⑥ 宣布开标会议结束，进入评标阶段。

投标文件有下列情形之一的，应当在开标时当场宣布无效。

① 未加密封或者逾期送达的。

② 无投标单位及其法定代表人或者其代理人印鉴的。

③ 关键内容不全、字迹辨认不清或者明显不符合招标文件要求的。

无效投标文件，不得进入评标阶段。

对于编制标底的工程，招标单位可以规定在标底上下浮动一定范围内的投标报价为有效，并在招标文件中写明。在开标时，如果仅有少于三家的投标报价符合规定的浮动范围，招标单位可以采用加权平均的方法修订规定，或者宣布实行合理低价中标，或者重新组织招标。

(13) 评标。

由招标代理、建设单位上级主管部门协商，按有关规定成立评标委员会，在招标管理机构监督下，依据评标原则、评标方法，对投标单位报价、工期、质量、施工方案或施工组织设计、以往业绩、社会信誉、优惠条件等方面进行综合评价，公正合理择优选择中标单位。

评标由评标委员会负责。评标委员会的负责人由招标单位法定代表人或者其代理人担任。评标委员会的成员由招标单位、上级主管部门和受聘的专家组成(如果委托招标代理人或者工程监理的代理参加)，为 5 人以上的单数，其中技术、经济等方面的专家不得少于 2/3。

省、自治区、直辖市和地级以上城市建设行政主管部门，应当在建设工程交易中心建立评标专家库。评标专家须由从事相关领域工作满八年，并具有高级职称或者具有同等专业水平的工程技术、经济管理人员担任，实行动态管理。

评标专家库应当拥有相当数量符合条件的评价专家，并可以根据需要，按照不同的专业和工程分类设置专业评标专家库。

招标单位根据工程性质、规模和评标的需要，可在开标前若干小时之内从评标专家库中随机抽取专家聘为评委。工程招标投标监督管理机构依法实施监督。专家评委与该工程的投标单位不得有隶属或者其他利害关系。

专家评委在评标活动中有徇私舞弊、显失公正行为的，应当取消其评委资格。

评标可采用合理低标价法或综合评议法。具体评标方法由招标单位决定，并在招标文件中载明。对于大型或者技术复杂的工程，可采用技术标、商务标两阶段评标法。

评标委员会可以要求投标单位对其投标文件中含义不清的内容作必要的澄清或者说明，但其澄清或者说明不得更改投标文件的实质性内容。

任何单位和个人不得非法干预或者影响评标的过程和结果。

评标结束后，评价委员会应当编制评标报告。评价报告应包括下列主要内容。

① 招标情况，包括工程概况、招标范围和招标的主要过程。

② 开标情况，包括开标的时间、地点、参加开标会议的单位和人员，以及唱标等情况。

③ 评标情况，包括评标委员会的组成人员名单，评标的方法、内容和依据，对各投标文件的分析论证及评审意见。

④ 对投标单位的评标结果排序，并提出中标候选人的推荐名单。

评标报告须评标委员会全体成员签字确认。

(14) 中标单位的选择。

招标单位应当依据评标委员会的评标报告，并从其推荐的中标候选人名单中确定中标单位，也可以授权评标委员会直接选定中标单位。

实行合理低标价法评标的，在满足招标文件各项要求的前提下，投标报价最低的投标单位应当为中标单位，但评标委员会可以要求其对保证工程质量、降低工程成本拟采用的技术措施做出说明，并据此提出评价意见，供招标单位定标时参考。实行综合评议法，得票最多或者得分最高的投标单位应当为中标单位。

招标单位未按照推荐的中标候选人排序确定中标单位的，应当在其招标投标情况的书面报告中说明理由。

(15) 定标。

在评标委员会提交评标报告后，招标单位应当在招标文件规定的时间内完成定标。中标单位选定后，由招标管理机构核准，获准后招标单位向中标单位发出《中标通知书》。《中标通知书》的实质内容应当与中标单位投标文件的内容相一致。《中标通知书》的格式如下：

中标通知书

　　__(建设单位名称)__的　　____(建设地点)____　工程，结构类型为____，建设规模为____，经____年____月____日公开开标后，经评标小组评定并报招标管理机构核准，确定____为中标单位，中标标价人民币____元，中标工期自____年____月____日开工，____年____月____日竣工，工期____天(日历日)，工程质量达到国家施工验收规范(优良、合格)标准。

　　中标单位收到中标通知后，在____年____月____日____时前到____(地点)与建设单位签订合同。

建设单位：(盖章)

法定代表人：(签字、盖章)

日期：　　年　　月　　日

招标单位：(盖章)

法定代表人：(签字、盖章)

日期：　　年　　月　　日

招标管理机构：(盖章)

审核人：(签字、盖章)

审核日期：　　年　　月　　日

(16) 合同签订。

自《中标通知书》发出之日 30 日内，招标单位应当与中标单位签订合同，合同价应当与中标价相一致，合同的其他主要条款应当与招标文件、《中标通知书》相一致。

中标后，除不可抗力外，中标单位拒绝与招标单位签订合同的，招标单位可以不退还其投标保证金，并可以要求赔偿相应的损失；招标单位拒绝与中标单位签订合同的，应当双倍返还其投标保证金，并赔偿相应的损失。

中标单位与招标单位签订合同时，应当按照招标文件的要求，向招标单位提供履约保证。履约保证可以采用银行履约保函(一般为合同价的 5%～10%)，或者其他担保方式(一般为合同价的 10%～20%)。招标单位应当向中标单位提供工程款支付担保。

公开招标的完整程序如图 3-4 所示。

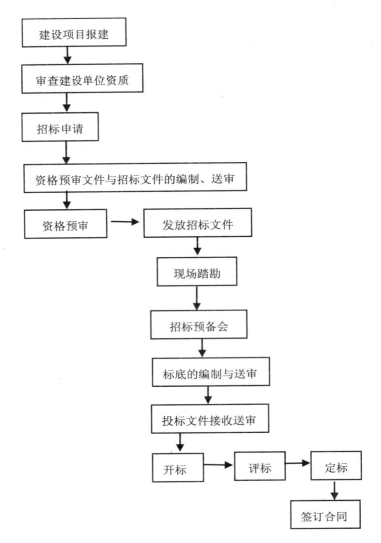

图 3-4　公开招标程序框图

2) 邀请招标程序

邀请招标是指招标单位直接向适于本工程施工的单位发出邀请，其程序与公开招标大同小异。其不同点主要是没有资格预审的环节，但增加了发出投标邀请书的环节。

这里所说的投标邀请书，是指招标单位直接向具有承担本工程能力的施工单位发出的投标邀请书，邀请这些单位前来投标。按照《中华人民共和国招标投标法》的规定，被邀请投标的单位不得少于三家。

7. 投标

投标是指作为承包方的投标人根据招标人的招标条件，向招标人提交其依照招标文件的要求所编制的文件，即在指定期限内填写标书，向招标人提出自己的报价，以期承包到该招标项目的行为。

1) 投标单位应具备的条件

(1) 投标人应当具备与投标项目相适应的技术力量、机械设备、人员、资金等方面的能力，具有承担该招标项目能力。

(2) 具有招标条件要求的资质等级，并为独立的法人单位。

(3) 承担过类似项目的相关工作，并有良好的工作业绩与履约记录。

(4) 企业财产状况良好，没有处于财产被接管、破产或其他关、停、并、转状态。

(5) 在最近 3 年没有骗取合同及其他经济方面的严重违法行为。

(6) 近几年有较好的安全记录，投标当年没有发生重大质量和特大安全事故。

2) 施工投标应满足的基本要求与程序

施工投标人是响应招标、参加投标竞争的法人或者其他组织。投标人除应具备承担招标的施工能力外，其投标本身还应满足下列基本要求。

(1) 投标人应当按照招标文件的要求提交编制文件，投标文件应当对招标文件提出的要求和条件做出实质性响应。

(2) 投标人应当在招标文件所要求提交招标文件的截止时间前，将投标文件送达投标地点。

(3) 投标人在招标文件要求提交投标文件的截止时间前，可以补充、修改或者撤回已提交的投标文件，并书面通知招标人。其补充、修改的内容为投标文件的组成部分。

(4) 投标人根据招标文件载明的项目实际情况，拟在中标后将中标项目的部分非主体、非关键性工作交由他人完成的，应当在投标文件中载明。

(5) 两个以上法人或者其他组织可以组成一个联合体，以一个投标人的身份共同投标。联合体各方均应当具备承担招标项目的相应能力；国家有关规定或者招标文件对投标人资格条件有规定的，联合体各方均应当具备规定的相应资格条件。

由同一专业的单位组成的联合体，按照资质等级较低的单位确定资质等级。联合体各方均应当签订共同投标协议，明确约定各方拟承担的工作和相应的责任，并将共同投标协议连同投标协议连同投标文件一并提交招标人。联合体中标的联合体各方应当共同与招标人签订合同，就中标项目向招标人承担连带责任，但是共同投标协议另有约定的除外。

招标人不得强制投标人组成联合体共同投标，不得限制投标人之间的竞争。

(6) 投标人不得相互串通投标报价，不得排挤其他投标人的公平竞争，损害招标人或者他人的合法权益。

投标人不得以低于合理预算成本的报价竞标，也不得以他人名义投标或者以其他方式弄虚作假，骗取中标。

3) 施工投标文件的内容

(1) 投标函即投标人的正式报价信。

(2) 施工组织设计或者施工方案。

(3) 投标报价。

(4) 对招标文件的确认或提出新的建议。

(5) 降低造价的建议和措施说明。

(6) 招标文件要求提供的其他资料。

4) 施工投标文件的编制应注意的问题

(1) 做好标识投标文件准备工作。

(2) 投标文件标识中，投标单位应根据招标文件和工程技术规范要求，并根据施工现场情况编制施工方案或施工组织设计。

(3) 投标单位必须使用招标文件中提供的表格格式。

(4) 投标报价应按招标文件中规定的各种因素和依据进行计算，应仔细核对，以保证投标报价的准确无误。

(5) 投标单位应提供不少于招标文件规定数额的投标保证金，此投标保证金是投标文件的一个组成部分。

(6) 投标文件的份数和签署。

5) 设备、材料投标文件的内容

(1) 投标书。

(2) 投标设备数量及价目表。

(3) 偏差说明书，即对招标文件某些要求有不同意见的说明。

(4) 证明投标单位资格的有关文件。

(5) 投标企业法人代表授权书。

(6) 投标保证金。

(7) 招标文件要求的其他需要说明的事项。

6) 设备、材料施工投标文件的编制应注意的问题

(1) 参与投标要正式购买招标文件，并以购到的招标文件中的指标为准编制投标文件。

(2) 在开具保函时，开户行级别、金额、有效期等都应符合招标文件的要求。

(3) 若是代理商，应尽早从生产厂家那里拿到正式委托书。

(4) 投标报价时应仔细计算运杂费、安装调试费、培训费等费用，并交代零配件供应及维修点设置。

(5) 所供应货物从技术规格与指标上应达到招标文件的要求。

(6) 所供应货物质量保证期应符合招标文件的要求并写明。

(7) 投标文件的份数和签署。

7) 建设工程施工投标报价

投标报价是投标人投标时响应招标文件要求所报出的对已标价工程量清单汇总后标明的总价，是投标人对承建招标工程所要发生的各种费用的承诺，是投标工作的中心环节，也是投标人中标的关键。这项工作对投标单位投标的成败和将来实施工程的盈亏起着决定性作用。

(1) 建设工程施工投标报价的计算依据。

① 招标人提供的招标文件。

② 招标人提供的设计图纸、工程量清单及有关的技术说明书等。

③ 国家及地区颁发的现行建筑、安装工程预算及与之相配套执行的各种费用定额规定等或计价规范。

④ 地方现行材料预算价格、采购地点及供应方式等。

⑤ 因招标文件及设计图纸等不明确，经咨询后由招标单位书面答复的有关资料。

⑥ 企业内部制定的有关取费、价格等的规定、标准。

⑦ 其他与报价计算有关的各项政策、规定及调整系数等。

在标价的计算过程中，对于不可预见费用的计算必须慎重考虑，不要遗漏。

(2) 投标报价的编制方法。

计算标价之前，应充分熟悉招标文件和施工图纸，了解设计意图、工程全貌，同时还要了解并掌握工程现场情况，并对招标单位提供的工程量清单进行审核。工程量确定后，即可进行标价的计算。

以定额计价模式投标报价，即采用的是单价法计算投标报价。即根据已审定的工程量，按照定额或市场的单价，逐项计算每个项目的合价，分别填入招标单位提供的工程量清单内，计算出全部直接费。再根据企业自定的各项费率及法定税率，依次计算出间接费、计划利润及税金，得出工程总造价。对整个计算过程，要反复进行审核，保证据以报价的基础和工程总造价的正确无误。

以工程量清单计价模式投标报价，即采用综合单价法计算投标报价。即所填入工程量清单中的单价，应包括人工费、材料费、机械费、措施费、间接费、利润、税金以及材料价差及风险金等全部费用。将全部单价汇总后，即得出工程总造价。

(3) 投标报价的决策与策略。

投标报价决策是指投标决策人召集算标人、高级顾问人员共同研究，就上述标价计算结果和标价的静态、动态风险分析进行讨论，做出调整计算标价的最后决定。

一般来说，报价决策并不仅限于具体计算，而是应当由决策人、高级顾问与算标人员一起，对各种影响报价的因素进行恰当的分析，除了对算标时提出的各种方案、基价、费用摊入系数等予以审定和进行必要的修正外，更重要的是要综合考虑期望的利润和承担风险的能力。低报价是中标的重要因素，但不是唯一因素。

投标策略是指承包商在投标竞争中的指导思想与系统工作部署及其参与投标竞争的方式。投标策略做出投标取胜的手段和艺术，贯穿于投标竞争的始终。在投标与否、投标项目的选择、投标报价等方面，无不包含投标策略。在施工投标中常用的策略有以下几种。

① 靠提高经营管理水平取胜。这主要靠做好施工组织设计，采取合理的施工技术和施工机械，精心采购材料、设备，选择可靠的分包单位，安排紧凑的施工进度，力求节省管理费用，从而有效地降低工程成本而获得较大的利润。

② 靠改进设计和缩短工期取胜。即仔细研究原设计图纸，发现有不够合理之处，提出能降低造价的修改设计建议，以提高对业主的吸引力。另外，靠缩短工期取胜，即比规定的工期有所缩短，达到早投产、早收益，有时甚至标价稍高，对业主也是很有吸引力的。

③ 低利政策。主要适用于承包任务不足时，与其坐吃山空，不如以低利承包到一些工程，还是有利的。此外，承包商初到一个新的地区，为了打入这个地区的承包市场，建立信誉，也往往采用这种策略。

④ 以退为进，加强索赔管理。有时虽然报价低，却着眼于施工索赔，也能赚到利润。

以上这些策略不是互相排斥的，可根据具体情况灵活运用。

(4) 投标报价的技巧。

在报价时，对什么工程定价应高，什么工程定价可低，或对某个工程，在总价无多大出入的情况下，对哪些单价宜高，哪些单价宜低，都有一定的技巧。技巧运用得好与坏，

在一定程度上可以决定工程能否中标和盈利。因此，它是不可忽视的一个环节。

① 根据招标项目的不同特点来采用不同的报价。

如遇到施工条件差的工程、专业要求高的技术密集型工程，而本公司在这方面又有专长，声望也较高；总价低的小工程以及自己不愿做、又不方便不投标的工程；特殊工程如港口码头、地下开挖工程、工期要求急的工程情况报价可高些。

如遇到施工条件好、结构比较简单、工程量大而一般公司都可以做的工程；本公司目前急于打入某一市场、某一地区，或在该地区面临工程结束，机械设备等无地转移时，本公司在附近有工程，而本项目又可利用该工程的设备、劳务，或有条件短期内突击完成的工程；投标对手多的竞争激烈的工程；非急需工程，支付条件好的工程，或短期能突击完成的工程，或投标竞争对手较多而企业又想中标的工程，报价可低一些。

② 不平衡报价法。

不平衡报价法是指在总价基本确定的前提下，调整项目和个别子项的报价，使其能够既不影响总报价，又在中标后可以获取较好的经济效益。

通常采用这种报价的情况有：对能早期回收进度款的项目(如土方、基础等)的单价可以报以较高价，以利于资金周转，存款也有利息；后期项目(如粉刷、油漆、电气等)单价可适当降低；估计到以后会增加工程量的项目单价可提高；工程量会减少的项目单价可降低。图纸不明确或有错误的、估计修改后单价要增加的项目，单价可提高；工程内容说明不清楚的，单价可降低等澄清后再要求提价。没有工程量而只需填报单价的项目(如土方中的挖淤泥、岩石等)，其单价可以抬高，这样做既不影响投标总价，以后发生时又可获利。对于暂定项目，其实施的可能性大的项目，价格可定高价。估计该工程不一定实施的项目则可定低价。

采用不平衡报价法，要注意单价调整时，不能太高也不能太低，一般来说，单价调整幅度不宜超过±10%。只有对投标单位具有特别优势的某些分项，才可适当增大调整幅度。

③ 零星用工(计日工)。

零星用工一般可稍高于项目单价表中的工资单价，原因是零星用工不属于承包总价的范围，发生时实报实销，可多获利。

④ 无利润投标。

这种办法一般是在以下情况下采用：有可能在夺标后，将大部分工程分包给索价较低的分包商，对于分期建设的项目，先以低价获得首期工程，为以后赢得二期工程创造条件，以获得后期利润；在较长的时期内，承包商没有在建工程项目，如果再不夺标，就难以维持生存。

另外还有多方案报价法、突然袭击法、低投标价夺标法(这是一种非常手段)、联保法等。

8.《建设工程工程量清单计价规范》(GB 50500—2013)有关条款

"投标报价"

1) 一般规定

(1) 投标价应由投标人或受其委托具有相应资质的工程造价咨询人编制。

(2) 投标人应依据本规范的规定自主确定投标报价。

(3) 投标报价不得低于工程成本。

(4) 投标人必须按招标工程量清单填报价格。项目编码、项目名称、项目特征、计量单位、工程量必须与招标工程量清单一致。

(5) 投标人的投标报价高于招标控制价的应予废标。

2) 编制与复核

(1) 投标报价应根据下列依据编制和复核。

① 本规范。

② 国家或省级、行业建设主管部门颁发的计价办法。

③ 企业定额，国家或省级、行业建设行政主管部门颁发的计价定额和计价办法。

④ 招标文件、招标工程量清单及其补充通知、答疑纪要。

⑤ 建设工程设计文件及相关资料。

⑥ 施工现场情况、工程特点及投标时拟定的施工组织设计或施工方案。

⑦ 与建设项目相关的标准、规范等技术资料。

⑧ 市场价格信息或工程造价管理机构发布的工程造价信息。

⑨ 其他的相关资料。

(2) 综合单价中应包括招标文件中划分的应由投标人承担的风险范围及其费用，招标文件中没有明确的，应提请招标人明确。

(3) 分部分项工程和措施项目中的单价项目，应根据招标文件和招标工程量清单项目中的特征描述确定综合单价计算。

(4) 措施项目中的总价项目金额应根据招标文件及投标时拟定的施工组织设计或施工方案，按本规范的规定自主确定。其中安全文明施工费应按照本规范的规定确定。

(5) 其他项目应按下列规定报价。

① 暂列金额应按招标工程量清单中列出的金额填写。

② 材料、工程设备暂估价应按招标工程量清单中列出的单价计入综合单价。

③ 专业工程暂估价应按招标工程量清单中列出的金额填写。

④ 计日工应按招标工程量清单中列出的项目和数量，自主确定综合单价并计算计日工金额。

⑤ 总承包服务费应根据招标工程量清单中列出的内容和提出的要求自主确定。

⑥ 规费和税金应按本规范的规定确定。

(6) 招标工程量清单与计价表中列明的所有需要填写单价和合价的项目，投标人均应填写且只允许有一个报价。未填写单价和合价的项目，可视为此项费用已包含在已标价工程量清单中其他项目的单价和合价之中。当竣工结算时，此项目不得重新组价予以调整。

(7) 投标总价应当与分部分项工程费、措施项目费、其他项目费和规费、税金的合计金额一致。

9. 招标标底

标底是指招标人根据招标项目的具体情况，编制的完成该项目施工所需的全部费用，是依据国家规定的计价依据和计价办法计算出来的工程造价。在国外，标底一般被称为"估算成本"(如世行、亚行等)、"合同估价"(如世贸组织《政府采购协议》)；台湾地区则将其称为"底价"。

　　我国的《招标投标法》没有明确规定招标工程是否必须设置标底价格，招标人可根据工程的实际情况自己决定是否需要编制标底。一般情况下，即使采用无标底招标方式进行工程招标，招标人在招标时还是需要对招标工程的建造费用做出估计，从而在心中有一个基本价格底数，同时也可对各个投标报价的合理性做出理性的判断。标底可以起到为招标人控制建设工程投资、为确定工程合同价格提供参考和衡量投标人投标报价是否合理。

　　标底价格必须以严肃认真的态度和科学的方法进行编制，应当实事求是，综合考虑和体现发包方与承包方的利益。招标人不得以各种原因任意压低标底价格。招标工程的标底价格可由具有编制招标文件能力的招标人自行编制，也可委托具有相应资质和能力的工程造价咨询机构、招标代理机构和监理单位编制。

　　招标标底价格的编制原则如下。

　　(1) 根据国家公布的统一工程项目划分，统一计量单位、统一计算规则以及施工图纸、招标文件，并参照国家、行业或地方批准发布的定额、行业、地方规定的技术标准规范以及市场价格确定的工程量编制标底。

　　(2) 按工程项目类别计价。

　　(3) 标底作为业主的期望价格，应力求与市场的实际变化吻合，要有利于竞争和保证工程质量。

　　(4) 标底由成本、利润、税金等组成，一般应该控制在批准的总概算及投资包干限额内。

　　(5) 标底应考虑人工、材料、设备、机械台班等价格变化因素，还应包括不可预见的费用、预算包干费、措施费、现场因素费用、保险以及采用固定价格的工程风险金等。

　　(6) 一个工程只能编制一个标底。

　　(7) 标底编制完成后，直至开标时，所有接触过标底的人员均负有保密责任，不得泄露。

　　标底文件的主要内容有标底编制说明，标底价格审定书，标底价格计算书，主要人工、材料、机械设备用量表。标底附件包括各种交底纪要，各种材料及设备的价格来源，现场的地质、水温、地上情况的有关资料，编制标底价格所依据的施工方案或施工组织设计，标底编制的有关价格等。标底价格的编制方法有：以定额计价法编制标底，包括单位估价法和定额实物量法；以工程量清单计价法编制标底，工料机单价、完全单价和综合单价。

10. 工程合同价款的确定

　　中华人民共和国住房和城乡建设部第 16 号令发布的自 2014 年 2 月 1 日起施行的《建筑工程施工发包与承包计价管理办法》规定，工程合同可以采用三种方式：总价合同、单价合同和成本加酬金合同。

　　1) 总价合同

　　总价合同是发承包双方约定以施工图及其预算和有关条件进行合同价款计算、调整和确认的建设工程施工合同。即在合同中确定一个完成项目的总价，承包商据此完成项目全部内容的合同，所以有时候把这种方式称为包干制。

　　固定总价合同的价格计算是以设计图纸、工程量及规范等为依据，承发包双方就承包工程协商一个固定的总价，即承包方按投标时发包方接受的合同价格实施工程，并一次包死，无特定情况不作变动。

　　采用这种合同，合同总价只有在设计和工程范围发生变更的情况下才能随之作相应的

变更，除此之外，合同总价一般不能变动。因此，采用固定总价合同，承包方要承担合同履行过程中的主要风险。在合同执行过程中，承发包双方均不能以工程量、设备和材料价格、工资等变动为理由，提出对合同总价调值的要求。所以，作为合同总价计算依据的设计图纸、说明、规定及规范需对工程做出详尽的描述，承包方要在投标时对一切费用上升的因素做出估计并将其包含在投标报价之中。承包方因为可能要为许多不可预见的因素付出代价，所以往往会加大不可预见费用，致使这种合同的投标价格较高。

固定总价合同一般适用于：招标时的设计深度已达到施工图设计要求，工程设计图纸完整齐全，项目范围及工程量计算依据确切，合同履行过程中不会出现较大的设计变更，承包方依据的报价工程量与实际完成的工程量不会有较大的差异。规模较小、技术不太复杂的中小型工程。承包方一般在报价时可以合理地预见到实施工程中可能遇到的各种风险。合同工期较短，一般为一年之内的工程。

2）单价合同

单价合同是发承包双方约定以工程量清单及其综合单价进行合同价款计算、调整和确认的建设工程施工合同。由项目业主单位或其招标代理人向投标的各承包商提供一套以某一具体工程为"标的"的招标文件，让他们以工程量清单的形式报价，由业主与承包商共同承担风险。采用单价合同的优点是由于提供了工程量清单，便于业主评标时相互对比，有利于决定中标人，给予业主一定的灵活性。但它也存在一定的缺陷，比如一旦工程量变化较大，或项目实施过程中大量增减内容，都会引起承包商的损失及引起纠纷和索赔。

固定单价合同分为：估算工程量单价与纯单价合同。

（1）估算工程量单价。是以工程量清单和工程单价表为基础和依据来计算合同价格的，亦可称为计量估价合同。估算工程量单价合同通常是由发包方提出工程量清单，列出分部分项工程量，由承包方以此为基础填报相应单价，累计计算后得出合同价格。但最后的工程结算价应按照实际完成的工程量来计算，即按合同中的分部分项工程单价和实际工程量，计算得出工程结算和支付的工程总价格。

采用这种合同时，要求实际完成的工程量与原估计的工程量不能有实质性的变更。因为承包方给出的单价是以相应的工程量为基础的，如果工程量大幅度增减可能影响工程成本。不过在实践中往往很难确定工程量究竟有多大范围的变更才算实质性变更，这是采用这种合同计价方式需要考虑的一个问题。有些固定单价合同规定，如果实际工程量与报价表中的工程量相差超过±10%时，允许承包方调整合同价。此外，也有些固定单价合同在材料价格变动较大时允许承包方调整单价。

采用估算工程量单价合同时，工程量是统一计算出来的，承包方只要经过复核后填上适当的单价，承担风险较小；发包方也只需审核单价是否合理即可，对双方都较为方便。由于具有这些特点，估算工程量单价合同是比较常见的一种合同计价方式。估算工程量单价合同大多用于工期长、技术复杂、实施过程中可能会发生各种不可预见因素较多的建设工程。在施工图不完整或当准备招标的工程项目内容、技术经济指标一时尚不能明确时，往往要采用这种合同计价方式。这样在不能精确地计算出工程量的条件下，可以避免使发包或承包的任何一方承担过大的风险。

（2）纯单价。采用这种计价方式的合同时，发包方只向承包方给出发包工程的有关分部分项工程以及工程范围，不对工程量作任何规定。即在招标文件中仅给出工程内各个分部分项工程一览表、工程范围和必要的说明，而不必提供实物工程量。承包方在投标时只需要对这类给定范围的分部分项工程做出报价即可，合同实施过程中按实际完成的工程量进行结算。

这种合同计价方式主要适用于没有施工图，或工程量不明，却急需开工的紧迫工程，如设计单位来不及提供正式施工图纸，或虽有施工图但由于某些原因不能比较准确地计算工程量时。当然，对于纯单价合同来说，发包方必须对工程范围的划分做出明确的规定，以使承包方能够合理地确定工程单价。

3) 成本加酬金合同

成本加酬金合同是发承包双方约定以施工工程成本再加合同约定酬金进行合同价款计算、调整和确认的建设工程施工合同。即业主向承包商支付实际成本并按事先约定的某一种方式支付酬金的合同。即将工程项目的实际投资划分成直接成本费和承包方完成工作后应得酬金两部分。工程实施过程中发生的直接成本费由发包方实报实销，再按合同约定的方式另外支付给承包方相应报酬。

这种合同计价方式主要适用于工程内容及技术经济指标尚未全面确定，投标报价的依据尚不充分的情况下，发包方因工期要求紧迫，必须发包的或者崭新的工程以及项目风险很大的工程；或者发包方与承包方之间有着高度的信任，承包方在某些方面具有独特的技术、特长或经验。由于在签订合同时，发包方提供不出可供承包方准确报价所必需的资料，报价缺乏依据，因此，在合同内只能商定酬金的计算方法。成本加酬金合同广泛地适用于工作范围很确定的工程和在设计完成之前就开始施工的工程。

以这种计价方式签订的工程承包合同，有两个明显缺点：一是发包方对工程总价不能实施有效的控制，二是承包方对降低成本也不太感兴趣。因此，采用这种合同计价方式，其条款必须非常严格。

按照酬金的计算方式不同，成本加酬金合同又分为以下几种形式。

(1) 成本加固定百分比酬金确定的合同价。

采用这种合同计价方式，承包方的实际成本实报实销，同时按照实际成本的固定百分比付给承包方一笔酬金。工程的合同总价表达式为

$$C=C_d+C_d×p \tag{3-50}$$

式中：C——合同价；

C_d——实际发生的成本；

P——双方事先商定的酬金固定百分比。

这种合同计价方式，工程总价及付给承包方的酬金随工程成本而水涨船高，这不利于鼓励承包商降低成本，正是由于这种弊病所在，使得这种合同计价方式很少被采用。

(2) 成本加固定金额酬金确定的合同价。

采用这种合同计价方式与成本加固定百分比酬金合同相似。其不同之处仅在于成本上所增加的费用是一笔固定金额的酬金。酬金一般是按估算工程成本的一定百分比确定，数额是固定不变的。计算表达式为

$$C=C_d+F \tag{3-51}$$

式中：F——双方约定的酬金具体数额。

这种计价方式的合同虽然也不能鼓励承包商关心和降低成本，但从尽快获得全部酬金

减少管理投入出发，会有利于缩短工期。

采用上述两种合同计价方式时，为了避免承包方企图获得更多的酬金而对工程成本不加控制，往往在承包合同中规定一些补充条款，以鼓励承包方节约工程费用的开支，降低成本。

(3) 成本加奖罚确定的合同价。

采用成本加奖罚合同，是在签订合同时双方事先约定该工程的预期成本(或称目标成本)和固定酬金，以及实际发生的成本与预期成本比较后的奖罚计算办法。在合同实施后，根据工程实际成本的发生情况，确定奖罚的额度，当实际成本低于预期成本时，承包方除可获得实际成本补偿和酬金外，还可根据成本降低额得到一笔奖金；当实际成本大于预期成本时，承包方仅可得到实际成本补偿和酬金，并视实际成本高出预期成本的情况，被处以一笔罚金。成本加奖罚合同的计算表达式为

$$C=C_d+F \qquad (C_d=C_0) \tag{3-52}$$
$$C=C_d+F+\Delta F \qquad (C_d<C_0) \tag{3-53}$$
$$C=C_d+F-\Delta F \qquad (C_d>C_0) \tag{3-54}$$

式中：C_0——签订合同时双方约定的预期成本；

ΔF——奖罚金额(可以是百分数，也可以是绝对数，而且奖与罚可以是不同计算标准)。

这种合同计价方式可以促使承包方关心和降低成本，缩短工期，而且目标成本可以随着设计的进展而加以调整，所以承发包双方都不会承担太大的风险，故这种合同计价方式应用较多。

(4) 最高限额成本加固定最大酬金。

在这种计价方式的合同中，首先要确定最高限额成本、报价成本和最低成本，当实际成本没有超过最低成本时，承包方花费的成本费用及应得酬金等都可得到发包方的支付，并与发包方分享节约额；如果实际工程成本在最低成本和报价成本之间，承包方只有成本和酬金可以得到支付；如果实际工程成本在报价成本与最高限额成本之间，则只有全部成本可以得到支付；实际工程成本超过最高限额成本，则超过部分，发包方不予支付。

这种合同计价方式有利于控制工程投资，并能鼓励承包方最大限度地降低工程成本。

4) 《建设工程工程量清单计价规范》(GB 50500—2013)有关条款

"合同价款约定"

1) 一般规定

(1) 实行招标的工程合同价款应在中标通知书发出之日起 30 天内，由发承包双方依据招标文件和中标人的投标文件在书面合同中约定。

合同约定不得违背招标、投标文件中关于工期、造价、质量等方面的实质性内容。招标文件与中标人投标文件不一致的地方，应以投标文件为准。

(2) 不实行招标的工程合同价款，应在发承包双方认可的工程价款基础上，由发承包双方在合同中约定。

(3) 实行工程量清单计价的工程，应采用单价合同；建设规模较小，技术难度较低，工期较短，且施工图设计已审查批准的建设工程可采用总价合同；紧急抢险、救灾以及施工技术特别复杂的建设工程可采用成本加酬金合同。

2) 约定内容

(1) 发承包双方应在合同条款中对下列事项进行约定。

① 预付工程款的数额、支付时间及抵扣方式。

② 安全文明施工措施的支付计划、使用要求等。

③ 工程计量与支付工程进度款的方式、数额及时间。

④ 工程价款的调整因素、方法、程序、支付及时间。

⑤ 施工索赔与现场签证的程序、金额确认与支付时间。

⑥ 承担计价风险的内容、范围以及超出约定内容、范围的调整办法。

⑦ 工程竣工价款结算编制与核对、支付及时间。

⑧ 工程质量保证金的数额、预留方式及时间。

⑨ 违约责任以及发生合同价款争议的解决方法及时间。

⑩ 与履行合同、支付价款有关的其他事项等。

(2) 合同中没有按照本规范的要求约定或约定不明的，若发承包双方在合同履行中发生争议由双方协商确定；当协商不能达成一致时，应按本规范的规定执行。

【课后任务】

一、根据本项目所学知识进行填空

1. 建设项目招标方式一般采取＿＿＿＿＿＿＿＿和＿＿＿＿＿＿＿＿两种方式进行。

2. 我国目前主要采用＿＿＿＿＿＿＿＿和＿＿＿＿＿＿＿＿方法编制标底。

3. 按照《招标法》的规定，单项工程合同估算价在＿＿＿＿＿＿＿＿万以上，必须进行招标。

4. 勘察设计、监理等服务的采购，单项合同估算价格在＿＿＿＿＿＿＿＿万以上，必须进行招标。

5. 邀请招标一般选择＿＿＿＿＿＿＿＿以上投标人参加投标。

6. 投标准备时间一般不得少于＿＿＿＿＿＿＿＿天。

7. 工程项目招投标阶段，开标应由＿＿＿＿＿＿＿＿主持。

二、根据本项目所学知识进行选择

1. 在用单价法编制施工图预算时，当施工图纸的某些设计要求与定额单价特征相差甚远或完全不同时，应(　　)。

　　A. 直接套用　　　　　　　　　　B. 按定额说明对定额基价进行调整

　　C. 按定额说明对定额基价进行换算　D. 编制补充单位估价表或补充定额

2. 施工图预算审查的主要内容不包括(　　)。

　　A. 审查工程量　　　　　　　　　B. 审查预算单价套用

　　C. 审查其他有关费用　　　　　　D. 审查材料代用是否合理

3. 审查施工图预算的方法很多，其中全面、细致、质量高的审查方法是(　　)。

　　A. 分组计算审查法　　　　　　　B. 对比法

　　C. 全面审查法　　　　　　　　　D. 筛选法

4. 在用单价法编制施工图预算过程中，单价是指(　　)。

　　A. 人工日工工资单价　　　　　　B. 材料单价

　　C. 施工机械台班单价　　　　　　D. 人、材、机单价

5. 工程招投标代理机构资格等级分为(　　)。

　　A. 甲级　　　　　B. 乙级　　　　　C. 暂定级　　　　　D. 一、二、三级

【能力拓展】

1. 某工程地砖分项清单工程量 100m²，地砖(500×500)为甲供材(指定价 10 元/块)，投标人所报综合单价为 60 元/m²，其中人工费 8 元/m²、地砖材料费 48 元/m²、机械使用费 1 元/m²、管理费 2 元/m²、利润 1 元/m²。

问题一：如果你是评标专家，上述案例你会提出什么质疑？

问题二：如果你是施工单位的造价员，针对评标专家的质疑你会做出如何解释？

问题三：此案例在实际评标过程中有何启示？

2. 某工程施工合同类型为固定单价合同。施工单位投标时螺纹钢筋材料价格是 4 000 元/吨，C30 商品混凝土价格是 340 元/m³。当地行业主管部门下发的标准造价管理信息参考价螺纹钢筋为 4 100 元/吨，C30 商品混凝土价格是 330 元/m³。开工以后遇到钢筋大量外调，钢材价格上涨为 4 500 元/吨，而混凝土公司新增 2 家，C30 商品混凝土价格是 320 元/m³。关于材料价格的风险承担，甲乙双方未在合同专用条款中明确规定。

问题一：请问这种情况是否应该调整合同价？

问题二：若应该调整，怎样调整钢筋及混凝土的单价？

3. 招标控制价中，分部分项工程清单与计价表的综合单价是怎样计算出来的？为什么没有综合单价分析表？

4. 编制招标控制价时，为什么将地下工程和地上工程分开编制？

5. 某施工单位投标报价时，造价员漏报了分部分项工程量清单中的一项综合单价，中标以后，在签订合同时，施工单位提出要调增合同价，你认为是否应该调整？为什么？

6. 某施工单位投标报价时为了降低工程造价，故意未报规费，这样报价是否属于不平衡报价？

项目4　建设工程施工阶段工程造价的确定与控制

【学习要点及目标】

❋　了解工程计量的依据和方法。

❋　掌握工程变更的处理程序和变更价款的确定方法。

❋　了解 FIDIC 合同条件下工程变更的范围、程序和变更计价。

❋　掌握索赔事项发生的原因、依据、处理程序和计算方法。

❋　掌握合同价款的调整事项。

❋　掌握安全文明施工费的支付方式。

【核心概念】

工程变更　索赔　不可抗力　误期补偿　现场签证　计日工　暂列金额　暂估价

【工作任务单】

引用项目三背景资料，开发公司委托某招标代理公司进行此建设项目的施工招标结束，确定了某建筑安装公司作为施工总承包单位，并于中标通知书发出后 15 天签订了施工合同。合同类型为固定单价合同，合同价款为 560 万元。依据合同，基础工程结束时，要拨付工程款。请编制基础工程进度结算。

该建筑安装公司的造价员编制了其中 3#住宅楼的阶段结算(见表 4-1～表 4-5)如下。

表 4-1　单位工程进度结算汇总表

工程名称：某旧村改造 3#住宅楼

序　号	汇总内容	计算公式	费　率	金额/元
1	分部分项工程费			1 489 958.77
2	措施项目费			371 391.44
2.1	总价措施项目清单			31 946.73

续表

序 号	汇总内容	计算公式	费 率	金额/元
2.2	单价措施项目清单			339 444.71
3	其他项目费			454 000
3.1	暂列金额			0
3.2	承包人分包的专业工程暂估价			0
3.3	特殊项目暂估价			400 000
3.4	计日工			0
3.5	总承包服务费			9 000
3.6	索赔			15 000
3.7	签证			30 000
3.8	暂估材料差价调整			0
3.9	风险材料差价调整			0
3.10	费用差价调整			0
4	规费前合计	1 489 958.77+371 391.44+454 000		2 315 350.21
5	规费			151 655.02
6	税金	2 315 350.21+151 655.02	3.48%	85 851.78
	合计			2 552 857.01

分部分项工程量清单计价表的格式内容与表 3-7 序号 1-54 地下工程部分类同,唯一的区别是综合单价执行该施工单位的投标报价中的单价。

表 4-2 总价措施项目清单计价表

工程名称:某旧村改造 3#住宅楼

序 号	项目名称	计算基础	费率/%	管理费	利 润	金额/元
1	夜间施工	1 313 464.11	0.7	459.71	285.02	9 938.98
2	二次搬运	1 313 464.11	0.6	394.04	244.3	8 519.12
3	冬、雨季施工	1 313 464.11	0.8	525.39	325.74	11 358.84
4	地上、地下设施、建筑物的临时保护设施					
5	已完工程及设备保护	1 313 464.11	0.15	98.51	61.08	2 129.79
	合计					31 946.73

单价措施项目清单与计价表同表 3-9 序号 1-20 地下工程措施项目。

表 4-3 其他项目清单计价汇总表

工程名称:某旧村改造 3#住宅楼

序 号	项目名称	计量单位	金额/元	备 注
1	暂列金额	项		
2	暂估价		400 000	
	承包人分包的专业工程暂估价	项		
	特殊项目暂估价	项	400 000	

序　号	项目名称	计量单位	金额/元	备　注
3	计日工			
4	总承包服务费		9 000	
5	索赔	元	15 000	见索赔估价
6	签证	元	30 000	见现场签证
7	暂估材料差价调整	元		
8	风险材料差价调整	元		
9	费用差价调整	元		
	小　计		454 000	

表 4-4　规费、税金项目清单计价表

工程名称：某旧村改造 3#住宅

序　号	项目名称	计算基础	费率/%	金额/元
1	规费			151 655.02
1.1	安全文明施工费			72 238.93
1.1.1	环境保护费	1 489 958.77+371 391.44+454 000.00	0.11%	2 546.89
1.1.2	文明施工费	1 489 958.77+371 391.44+454 000.00	0.29%	6 714.52
1.1.3	临时设施费	1 489 958.77+371 391.44+454 000.00	0.72%	16 670.52
1.1.4	安全施工费	1 489 958.77+371 391.44+454 000.00	2%	46 307
1.2	工程排污费	2 315 350.21	0.15%	3 473.03
1.3	住房公积金	248 035.06+92 823.95	3.60%	12 270.92
1.4	危险作业意外伤害保险	2 315 350.21	0.15%	3 473.03
1.5	社会保障费	2 315 350.21	2.60%	60 199.11
2	税金	2 315 350.21+151 655.02	3.48%	85 851.78

表 4-5　综合单价分析表

项目编码	010101002001		项目名称			挖一般土方					计量单位		m³

清单综合单价组成明细

定额编号	定额名称	单位/m³	数量	单　价				合　价			
				人工费	材料费	机械费	管理费和利润	人工费	材料费	机械费	管理费和利润
1-3-14	挖掘机挖普通土自卸汽车运 1km	10	282.933	5.76	1.21	120.63	9.97	1 629.69	342.91	34 131.59	2 821.09
1-2-1h	人工挖普通土深2m 内(人工×2.00)	10	14.891	291.84	0	0	24.38	4345.85	0	0	363.01
人工单价 64.00 元/工日		小　计						5 975.54	342.91	34 131.59	3 184.1
清单项目综合单价							43 634.15/2978.242 = 14.65				

说明：其他清单子目的综合单价分析表略。

4.1　建设工程施工阶段进度结算编制准备

4.1.1　工程计量

工程计量是指运用一定的划分方法和计算规则进行计算，并以物理计量单位或自然计量单位来表示分部分项工程或结构构件的数量的工作。工程计量是发承包双方根据合同约定，对承包人完成合同工程的数量进行的计算和确认。工程计量不仅是控制工程造价的关键环节，同时也可作为约束承包商履行合同义务、强化承包商合同意识的手段。

工程计量的依据有：①经审定的施工设计图纸及其说明；②质量合同书；③工程量清单计价规范、技术规范以及建筑工程消耗量定额；④审定的施工组织设计、施工技术措施方案和施工现场情况。

工程计量方法有以下几种。

(1) 均摊法：对清单中某些项目的合同价款，按合同工期平均计量。

(2) 凭据法：按照承包商提供的凭据进行计量支付。

(3) 估价法：按合同文件的规定，根据工程师估算的已完成的工程价值支付。

(4) 断面法：主要用于取土或填筑路堤土方的计量。

(5) 图纸法：在工程量清单中，许多项目按照设计图纸所示的尺寸进行计量。

(6) 分解计量法：将一个项目，根据工序或部位分解为若干子项。对完成的各子项进行计量支付。

常见的工程计量顺序有：①按先横后竖、先下后上、先左后右即按轴线编号的顺序计算。如计算挖沟槽、砖基础、墙体工程等。②按图纸上所注明的不同类别的构建、配件的编号顺序进行计算，如计算柱、梁、板等。实际工作中一般将以上两种顺序结合使用。

下面是《建设工程工程量清单计价规范》(GB 50500—2013)有关条款。

"工程计量"

1) 一般规定

(1) 工程量必须按照相关工程现行国家计量规范规定的工程量计算规则计算。

(2) 工程计量可选择按月或按工程形象进度分段计量，具体计量周期在合同中约定。

(3) 因承包人原因造成的超出合同工程范围施工或返工的工程量，发包人不予计量。

(4) 成本加酬金合同按本规范有关的规定计量。

2) 单价合同的计量

(1) 工程量必须以承包人完成合同工程应予计量的工程量确定。

(2) 施工中进行工程计量，当发现招标工程量清单中出现缺项、工程量偏差，或因工程变更引起工程量增减时，应按承包人在履行合同义务中完成的工程量计算。

(3) 承包人应当按照合同约定的计量周期和时间向发包人提交当期已完工程量报告。发包人应在收到报告后 7 天内核实，并将核实计量结果通知承包人。发包人未在约定时间内进行核实的，承包人提交的计量报告中所列的工程量应视为承包人实际完成的工程量。

(4) 发包人认为需要进行现场计量核实时，应在计量前 24 小时通知承包人，承包人应

为计量提供便利条件并派人参加。当双方均同意核实结果时，双方应在上述记录上签字确认。承包人收到通知后不派人参加计量，视为认可发包人的计量核实结果。发包人不按照约定时间通知承包人，致使承包人未能派人参加计量，计量核实结果无效。

(5) 当承包人认为发包人核实后的计量结果有误时，应在收到计量结果通知后的 7 天内向发包人提出书面意见，并应附上其认为正确的计量结果和详细的计算资料。发包人收到书面意见后，应在 7 天内对承包人的计量结果进行复核后通知承包人。承包人对复核计量结果仍有异议的，按照合同约定的争议解决办法处理。

(6) 承包人完成已标价工程量清单中每个项目的工程量并经发包人核实无误后，发承包双方应对每个项目的历次计量报表进行汇总，以核实最终结算工程量，并应在汇总表上签字确认。

4.1.2　工程变更及价款的确定

由于工程建设的周期长，涉及的经济关系和法律关系复杂，受客观因素的影响大，工程实际施工情况与招标投标时的工程情况相比往往会发生一些变化，合同工程实施过程中由发包人提出或由承包人提出经发包人批准的合同工程任何一项工作的增、减、取消或施工工艺、顺序、时间的改变，设计图纸的修改，施工条件的改变，招标工程量清单的错、漏都会引起合同条件的改变或工程量的增减变化，这些变化称为工程变更。

1. 工程变更的分类

工程变更包括设计变更、进度计划变更、施工条件变更、工程项目的变更等。鉴于设计变更在工程变更中的重要性，往往将工程变更分为设计变更和其他变更两大类。设计变更通常包括更改工程有关部分的标高、基线、位置、尺寸；增加或减少合同中任何工作，或追加额外的工作；取消合同中任何工作，但转由他人实施的工作除外；改变合同中任何工作的质量标准或其他特性；改变工程的时间安排或实施顺序。合同履行中除设计变更外，其他能够导致合同内容变更的都属于其他变更。

2. 工程变更的步骤

工程变更的步骤：①提出工程变更；②分析提出工程变更对项目目标的影响；③分析有关合同条款和会议纪要、通信记录；④向业主提交变更评估报告；⑤确认变更。

3. 工程变更处理程序

(1) 工程设计变更处理程序：发包人对原设计进行变更，施工中发包人如果需要对原工程设计进行变更，应提前 14 天以书面形式向承包人发出变更通知；承包人对原设计进行变更，承包人应严格按照图纸施工，不得随意变更设计。承包人未经工程师同意不得擅自更改或换用，否则承包人承担由此发生的费用，赔偿发包人的有关损失，延误的工期不予顺延。

(2) 其他变更处理程序：合同履行中发包人要求变更工程质量标准及发生其他实质性变更的，由双方协商解决。

4. 工程变更的控制

(1) 控制投资规模。

(2) 尽量减少设计变更。

(3) 控制施工条件变更。

(4) 业主要求的进度计划变更。

5. 工程变更价款的确定方法

因非承包人原因发生的工程变更,由业主承担费用支出并顺延工期;因承包人提出变更价款,报工程师批准后方可调整合同价或顺延工期。造价工程师对承包人所提出的变更价款,应按照有关规定进行审核、处理,主要有以下几个。

(1) 承包人在工程变更确定后 14 天内,提出变更工程价款的报告,经工程师确认后调整合同价。

(2) 承包人在双方确定变更后 14 天内不向工程师提出变更工程价款报告时,视为该项变更不涉及合同价款的变更。

(3) 工程师应在收到变更工程价款报告之日起 7 天内予以确认。

(4) 工程师不同意承包人提出的变更价款,可以和解或要求合同管理及其他有关主管部门调解。

(5) 工程师确认增加的工程变更价款作为追加合同价款,与工程款同期支付。

(6) 因承包人自身原因导致的工程变更,承包人无权要求追加合同价款。

6. FIDIC 合同条件下的工程变更的范围

(1) 改变合同中任何工作的工程量。

(2) 变更任何工作内容的质量或其他特性。

(3) 改变工程任何部分标高、位置和尺寸。

(4) 删减任何合同约定的工作内容。

(5) 改变原定的施工顺序或时间安排。

(6) 新增工程按单独合同对待。

7. FIDIC 合同条件下的工程变更的程序

工程师在业主授权范围内根据施工现场的实际情况,在确属需要时有权发布变更指示。指示的内容包括相抵的变更内容、变更项目的施工技术要求和有关部门文件图纸,以及变更处理的原则,要求承包人递交建议书后再确定的变更。

具体程序如下。

(1) 工程师将计划变更事项通知承包人,并要求其他递交实施变更的建议书。

(2) 承包人应尽快予以答复。

(3) 工程师做出是否变更的决定,尽快通知承包人说明批准与否或提出意见。

(4) 承包人在等待答复期间,不应延误任何工作。

(5) 工程师发出每一项实施变更的指示,应要求承包人记录支出的费用。

(6) 承包人提出的变更建议书、指示作为工程师决定是否实施变更的参考。

8. FIDIC 合同条件下承包人申请变更

承包人提出变更请求建议，承包人应自费编制此类建议书，如果由工程师批准的承包人建议包括对部分永久工程设计的改变。通用条件的条款规定如果双方没有其他协议，承包人应设计该部分工程，接受变更建议的计价。

9. 建设工程施工合同(示范文本)(GF—2013—0201)有关条款

1) 变更权

发包人和监理人均可以提出变更。变更指示均通过监理人发出，监理人发出变更指示前应征得发包人同意。承包人收到经发包人签认的变更指示后，方可实施变更。未经许可，承包人不得擅自对工程的任何部分进行变更。

涉及设计变更的，应由设计人提供变更后的图纸和说明。如变更超过原设计标准或批准的建设规模时，发包人应及时办理规划、设计变更等审批手续。

2) 变更程序

(1) 发包人提出变更。

发包人提出变更的，应通过监理人向承包人发出变更指示，变更指示应说明计划变更的工程范围和变更的内容。

(2) 监理人提出变更建议。

监理人提出变更建议的，需要向发包人以书面形式提出变更计划，说明计划变更工程范围和变更的内容、理由，以及实施该变更对合同价格和工期的影响。发包人同意变更的，由监理人向承包人发出变更指示。发包人不同意变更的，监理人无权擅自发出变更指示。

3) 变更执行

承包人收到监理人下达的变更指示后，认为不能执行，应立即提出不能执行该变更指示的理由。承包人认为可以执行变更的，应当书面说明实施该变更指示对合同价格和工期的影响，且合同当事人应当按照变更估价约定确定变更估价。

4) 变更估价

(1) 变更估价原则。

除专用合同条款另有约定外，变更估价按照本款约定处理。

① 已标价工程量清单或预算书有相同项目的，按照相同项目单价认定。

② 已标价工程量清单或预算书中无相同项目，但有类似项目的，参照类似项目的单价认定。

③ 变更导致实际完成的变更工程量与已标价工程量清单或预算书中列明的该项目工程量的变化幅度超过 15%的，或已标价工程量清单或预算书中无相同项目及类似项目单价的，按照合理的成本与利润构成的原则，由合同当事人按照"商定或确定"确定变更工作的单价。

(2) 变更估价程序。

承包人应在收到变更指示后 14 天内，向监理人提交变更估价申请。监理人应在收到承包人提交的变更估价申请后 7 天内审查完毕并报送发包人，监理人对变更估价申请有异议，通知承包人修改后重新提交。发包人应在承包人提交变更估价申请后 14 天内审批完毕。发包人逾期未完成审批或未提出异议的，视为认可承包人提交的变更估价申请。

因变更引起的价格调整应计入最近一期的进度款中支付。

10.《建设工程工程量清单计价规范》(GB 50500—2013)有关条款

签约合同价(合同价款)是发承包双方在工程合同中约定的工程造价，即包括了分部分项工程费、措施项目费、其他项目费、规费和税金的合同总金额。合同价款调整是在合同价款调整因素出现后，发承包双方根据合同约定，对合同价款进行变动的提出、计算和确认。

(1) 因工程变更引起已标价工程量清单项目或其工程数量发生变化时，应按照下列规定调整。

① 已标价工程量清单中有适用于变更工程项目的，应采用该项目的单价；但当工程变更导致该清单项目的工程数量发生变化，且工程量偏差超过 15%时，该项目单价应按照本规范的规定调整。

② 已标价工程量清单中没有适用但有类似于变更工程项目的，可在合理范围内参照类似项目的单价。

③ 已标价工程量清单中没有适用也没有类似于变更工程项目的，应由承包人根据变更工程资料、计量规则和计价办法、工程造价管理机构发布的信息价格和承包人报价浮动率提出变更工程项目的单价，并应报发包人确认后调整。承包人报价浮动率可按下列公式计算。

招标工程：

承包人报价浮动率 L=(1-中标价/招标控制价)×10%

非招标工程：

承包人报价浮动率 L-(1-报价/施工图预算) ×100%

④ 已标价工程量清单中没有适用也没有类似于变更工程项目，且工程造价管理机构发布的信息价格缺价的，应由承包人根据变更工程资料、计量规则、计价办法和通过市场调查等取得有合法依据的市场价格提出变更工程项目的单价，并应报发包人确认后调整。

(2) 工程变更引起施工方案改变并使措施项目发生变化时，承包人提出调整措施项目费的，应事先将拟实施的方案提交发包人确认，并应详细说明与原方案措施项目相比的变化情况。拟实施的方案经发承包双方确认后执行，并应按照下列规定调整措施项目费。

① 安全文明施工费应按照实际发生变化的措施项目依据本规范的规定计算。

② 采用单价计算的措施项目费，应按照实际发生变化的措施项目，按本规范的规定确定单价。

③ 按总价(或系数)计算的措施项目费，按照实际发生变化的措施项目调整，但应考虑承包人报价浮动因素，即调整金额按照实际调整金额乘以本规范规定的承包人报价浮动率计算。

如果承包人未事先将拟实施的方案提交给发包人确认，则应视为工程变更不引起措施项目费的调整或承包人放弃调整措施项目费的权利。

(3) 当发包人提出的工程变更因非承包人原因删减了合同中的某项原定工作或工程，致使承包入发生的费用或(和)得到的收益不能被包括在其他已支付或应支付的项目中，也未被包含在任何替代的工作或工程中时，承包人有权提出并应得到合理的费用及利润补偿。

4.1.3　索赔控制

索赔是指在工程合同履行过程中，合同当事人一方因非己方的原因而遭受损失，按合同约定或法律法规规定应由对方承担责任，从而向对方提出补偿的要求。

1. 常见的施工索赔的原因

(1) 不利的自然条件引起的索赔：主要是指承包商在施工中发现地基的地质条件与勘察报告不符，地下障碍物增多，地质构造，土壤持力层深度、硬度与设计不符而给施工带来的额外的费用。

(2) 业主要求的变化引起的索赔：主要表现在工期方面、质量方面、设计方面、合同方面、工程款支付方面。

(3) 法律、货币及汇率变化引起的索赔。

(4) 物价方面原因引起的索赔。

(5) 监理及第三方原因引起的索赔。

(6) 风险引起的索赔：主要包括合同风险、业主风险、不可抗力等。

2. 索赔的依据

(1) 原始依据：包括招标文件、投标文件和工程师批准的施工进度计划等。

(2) 后续合约。

(3) 施工记录。

(4) 辅助资料。

(5) 索赔额度计算依据：包括承包商对本工程的基本工料分析说明、工程计划网络图。

3. 索赔的内容

索赔内容主要包括工期索赔和费用索赔，其次还有利润索赔。工期索赔是指承包商向业主要求延长施工的时间，即将原定的竣工日期顺延一段合理的时间。

《标准施工招标文件》中合同条款规定的可以合理补偿。承包人索赔的条款见表4-6。

表4-6　承包人索赔的条款

序　号	条款号	主要内容	可补偿内容		
			工期	费用	利润
1	1.10.1	施工过程发现文物、古迹以及其他遗迹、化石、钱币或物品	√	√	
2	4.11.2	承包人遇到不利物质条件	√	√	
3	5.2.4	发包人要求向承包人提前交付材料和工程设备		√	
4	5.2.6	发包人提供的材料和工程设备不符合合同要求	√	√	√
5	8.3	发包人提供资料错误导致承包人的返工或造成工程损失	√	√	√
6	11.3	发包人的原因造成工期延误	√	√	√

序　号	条款号	主要内容	可补偿内容		
			工期	费用	利润
7	11.4	异常恶劣的气候条件	√		
8	11.6	发包人要求承包人提前竣工		√	
9	12.2	发包人原因引起的暂停施工	√	√	√
10	12.4.2	发包人原因造成暂停施工后无法按时复工	√	√	√
11	13.1.3	发包人原因造成工程质量达不到合同约定验收标准的	√	√√	√
12	13.5.3	监理人对隐蔽工程重新检查，经检验证明工程质量符合合同要求的	√	√	√
13	16.2	法律变化引起的价格调整		√	
14	18.4.2	发包人在全部工程竣工前，使用已接受的单位工程导致承包人费用增加的	√	√	√
15	18.6.2	发包人的原因导致试运行失败的		√	√
16	19.2	发包人原因导致的工程缺陷和损失		√	√
17	21.3.1	不可抗力	√		

个别条款中术语的解释如下。

(1) 不利物质条件：是指有经验的承包人在施工现场遇到的不可预见的自然物质条件、非自然的物质障碍和污染物，包括地表以下物质条件和水文条件以及专用合同条款约定的其他情形，但不包括气候条件。

承包人遇到不利物质条件时，应采取克服不利物质条件的合理措施继续施工，并及时通知发包人和监理人。通知应载明不利物质条件的内容以及承包人认为不可预见的理由。监理人经发包人同意后应当及时发出指示，指示构成变更的，按《建设工程施工合同》示范文本"变更"条款的约定执行。承包人因采取合理措施而增加的费用和(或)延误的工期由发包人承担。

(2) 异常恶劣的气候条件：是指在施工过程中遇到的，有经验的承包人在签订合同时不可预见的，对合同履行造成实质性影响的，但尚未构成不可抗力事件的恶劣气候条件。合同当事人可以在专用合同条款中约定异常恶劣的气候条件的具体情形。

承包人应采取克服异常恶劣的气候条件的合理措施继续施工，并及时通知发包人和监理人。监理人经发包人同意后应当及时发出指示，指示构成变更的，按《建设工程施工合同》示范文本"变更"条款约定办理。承包人因采取合理措施而增加的费用和(或)延误的工期由发包人承担。

(3) 暂停施工：监理人发出暂停施工指示后 56 天内未向承包人发出复工通知，除该项停工属于承包人原因引起的暂停施工及不可抗力约定的情形外，承包人可向发包人提交书面通知，要求发包人在收到书面通知后 28 天内准许已暂停施工的部分或全部工程继续施工。发包人逾期不予批准的，则承包人可以通知发包人，将工程受影响的部分视为按《建设工程施工合同》示范文本"变更的范围"条款的第(2)项的可取消工作。

暂停施工持续 84 天以上不复工的，且不属于承包人原因引起的暂停施工及不可抗力约定的情形，并影响到整个工程以及合同目的实现的，承包人有权提出价格调整要求，或者解除合同。解除合同的，按照《建设工程施工合同》示范文本"因发包人违约解除合同"条款执行。

暂停施工期间，承包人应负责妥善照管工程并提供安全保障，由此增加的费用由责任方承担。

暂停施工期间，发包人和承包人均应采取必要的措施确保工程质量及安全，防止因暂停施工扩大损失。

(4) 不可抗力：是指合同当事人在签订合同时不可预见，在合同履行过程中不可避免且不能克服的自然灾害和社会性突发事件，如地震、海啸、瘟疫、骚乱、戒严、暴动、战争和《建设工程施工合同》专用合同条款中约定的其他情形。

不可抗力发生后，发包人和承包人应收集证明不可抗力发生及不可抗力造成损失的证据，并及时认真统计所造成的损失。合同当事人对是否属于不可抗力或其损失的意见不一致的，由监理人按《建设工程施工合同》示范文本"商定或确定"条款的约定处理。

工程索赔的处理必须以合同为依据，及时、合理地处理索赔，加强主动控制，减少工期索赔。费用的索赔涉及人工费、材料费、施工机械使用费、分包费用、工地管理费、利息、总部管理费、利润。

4. 索赔的计算方法

费用索赔的计算方法有：①总费用法，计算出索赔工程的总费用，减去原合同报价，即得索赔金额；②修正的总费用法；③实际费用法。工期索赔的计算方法主要有网络图分析法和比例分析法。

实际费用法是费用索赔最常用的方法。一般是先计算与索赔事件有关的直接费用，然后计算应分摊的管理费、利润等。在施工过程中，系统而准确地积累索赔事项记录资料非常重要。

1) 人工费索赔

人工费索赔包括完成合同范围之外的额外工作所花费的人工费用，由于发包人原因造成承包方工效降低、人员窝工或法定的人工增长所增加的人工费用。

2) 材料费索赔

材料费索赔包括完成合同范围之外的额外工作所增加的材料费，由于发包人原因造成材料实际用量超过计划用量而增加的材料费，由于发包人原因造成的工期延误所导致的材料价格上涨和材料超期储存费用，有经验的承包人不能预料的材料价格大幅度上涨等。

3) 施工机械使用费索赔

施工机械使用费索赔包括完成合同范围之外的额外工作所增加的机械使用费，由于发包人原因造成的工效降低、机械停滞所增加的机械使用费。机械停滞费的计算，如为租赁机械，一般按实际租金计算(应扣除运行使用费用)；如为承包人自有机械，一般按机械折旧费加机上人工费计算。

4) 管理费索赔

管理费索赔包括完成合同范围之外的额外工作、工期延误所增加的管理费。参照国际管理有两种计算方法。

(1) 日费率分摊法。其计算公式为

$$日管理费 = \frac{合同价款中包括的管理费}{合同工期} \qquad (4\text{-}1)$$

$$管理费索赔额 = 日管理费 \times 合同延误天数 \qquad (4\text{-}2)$$

(2) 直接费分摊法。其计算公式为

$$单位直接费的管理费率 = \frac{管理费总额}{总直接费} \times 100\% \qquad (4\text{-}3)$$

$$管理费索赔额 = 索赔直接费 \times 单位直接费的管理费率 \qquad (4\text{-}4)$$

5) 利润

工程范围的变更引起的索赔，可以计算利润索赔。如因发包人原因造成工程终止，承包人可以对合同利润未实现的部分提出索赔要求。即在工程成本的基础上，乘以原报价利润率，作为利润索赔。

【例 4-1】 某工程施工过程中，由于发包人委托的另一承包人进行场区道路施工，影响了承包人正常的混凝土浇筑作业。工程师已审批了原预算和降效施工的资料如下：受影响部分的工程原预算用工 2 200 工日，原预算人工单价 40 元/工日，原预算机械台班 360 台班，机械台班单价 180 元/台班，受施工干扰后，完成这部分工程实际用工 2 800 工日，实际支出 45 元/工日，实际用机械 410 台班，实际支出 200 元/台班。请问承包人应怎么计算费用索赔？

人工费索赔：(2 800-2 200)×40=24 000(元)

机械使用费索赔：(410-360)×180=9 000(元)

【例 4-2】 某工业厂房(带地下室)的施工合同签订后，承包人编制的施工方案和进度计划已获工程师批准。该工程的基坑开挖土方量为 4 500m³，直接工程费单价为 14.2 元/m³，综合费率为 20%(包含规费、税金)。承包人投标报价的零星工作项目计价表中人工费单价 60 元/工日，因增加用工而增加的管理费为人工费的 30%。该基坑开挖施工方案规定：土方工程采用租赁 1 台斗容量为 1m³ 的反铲挖掘机施工，租赁费 1 500 元/台班，其中运转费用 700 元/台班。双方约定 5 月 11 日开工，5 月 20 日完工。实际施工中发生了以下事件，承包人及时提出索赔。

(1) 因租赁的挖掘机大修，延迟开工 2 天，造成人员窝工 10 个工日。

(2) 施工过程中因遇松软土层，接到工程师 5 月 15 日停工指令，进行地质复查，配合用工 15 个工日。

(3) 5 月 19 日接到工程师的 5 月 20 日复工令及基坑开挖深度增加 2m 的设计变更单，由此增加土方开挖量 900m³。

(4) 5 月 20 日—5 月 22 日，因下大雨迫使基坑开挖暂停，造成人员窝工 10 个工日。

(5) 5 月 23 日用 30 个工日修复冲坏的永久道路，5 月 24 日恢复开挖工作，5 月 30 日完工。

甲方对上述事件索赔处理意见如下。

事件(1)不能索赔，因为租赁的挖掘机属于承包人的责任。

事件(2)可以索赔，因为地质条件变化属于发包人的责任，可延长工期 5 天(15—19 日)。费用索赔为

① 人工费：15×60×(1+30%)=1 170(元)

② 机械费：(1 500-700)×5=4 000(元)

事件(3)可以索赔，因为设计变更属于发包方的责任。根据工程师批准的进度计划，原产量为 4 500m³÷10=450(m³/天)，现增加 900m³ 土方量，因此延长工期 2 天。费用索赔为：900×14.2×(1+20%)=15 336(元)

事件(4)可以索赔，因大雨迫使停工，根据合同不可抗力的条款，可延长工期 3 天(20—22 日)，但费用不予补偿。

事件(5)可以索赔，因雨后修复冲坏的永久道路属于发包人的责任。可延长工期 1 天(23 日)。费用索赔为

① 人工费：30×60×(1+30%)=2 340(元)

② 机械费：800×1=800(元)

以上合计延长工期 11 天，费用索赔总额为

1 170+4 000+15 336+2 340+800=23 646(元)

5.《建设工程工程量清单计价规范》(GB 50500—2013)有关条款

(1) 当合同一方向另一方提出索赔时，应有正当的索赔理由和有效证据，并应符合合同的相关约定。

(2) 根据合同约定，承包人认为非承包人原因发生的事件造成了承包人的损失，应按下列程序向发包人提出索赔。

① 承包人应在知道或应当知道索赔事件发生后 28 天内，向发包人提交索赔意向通知书，说明发生索赔事件的事由。承包人逾期未发出索赔意向通知书的，丧失索赔的权利。

② 承包人应在发出索赔意向通知书后 28 天内，向发包人正式提交索赔通知书。索赔通知书应详细说明索赔理由和要求，并应附必要的记录和证明材料。

③ 索赔事件具有连续影响的，承包人应继续提交延续索赔通知，说明连续影响的实际情况和记录。

④ 在索赔事件影响结束后的 28 天内，承包人应向发包人提交最终索赔通知书，说明最终索赔要求，并应附必要的记录和证明材料。

(3) 承包人索赔应按下列程序处理。

① 发包人收到承包人的索赔通知书后，应及时查验承包人的记录和证明材料。

② 发包人应在收到索赔通知书或有关索赔的进一步证明材料后的 28 天内，将索赔处理结果答复。

③ 承包人接受索赔处理结果的，索赔款项应作为增加合同价款，在当期进度款中进行支付；承包人不接受索赔处理结果的，应按合同约定的争议解决方式办理。

(4) 承包人要求赔偿时，可以选择下列一项或几项方式获得赔偿。

① 延长工期。

② 要求发包人支付实际发生的额外费用。

③ 要求发包人支付合理的预期利润。

④ 要求发包人按合同的约定支付违约金。

(5) 当承包人的费用索赔与工期索赔要求相关联时，发包人在做出费用索赔的批准决定时，应结合工程延期，综合做出费用赔偿和工程延期的决定。

(6) 发承包双方在按合同约定办理了竣工结算后，应被认为承包人已无权再提出竣工结算前所发生的任何索赔。承包人在提交的最终结清申请中，只限于提出竣工结算后的索赔，提出索赔的期限应自发承包双方最终结清时终止。

(7) 根据合同约定，发包人认为由于承包人的原因造成发包人的损失，宜按承包人索赔的程序进行索赔。

(8) 发包人要求赔偿时，可以选择下列一项或几项方式获得赔偿。

① 延长质量缺陷修复期限。

② 要求承包人支付实际发生的额外费用。

③ 要求承包人按合同的约定支付违约金。

(9) 承包人应付给发包人的索赔金额可从拟支付给承包人的合同价款中扣除，或由承包人以其他方式支付给发包人。

4.2 建设工程施工阶段进度结算编制实施

工程结算是发承包双方根据合同约定，对合同工程在实施中、终止时、已完工后进行的合同价款计算、调整和确认。包括期中结算、终止结算、竣工结算。

工程款的主要结算方式有按月结算、分段结算、竣工后一次结算和目标借款方式。

4.2.1 施工阶段工程款计算

1. 工程预付款及其计算

1) 决定预付款的限额的主要因素

决定预付款的限额的主要因素有主要材料占工程造价的比重、材料储备期及施工工期。预付款一般为合同总价的 10%～15%。一般来说，材料占工程造价的比重越大，预付款的比例就越大，但不宜超过 30%。

2) 预付款的扣回

发包单位拨付给承包单位的备料款属于预支性质，当工程实施后，随着工程所需主要材料储备的逐步减少，应以抵充工程款的方式陆续扣回。预付的工程款必须在施工合同中约定起扣的时间和比例等，在工程进度款中进行抵扣。

一般情况下，工程进度达到 60%左右时，开始抵扣预付款。起扣点计算公式为

$$起扣点已完工程价值=施工合同总值-\frac{预付款}{主要材料比重} \tag{4-5}$$

工程进度款的支付(中间结算)：首先进行工程量测量与统计，施工单位提交已完工程价款结算报告，经监理工程师核实并确认、建设单位认可并审批之后支付工程进度款。注意要按财政部建设部关于印发《建设工程价款结算暂行办法》的通知财建〔2004〕369 号文规定的程序进行。

3) 工程保险金(尾留款)的预留

工程保险金(尾留款)即工程质量保修金，又称质量保证金，是指发包人与承包人在建设工程承包合同中约定或施工单位在工程保修书中承诺，在建筑工程竣工验收交付使用后，

从应付的建设工程款中预留的用以维修建筑工程在保修期限内和保修范围内出现的质量问题的资金。一般为竣工结算总造价的 5%。

4) 工程价款动态结算和价差调整

动态调整的主要方法有实际价格结算法、工程造价指数调整法、调价文件计算法和调值公式法。

2.《建设工程工程量清单计价规范》(GB 50500—2013)有关条款

"合同价款期中支付"

1) 预付款

预付款是在开工前，发包人按照合同约定，预先支付给承包人用于购买合同工程施工所需的材料、工程设备，以及组织施工机械和人员进场等的款项。

(1) 承包人应将预付款专用于合同工程。

(2) 包工包料工程的预付款的支付比例不得低于签约合同价(扣除暂列金额)的 10%，不宜高于签约合同价(扣除暂列金额)的 30%。

(3) 承包人应在签订合同或向发包人提供与预付款等额的预付款保函后向发包人提交预付款支付申请。

(4) 发包人应在收到支付申请的 7 天内进行核实，向承包人发出预付款支付证书，并在签发支付证书后的 7 天内向承包人支付预付款。

(5) 发包人没有按合同约定按时支付预付款的，承包人可催告发包人支付；发包人在预付款期满后的 7 天内仍未支付的，承包人可在付款期满后的第 8 天起暂停施工。发包人应承担由此增加的费用和延误的工期，并应向承包人支付合理利润。

(6) 预付款应从每一个支付期应支付给承包人的工程进度款中扣回，直到扣回的金额达到合同约定的预付款金额为止。

(7) 承包人的预付款保函的担保金额根据预付款扣回的数额相应递减，但在预付款全部扣回之前一直保持有效。发包人应在预付款扣完后的 14 天内将预付款保函退还给承包人。

2) 安全文明施工费

(1) 安全文明施工费包括的内容和使用范围，应符合国家有关文件和计量规范的规定。

(2) 发包人应在工程开工后的 28 天内预付不低于当年施工进度计划的安全文明施工费总额的 60%，其余部分应按照提前安排的原则进行分解，并应与进度款同期支付。

(3) 发包人没有按时支付安全文明施工费的，承包人可催告发包人支付；发包人在付款期满后的 7 天内仍未支付的，若发生安全事故，发包人应承担相应责任。

(4) 承包人对安全文明施工费应专款专用，在财务账目中应单独列项备查，不得挪作他用，否则发包人有权要求其限期改正；逾期未改正的，造成的损失和延误的工期应由承包人承担。

3) 进度款

进度款是在合同工程施工过程中，发包人按照合同约定对付款周期内承包人完成的合同价款给予支付的款项，也是合同价款期中结算支付。

(1) 发承包双方应按照合同约定的时间、程序和方法，根据工程计量结果，办理期中价款结算，支付进度款。

(2) 进度款支付周期应与合同约定的工程计量周期一致。

(3) 已标价工程量清单中的单价项目，承包人应按工程计量确认的工程量与综合单价计算；综合单价发生调整的，以发承包双方确认调整的综合单价计算进度款。

(4) 已标价工程量清单中的总价项目和按照本规范第 8.3.2 条规定形成的总价合同，承包人应按合同中约定的进度款支付分解，分别列入进度款支付申请中的安全文明施工费和本周期应支付的总价项目的金额中。

(5) 发包人提供的甲供材料金额，应按照发包人签约提供的单价和数量从进度款支付中扣除，列入本周期应扣减的金额中。

(6) 承包人现场签证和得到发包人确认的索赔金额应列入本周期应增加的金额中。

(7) 进度款的支付比例按照合同约定，按期中结算价款总额计，不低于 60%，不高于 90%。

(8) 承包人应在每个计量周期到期后的 7 天内向发包人提交已完工程进度款支付申请一式四份，详细说明此周期认为有权得到的款额，包括分包人已完工程的价款。支付申请应包括下列内容。

Ⅰ 累计已完成的合同价款。

Ⅱ 累计已实际支付的合同价款。

Ⅲ 本周期合计完成的合同价款。

① 本周期已完成单价项目的金额。

② 本周期应支付的总价项目的金额。

③ 本周期已完成的计日工价款。

④ 本周期应支付的安全文明施工费。

⑤ 本周期应增加的金额。

Ⅳ 本周期合计应扣减的金额。

① 本周期应扣回的预付款。

② 本周期应扣减的金额。

Ⅴ 本周期实际应支付的合同价款。

(9) 发包人应在收到承包人进度款支付申请后的 14 天内，根据计量结果和合同约定对申请内容予以核实，确认后向承包人出具进度款支付证书。若发承包双方对部分清单项目的计量结果出现争议，发包人应对无争议部分的工程计量结果向承包人出具进度款支付证书。

(10) 发包人应在签发进度款支付证书后的 14 天内，按照支付证书列明的金额向承包人支付进度款。

(11) 若发包人逾期未签发进度款支付证书，则视为承包人提交的进度款支付申请已被发包人认可，承包人可向发包人发出催告付款的通知。发包人应在收到通知后的 14 天内，按照承包人支付申请的金额向承包人支付进度款。

(12) 发包人未按照本规范的规定支付进度款的，承包人可催告发包人支付，并有权获得延迟支付的利息；发包人在付款期满后的 7 天内仍未支付的，承包人可在付款期满后的第 8 天起暂停施工。发包人应承担由此增加的费用和延误的工期，向承包人支付合理利润，并应承担违约责任。

(13) 发现已签发的任何支付证书有错、漏或重复的数额，发包人有权予以修正，承包人也有权提出修正申请。经发承包双方复核同意修正的，应在本次到期的进度款中支付或扣除。

4.2.2 施工阶段资金使用计划的编制

1. 资金使用计划的编制方法

一个建设项目可以由多个单项工程组成，每个单项工程还可以由多个单位工程组成，而单位工程又可以分解为若干个分部分项工程。

1) 按项目结构分解的资金使用计划

具体方法：①完成工程分解结构工作；②分配过程费用；③完成工程分解结构的费用计划；④完成工程结构编制的资金使用计划表。

2) 按照工程进度分解的资金使用计划

具体方法：①编制工程进度计划；②根据每单位时间内完成的实物工程量或投入的人力、物力和财力，计算单位时间的成本；③计算规定时间计划累计完成的成本额，其计算方法是将各单位时间计划完成的费用额累加求和。

2. 投资偏差与进度偏差

投资偏差与进度偏差是指施工过程的随机因素与风险因素的影响形成了实际投资与计划投资、实际工程进度与计划工程进度的差异，称为投资偏差与进度偏差，这些偏差即是施工阶段工程造价计算与控制的对象。

投资偏差＝已完工程实际投资－已完工程计划投资

进度偏差＝已完工程实际时间－已完工程计划时间

进度偏差＝拟完工程计划投资－已完工程计划投资

所谓拟完工程计划投资是指根据进度计划安排在某一确定时间内所应完成的工程内容的计划投资。进度偏差为正值时，表示工期拖延；结果为负值时，表示工期提前。

投资偏差具体又分为局部偏差和累计偏差、绝对偏差和相对偏差。

偏差分析方法有：①横道图法，简单直观，便于了解项目投资费用的概貌，但这种方法信息量较少，主要反映累计偏差和局部偏差，因而其应用有一定的局限性；②表格法，是进行偏差分析最常用的一种方法；③曲线法，使用费用-时间曲线进行偏差分析的一种方法。

投资偏差产生的原因有以下两个。

(1) 客观因素：包括自然因素(气象条件、资质条件、环境条件⋯⋯)、社会因素(物价调整、法规修订、城市规划⋯⋯)。

(2) 主观因素：包括业主原因(手续、协调、组织⋯⋯)、设计原因(功能、标准、水平⋯⋯)、施工原因(队伍组织、施工方案、质量标准、进度安排、技术能力⋯⋯)、供应原因(材料、机械、任务、构配件⋯⋯)。

纠正偏差的措施包括组织措施、经济措施、技术措施、合同措施。

4.2.3 《建设工程工程量清单计价规范》(GB 50500—2013)有关条款

1. 一般规定

(1) 下列事项(但不限于)发生，发承包双方应当按照合同约定调整合同价款。

① 法律法规变化。

② 工程变更。

③ 项目特征不符。

④ 工程量清单缺项。

⑤ 工程量偏差。

⑥ 计日工。

⑦ 物价变化。

⑧ 暂估价。

⑨ 不可抗力。

⑩ 提前竣工(赶工补偿)。

⑪ 误期赔偿。

⑫ 索赔。

⑬ 现场签证。

⑭ 暂列金额。

⑮ 发承包双方约定的其他调整事项。

(2) 出现合同价款调增事项(不含工程量偏差、计日工、现场签证、索赔)后的 14 天内，承包人应向发包人提交合同价款调增报告并附上相关资料；承包人在 14 天内未提交合同价款调增报告的，应视为承包人对该事项不存在调整价款请求。

(3) 出现合同价款调减事项(不含工程量偏差、索赔)后的 14 天内，发包人应向承包人提交合同价款调减报告并附相关资料；发包人在 14 天内未提交合同价款调减报告的，应视为发包人对该事项不存在调整价款请求。

(4) 发(承)包人应在收到承(发)包人合同价款调增(减)报告及相关资料之日起 14 天内对其核实，予以确认的应书面通知承(发)包人。当有疑问时，应向承(发)包人提出协商意见。发(承)包人在收到合同价款调增(减)报告之日起 14 天内未确认也未提出协商意见的，应视为承(发)包人提交的合同价款调增(减)报告已被发(承)包人认可。发(承)包人提出协商意见的，承(发)包人应在收到协商意见后的 14 天内对其核实，予以确认的应书面通知发(承)包人。承(发)包人在收到发(承)包人的协商意见后 14 天内既不确认也未提出不同意见的，应视为发(承)包人提出的意见已被承(发)包人认可。

(5) 发包人与承包人对合同价款调整的不同意见不能达成一致的，只要对发承包双方履约不产生实质影响，双方应继续履行合同义务，直到其按照合同约定的争议解决方式得到处理。

(6) 经发承包双方确认调整的合同价款，作为追加(减)合同价款，应与工程进度款或结算款同期支付。

2. 法律法规变化

(1) 招标工程以投标截止日前 28 天、非招标工程以合同签订前 28 天为基准日，其后因国家的法律、法规、规章和政策发生变化引起工程造价增减变化的，发承包双方应按照省级或行业建设主管部门或其授权的工程造价管理机构据此发布的规定调整合同价款。法律法规变化引起的风险承担示意见图 4-1。

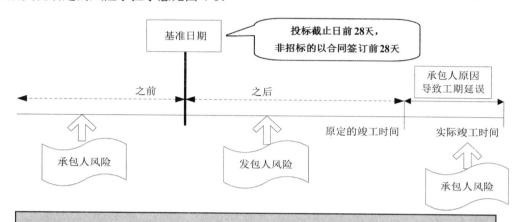

图 4-1　法律法规变化引起的风险承担示意图

(2) 因承包人原因导致工期延误的，按本规范规定的调整时间，在合同工程原定竣工时间之后，合同价款调增的不予调整，合同价款调减的予以调整。

3. 工程变更

见项目四 4.1.2。

4. 项目特征不符

(1) 发包人在招标工程量清单中对项目特征的描述，应被认为是准确的和全面的，并且与实际施工要求相符合。承包人应按照发包人提供的招标工程量清单，根据项目特征描述的内容及有关要求实施合同工程，直到项目被改变为止。

(2) 承包人应按照发包人提供的设计图纸实施合同工程，若在合同履行期间出现设计图纸(含设计变更)与招标工程量清单任一项目的特征描述不符，且该变化引起该项目工程造价增减变化的，应按照实际施工的项目特征，按本规范相关条款的规定重新确定相应工程量清单项目的综合单价，并调整合同价款。

5. 工程量清单缺项

(1) 合同履行期间，由于招标工程量清单中缺项，新增分部分项工程清单项目的，应按照本规范的规定确定单价，并调整合同价款。

(2) 新增分部分项工程清单项目后，引起措施项目发生变化的，应按照本规范的规定，在承包人提交的实施方案被发包人批准后调整合同价款。

(3) 由于招标工程量清单中措施项目缺项，承包人应将新增措施项目实施方案提交发包人批准后，按照本规范的规定调整合同价款。

6. 工程量偏差

工程量偏差是指承包人按照合同工程的图纸(含经发包人批准由承包人提供的图纸)实施，按照现行国家计量规范规定的工程量计算规则计算得到的完成合同工程项目应予计量的工程量与相应的招标工程量清单项目列出的工程量之间出现的量差。

(1) 合同履行期间，当应予计算的实际工程量与招标工程量清单出现偏差，且符合本规范规定时，发承包双方应调整合同价款。

(2) 对于任一招标工程量清单项目，当因本节规定的工程量偏差和工程变更等原因导致工程量偏差超过 15%时，可进行调整。当工程量增加 15%以上时，增加部分的工程量的综合单价应予调低；当工程量减少 15%以上时，减少后剩余部分的工程量的综合单价应予调高。

(3) 当工程量出现本规范规定的变化，且该变化引起相关措施项目相应发生变化时，按系数或单一总价方式计价的，工程量增加的措施项目费调增，工程量减少的措施项目费调减。

7. 计日工

计日工是指在施工过程中，承包人完成发包人提出的工程合同范围以外的零星项目或工作，按合同中约定的单价计价的一种方式。

(1) 发包人通知承包人以计日工方式实施的零星工作，承包人应予执行。

(2) 采用计日工计价的任何一项变更工作，在该项变更的实施过程中，承包人应按合同约定提交下列报表和有关凭证送发包人复核。

① 工作名称、内容和数量。

② 投入该工作所有人员的姓名、工种、级别和耗用工时。

③ 投入该工作的材料名称、类别和数量。

④ 投入该工作的施工设备型号、台数和耗用台时。

⑤ 发包人要求提交的其他资料和凭证。

(3) 任一计日工项目持续进行时，承包人应在该项工作实施结束后的 24 小时内向发包人提交有计日工记录汇总的现场签证报告一式三份。发包人在收到承包人提交现场签证报告后的 2 天内予以确认并将其中一份返还给承包人，作为计日工计价和支付的依据。发包人逾期未确认也未提出修改意见的，应视为承包人提交的现场签证报告已被发包人认可。

(4) 任一计日工项目实施结束后，承包人应按照确认的计日工现场签证报告核实该类项目的工程数量，并应根据核实的工程数量和承包人已标价工程量清单中的计日工单价计算，提出应付价款；已标价工程量清单中没有该类计日工单价的，由发承包双方按本规范规定商定计日工单价计算。

(5) 每个支付期末，承包人应按照本规范第 10.3 节的规定向发包人提交本期间所有计日工记录的签证汇总表，并应说明本期间自己认为有权得到的计日工金额，调整合同价款，列入进度款支付。

8. 物价变化

(1) 合同履行期间，因人工、材料、工程设备、机械台班价格波动影响合同价款时，应根据合同约定，按本规范附录A的方法之一调整合同价款。

(2) 承包人采购材料和工程设备的，应在合同中约定主要材料、工程设备价格变化的范围或幅度；当没有约定，且材料、工程设备单价变化超过5%时，超过部分的价格应按照本规范附录A的方法计算调整材料、工程设备费。

① 材料单价，投标报价低于基准单价：材料单价涨幅以基准单价为基础超过合同约定的风险幅度值时，(涨幅=(市场价-基准价)/基准价)或材料单价跌幅以投标报价为基础超过合同约定的风险幅度值时，其超过部分按实调整(跌幅=(市场价-投标价)/投标价)。

② 材料单价，投标报价高于基准单价：材料单价跌幅以基准单价为基础超过合同约定的风险幅度值时，材料单价涨幅以投标报价为基础超过合同约定的风险幅度值时，其超过部分按实调整。

(3) 发生合同工程工期延误的，应按照下列规定确定合同履行期的价格调整。

① 因非承包人原因导致工期延误的，计划进度日期后续工程的价格，应采用计划进度日期与实际进度日期两者的较高者。

② 因承包人原因导致工期延误的，计划进度日期后续工程的价格，应采用计划进度日期与实际进度日期两者的较低者。

(4) 发包人供应材料和工程设备的，不适用本规范有关规定，应由发包人按照实际变化调整，列入合同工程的工程造价内。

9. 暂估价

暂估价是指招标人在工程量清单中提供的用于支付必然发生但暂时不能确定价格的材料、工程设备以及专业工程的金额。招标人在工程量清单中暂定并包括在合同价款中的一笔款项。用于工程合同签订时尚未确定或者不可预见的所需材料、工程设备、服务的采购，施工中可能发生的工程变更、合同约定调整因素出现时的合同价款调整以及发生的索赔、现场签证确认等的费用。

(1) 发包人在招标工程量清单中给定暂估价的材料、工程设备属于依法必须招标的，应由发承包双方以招标的方式选择供应商，确定价格，并应以此为依据取代暂估价，调整合同价款。

(2) 发包人在招标工程量清单中给定暂估价的材料、工程设备不属于依法必须招标的，应由承包人按照合同约定采购，经发包人确认单价后取代暂估价，调整合同价款。

(3) 发包人在工程量清单中给定暂估价的专业工程不属于依法必须招标的，应按照本规范相应条款的规定确定专业工程价款，并应以此为依据取代专业工程暂估价，调整合同价款。

(4) 发包人在招标工程量清单中给定暂估价的专业工程，依法必须招标的，应当由发承包双方依法组织招标选择专业分包人，并接受有管辖权的建设工程招标投标管理机构的监督，还应符合下列要求。

① 除合同另有约定外，承包人不参加投标的专业工程发包招标，应由承包人作为招标人，但拟定的招标文件、评标工作、评标结果应报送发包人批准。与组织招标工作有关的

费用应当被认为已经包括在承包人的签约合同价(投标总报价)中。

② 承包人参加投标的专业工程发包招标，应由发包人作为招标人，与组织招标工作有关的费用由发包人承担。同等条件下，应优先选择承包人中标。

③ 应以专业工程发包中标价为依据取代专业工程暂估价，调整合同价款。

10. 不可抗力

不可抗力是指发承包双方在工程合同签订时不能预见的，对其发生的后果不能避免，并且不能克服的自然灾害和社会性突发事件。

(1) 因不可抗力事件导致的人员伤亡、财产损失及其费用增加，发承包双方应按下列原则分别承担并调整合同价款和工期。

① 合同工程本身的损害、因工程损害导致第三方人员伤亡和财产损失以及运至施工场地用于施工的材料和待安装的设备的损害，应由发包人承担。

② 发包人、承包人人员伤亡应由其所在单位负责，并应承担相应费用。

③ 承包人的施工机械设备损坏及停工损失，应由承包人承担。

④ 停工期间，承包人应发包人要求留在施工场地的必要的管理人员及保卫人员的费用应由发包人承担。

⑤ 工程所需清理、修复费用，应由发包人承担。

(2) 不可抗力解除后复工的，若不能按期竣工，应合理延长工期。发包人要求赶工的，赶工费用应由发包人承担。

(3) 因不可抗力解除合同的，应按本规范的规定办理。

11. 提前竣工(赶工补偿)

提前竣工(赶工)费是指承包人应发包人的要求而采取加快工程进度措施，使合同工程工期缩短，由此产生的应由发包人支付的费用。

(1) 招标人应依据相关工程的工期定额合理计算工期，压缩的工期天数不得超过定额工期的20%，超过者，应在招标文件中明示增加赶工费用。

(2) 发包人要求合同工程加快施工，使合同工程工期缩短，并应修订合同工程进度计划。发包人应承担承包人由此增加的提前竣工(赶工补偿)费用。

(3) 发承包双方应在合同中约定提前竣工每日历天应补偿额度，此项费用应作为增加合同价款列入竣工结算文件中，应与结算款一并支付。

12. 误期赔偿

误期赔偿是指承包人未按照合同工程的计划进度施工，导致实际工期超过合同工期(包括经发包人批准的延长工期)，承包人应向发包人赔偿损失的费用。

(1) 承包人未按照合同约定施工，导致实际进度迟于计划进度的，承包人应加快进度，实现合同工期。

合同工程发生误期，承包人应赔偿发包人由此造成的损失，并应按照合同约定向发包人支付误期赔偿费。即使承包人支付误期赔偿费，也不能免除承包人按照合同约定应承担的任何责任和应履行的任何义务。

(2) 发承包双方应在合同中约定误期赔偿费，并应明确每日历天应赔额度。误期赔偿费应列入竣工结算文件中，并应在结算款中扣除。

(3) 在工程竣工之前，合同工程内的某单项(位)工程已通过了竣工验收，且该单项(位)工程接收证书中表明的竣工日期并未延误，而是合同工程的其他部分产生了工期延误时，误期赔偿费应按照已颁发工程接收证书的单项(位)工程造价占合同价款的比例幅度予以扣减。

13. 索赔(见项目四 4.1.3)

14. 现场签证

现场签证是指发包人现场代表(或其授权的监理人、工程造价咨询人)与承包人现场代表就施工过程中涉及的责任事件所作的签认证明。

(1) 承包人应发包人要求完成合同以外的零星项目、非承包人责任事件等工作的，发包人应及时以书面形式向承包人发出指令，并应提供所需的相关资料；承包人在收到指令后，应及时向发包人提出现场签证要求。

(2) 承包人应在收到发包人指令后的 7 天内向发包人提交现场签证报告，发包人应在收到现场签证报告后的 48 小时内对报告内容进行核实，予以确认或提出修改意见。发包人在收到承包人现场签证报告后的 48 小时内未确认也未提出修改意见的，应视为承包人提交的现场签证报告已被发包人认可。

(3) 现场签证的工作如已有相应的计日工单价，现场签证中应列明完成该类项目所需的人工、材料、工程设备和施工机械台班的数量。

如现场签证的工作没有相应的计日工单价，应在现场签证报告中列明完成该签证工作所需的人工、材料设备和施工机械台班的数量及单价。

(4) 合同工程发生现场签证事项，未经发包人签证确认，承包人便擅自施工的，除非征得发包人书面同意，否则发生的费用应由承包人承担。

(5) 现场签证工作完成后的 7 天内，承包人应按照现场签证内容计算价款，报送发包人确认后，作为增加合同价款，与进度款同期支付。

(6) 在施工过程中，当发现合同工程内容因场地条件、地质水文、发包人要求等不一致时，承包人应提供所需的相关资料，并提交发包人签证认可，作为合同价款调整的依据。

15. 暂列金额

(1) 已签约合同价中的暂列金额应由发包人掌握使用。

(2) 发包人按照本规范第 9.1 节至第 9.14 节规定支付后，暂列金额余额应归发包人所有。

【课后任务】

一、根据本项目所学知识进行选择

1. 下列说法中错误的是(　　)。

A. 无论何种情况确认的变更，变更指示只能由监理人发出

B. 承包人对于发包人的变更要求，有拒绝执行的权利

C. 承包人未经工程师的同意不得擅自更改图纸、换用图纸，否则承包人承担由此发生的费用，赔偿发包人的损失，延误的工期不予顺延

D. 增减合同中约定的工程量不属于工程变更

E. 更改有关部分的基线、标高、位置或尺寸属于工程变更

2. 根据 FIDIC 施工合同条件，某一项工作实际测量的工程量比工程量表规定的工程量的变动超过一定标准时，允许调整该项工作规定的费率或单价，这个标准一般为(   )。

A. 1%　　　　　B. 5%　　　　　C. 10%　　　　　D. 20%

3. 施工准备阶段的"三通一平"是指通路、(   )、通电和平整场地。

A. 通气　　　　B. 通水　　　　C. 通网络　　　　D. 通信

二、根据本项目所学知识回答问题

1. 进度款的支付比例一般为多少？现场签证甲方代表不签字怎么办？

2. 赶工补偿费与赶工费有区别吗？工程变更造价与竣工结算款一起支付吗？

3. 怎样计算材料价格涨幅或跌幅比例？关于人工单价调整的文件是政策性文件吗？

【能力拓展】

1. 2013 年 3 月 26 日某建设工程项目开标，2013 年 3 月 27 日，烟台市住房和城乡建设局发布了关于调整建设工程定额人工单价的通知，其中规定"建设单位编制招标控制价、施工企业编制投标报价和签订承发包施工合同时确定的建筑、安装、仿古建筑工程综合工日单价不得低于 64 元/工日，且说明了本通知自 2013 年 4 月 1 日起执行"。中标的施工单位提出投标时的综合工日单价为 53 元/工日。

问题一：　在签订合同时，施工单位提出要调整投标报价。你认为施工单位提出的要求合理吗？

问题二：　假如上述案例开标时间为 4 月 30 日，本施工合同已经签章生效。你认为是否应该调整合同价款？

2. 某建设工程施工过程中，建设单位要求设计单位出了一份设计变更，设计到伸缩缝处的车库钢筋混凝土顶板厚度由原来的 180mm 改为 350mm。施工单位收到变更时此处的模板尚未搭设。建设单位提出板厚的改变引起顶板四周框架梁模板接触面积减少，因此应该调减造价，而施工单位提出因施工组织设计方案改变，要上调造价。

你认为谁的观点正确？

3. 某施工单位因施工员紧缺且不懂预算，工程规模较大，因此尽管每天加班加点，也无暇编制现场签证。直到下了暴雪，停止施工时，施工员才抽出时间编制经济签证，日期均按照事发时填写的，签证内容均为事实。此时已经开工近 1 年，如果你是建设单位代表，请问你是否应该签署认可呢？

4. 某建设项目因设计变更增加了现浇混凝土柱、梁、板，施工合同签订了本工程的措施费一次性包死。可是施工单位的造价员提出要增加因设计变更增加的模板以及脚手架等费用。你认为应该增加吗？

5. 某建设项目施工合同为固定单价合同，建设工程中 1#住宅楼因设计变更矩形柱的混凝土工程量由原来的 29.6m³ 增加到 35m³，2#住宅楼因设计变更矩形柱的混凝土工程量由原来的 180.6m³ 减少由 155m³，在合同没有专用条款特别约定的情况下，上述变更是否需要调整合同价款？如果需要，该怎样调整？

项目5 建设工程竣工验收阶段
工程造价的确定与控制

【学习要点及目标】

- 了解组织竣工验收的条件。
- 了解竣工验收的依据、内容和程序。
- 了解竣工结算与竣工决算的关系。
- 了解竣工决算的编制依据和编制内容。
- 了解建设工程的保修期限以及保修费用的处理。
- 掌握合同价款争议的解决方式。

【核心概念】

竣工结算 竣工决算 新增资产 工程造价鉴定

【工作任务单】

引用项目四的背景资料，该建设项目的竣工验收结束，按照合同约定的时间做出竣工验收结算报告。

施工单位在合同规定的时间内提交了竣工结算书。竣工结算汇总表(见表5-1)如下。

表5-1 单位工程竣工结算汇总表

工程名称：某旧村改造3#住宅楼

序 号	汇总内容	计算公式	费 率	金额/元
1	分部分项工程费			3 555 182.35
1.1	地下工程			1 489 958.77
1.2	地上工程			2 065 223.58
2	措施项目费			1 284 630.67
2.1	总价措施项目清单			79 891.15

续表

序 号	汇总内容	计算公式	费 率	金额/元
2.2	单价措施项目清单			1 204 739.52
3	其他项目费			525 800
3.1	暂列金额			0
3.2	承包人分包的专业工程暂估价			0
3.3	特殊项目暂估价			400 000
3.4	计日工			0
3.5	总承包服务费			9000
3.6	索赔			38 000
3.7	签证			159 000
3.8	暂估材料差价调整			-95 000
3.9	风险材料差价调整			12 000
3.10	费用差价调整			2800
4	规费前合计	3 555 182.35+1 284 630.67+525 800		5 365 613.02
5	规费			356 329.5
6	税金	5 365 613.02+356 329.5	3.48%	199 123.6
	合计			5 921 066.12

其余表格与项目三(招标控制价)中的表3-7～表3-11类同,唯一的区别是综合单价采用施工单位的投标报价中的综合单价。

5.1 建设工程竣工结算准备

工程项目竣工验收是建设程序的最后一个阶段,是全面检查和考核合同执行情况、检验工程建设质量和投资效益的重要环节。

5.1.1 竣工验收

建设项目的验收一般分为初步验收和竣工验收两个阶段,对于规模较大、较复杂的工程项目,先进行初步验收,后进行全部建设工程项目的竣工验收;对于规模较小、较简单的工程项目,可以一次进行全部工程项目的竣工验收。

(1) 初步验收:施工单位在单位工程交工之前,应进行初步验收工作,单位工程竣工后,施工单位再按照国家规定,整理好文件、技术资料,向建设单位提出竣工报告,建设单位收到报告后,应及时组织施工、设计和使用等有关单位进行初步验收。

(2) 竣工验收:整个建设项目全部完成后,经过各单位工程的验收,符合设计条件,并具备施工图、竣工决算、工程总结等必要性文件,由主管部门或建设单位组织验收。

工程项目按照工程合同约定和设计图纸要求全部施工完毕,达到国家规定的质量标准,能够满足生产和使用要求;交工工程达到窗明、地净、水通、灯亮及采暖通风设备正常运转；主要工艺设备已安装配套，经联动负荷试车合格，构成生产线，形成生产能力，能够生产出设计文件中所规定的产品；职工宿舍和其他必要的生活福利设施能适应初期的需要；生产准备工作能适应投产初期的需要；建筑物周围 2m 以内的场地清理完毕；竣工结算已完成；技术档案资料齐全，符合交工要求。

建设项目竣工验收依据包括项目的可行性研究报告、计划任务书及有关文件；上级主管部门的有关工程竣工的文件和规定；业主与承包商签订的工程承包合同；国家现行的施工验收规范；建筑安装工程统计规定；凡属从国外引进的新技术或成套设备的工程项目，除上述文件外，还应按照双方签订的合同和国外提供的设计文件进行验收。

1. 竣工验收的内容

(1) 提交竣工资料。竣工资料包括工程项目开工报告、图纸会审和设计交底纪要、设计变更通知单、技术变更核实单、设备试车记录、竣工图、质量检验评定资料等。

(2) 建设单位组织检查和鉴定。

(3) 进行设备的单体试车、无负荷联动试车及有负荷联动试车。

(4) 办理工程交接手续。

2. 竣工验收的程序

(1) 承包单位进行竣工验收准备工作。

(2) 承包单位内部组织自验收或初步验收。

(3) 承包单位提出工程竣工验收申请，报告驻场工程师或业主代表。

(4) 工程师(或业主代表)对竣工验收申请做出答复前的预验和核查。

(5) 正式竣工验收会议。

3. 竣工验收组织

1) 成立竣工验收委员会或验收组

根据工程规模大小和复杂程度组成验收委员会或验收组，其人员构成应由银行、物资、环保、劳动、统计、消防及其他有关部门的专业技术人员和专家组成。建设主管部门和建设单位、接管单位、施工单位、勘察设计单位也应参加验收工作。

2) 验收委员会或验收组的职责

(1) 负责审查工程建设的各个环节，听取各有关单位的工作报告。

(2) 审阅工程档案资料，实地检验建筑工程和设备安装工程情况。

(3) 对工程设计、施工、设备质量、环境保护、安全卫生、消防等方面客观地、实事求是地做出全面的评价。

5.1.2　竣工结算与竣工决算

1. 竣工结算

竣工结算是指一个单位工程或单项工程完工后，经业主及工程质量监督部门验收合格，在交付使用前由施工单位根据合同价格和实际发生的增加或减少费用的变化等情况进行编制，并经业主或其委托方签字确认的，以表达该工程最终造价为主要内容，作为结算工程

价款依据的经济文件。竣工结算价是发承包双方依据国家有关法律、法规和标准规定，按照合同约定确定的，包括在履行合同过程中按合同约定进行的合同价款调整，是承包人按合同约定完成了全部承包工作后，发包人应付给承包人的合同总金额。

工程竣工结算是施工企业核算生产成果和考核工程成本的依据，工程竣工结算生效后，建设单位与施工单位可以通过经办拨款的银行进行结算，以完成双方的合同关系和经济责任。工程竣工结算生效后，建设单位可以此为依据，编制建设项目的竣工结算，并进行投资效果分析。

竣工结算必须具备竣工结算的条件，要有工程验收报告，对于未完成工程或质量不合格的工程，不能结算；需要返工重做的，应返工修补合格后，才能结算。竣工结算要本着对国家、建设单位、施工单位认真负责的精神，做到既要合理又要合法，严格遵守国家和地区的有关规定。

1) 竣工结算的依据

竣工结算的依据有：投标报价或施工图预算、竣工图、图纸会审记录、设计变更通知单、技术核定单、隐蔽工程记录、停工复工报告、施工签证单、购料凭证单、钢筋调整表、其他费用单、交工验收单、定额资料、费用定额、预算文件、甲乙双方有关工程计价的协定、不可抗拒的自然灾害和不可预见的费用记录、材料代用价差、施工合同。

2) 竣工结算的内容

竣工结算的内容包括单位工程竣工结算书、单项工程综合结算书、项目总结算书、竣工结算说明书。

3) 竣工结算的方式

竣工结算的方式应按照合同约定的结算方式进行。主要有经济包干法、合同数增减法、预算签证法、竣工图计算法和工程量清单计价法。

4) 竣工结算的编制步骤

(1) 收集影响工程量差、价差及费用变化的原始凭证，分析挑选出需要的部分，数量没有核定的要补充核实，没有签证的要补充签证，如果是根据口头讲的、会上说的等，要补办文字手续。

(2) 分类计算。将收集的资料分类进行汇总并计算工程量。

(3) 查对预算。对施工图预算的主要内容进行检查和核对，少算漏算的要补充结算。

(4) 结算单位工程。

(5) 结算单项工程。

(6) 总结算。

(7) 写说明书。

5) 《建设工程施工合同》示范文本有关条款

"竣工结算申请"

除《建设工程施工合同》专用合同条款另有约定外，承包人应在工程竣工验收合格后28 天内向发包人和监理人提交竣工结算申请单，并提交完整的结算资料，有关竣工结算申请单的资料清单和份数等要求由合同当事人在专用合同条款中约定。

"竣工结算审核"

(1) 除专用合同条款另有约定外，监理人应在收到竣工结算申请单后 14 天内完成核查并报送发包人。发包人应在收到监理人提交的经审核的竣工结算申请单后 14 天内完成审批，并由监理人向承包人签发经发包人签认的竣工付款证书。监理人或发包人对竣工结算申请单有异议的，有权要求承包人进行修正和提供补充资料，承包人应提交修正后的竣工结算申请单。

发包人在收到承包人提交竣工结算申请书后 28 天内未完成审批且未提出异议的，视为发包人认可承包人提交的竣工结算申请单，并自发包人收到承包人提交的竣工结算申请单后第 29 天起视为已签发竣工付款证书。

(2) 除专用合同条款另有约定外，发包人应在签发竣工付款证书后的 14 天内，完成对承包人的竣工付款。发包人逾期支付的，按照中国人民银行发布的同期同类贷款基准利率支付违约金；逾期支付超过 56 天的，按照中国人民银行发布的同期同类贷款基准利率的两倍支付违约金。

(3) 承包人对发包人签认的竣工付款证书有异议的，对于有异议部分应在收到发包人签认的竣工付款证书后 7 天内提出异议，并由合同当事人按照专用合同条款约定的方式和程序进行复核，或按照争议解决约定处理。对于无异议部分，发包人应签发临时竣工付款证书，并按本款第(2)项完成付款。承包人逾期未提出异议的，视为认可发包人的审批结果。

6) 竣工结算的审查

竣工结算审查分自审、建设单位审、监理单位审和造价管理部门审。竣工结算的审查方法有逐项审查法、标准预算审查法、重点审查法、抽查法、对比法、造价审查法。竣工结算审查的内容包括核实合同条款、检查隐蔽工程验收记录、落实设计变更签证、按图核实工程数量、严格执行定额单价或投标单价、注意各项费用计取、防止各种计算误差。

2. 竣工决算

竣工决算是指项目竣工后，由建设单位报告项目建设成果和财务状况的总结性文件，是考核其投资效果的依据，也是办理交付、动用、验收的依据。竣工决算有利于节约建设项目投资，有利于对固定资产的管理，有利于经济核算、考核竣工项目概算与基建计划执行情况以及分析投资效果，是三算对比的依据，有利于总结建设经验。

竣工结算与竣工决算编制单位不同：竣工结算是由施工单位编制；竣工决算是由建设单位编制的。竣工结算与竣工决算编制范围不同：竣工结算主要是针对单位工程编制的，每个单位工程竣工后，便可以进行编制，而竣工决算是针对建设项目编制的，必须在整个建设项目全部竣工后才可以进行编制。竣工结算与竣工决算编制作用不同：竣工结算是建设单位和施工单位结算工程价款的依据，是核对施工企业生产成果和考核工程成本的依据，是建设单位编制建设项目竣工决算的依据；而竣工决算是建设单位考核基本建设投资效果的依据，是确定固定资产价值的依据。

1) 竣工决算编制依据

(1) 建设项目计划任务书、可行性研究报告及其投资估算书。

(2) 建设项目初步设计或扩大初步设计、概算书及修正概算书。

(3) 建设项目图纸及说明，其中包括总平面图、建筑工程施工图、安装工程施工图及有关资料。

(4) 设计交底和图纸会审会议记录。

(5) 招标、投标的标底，承包合同及工程结算资料

(6) 施工记录或施工签证及其他施工中发生的费用。

(7) 项目竣工图及各种竣工验收资料。

(8) 设备、材料调节文件和调价记录。

(9) 历年基建资料、历年财务决算及批复文件。

(10) 国家和地方主管部门颁发的有关建设工程竣工决算的文件。

2) 竣工决算的编制程序

(1) 搜集、整理和分析有关资料。

(2) 清理各项财务、债务和结余物资。

(3) 分期建设的项目，应根据设计的要求分期办理竣工决算。

(4) 在实地验收合格的基础上，根据前面所述的有关结算的资料写出竣工验收报告，填写有关竣工决算表，编制完成竣工决算。

(5) 上报主管部门审批。

3) 竣工决算内容

竣工决算内容包括竣工决算报告说明书、竣工决算报表、建设项目竣工图、工程造价比较分析四个部分。

4) 新增资产

根据新的财务制度和企业会计准则，新增资产按投资性质可分为固定资产、流动资产、无形资产、递延资产。固定资产是指使用年限在一年及一年以上，单位价值在规定标准以上，并且在使用过程中保持原有物质形态的资产，包括房屋及建筑物、机电设备、运输设备、工具器具等。流动资产是指可以在一年内或超过一年的一个营业周期内变现或者运用的资产，包括现金及各种存货、应收及预付款项。无形资产是指企业长期使用但不具有实物形态的资产，包括专利权、商标权、著作权、土地使用权、非专利技术、商誉等。递延资产是指不能全部计入当年损益，应在以后年度内分期摊销的各项费用，包括开办费、租入固定资产的改良支出等。

5.1.3 缺陷责任与保修

在工程移交发包人后，因承包人原因产生的质量缺陷，承包人应承担质量缺陷责任和保修义务。缺陷责任期届满，承包人仍应按合同约定的工程各部位保修年限承担保修义务。

1. 缺陷责任期

缺陷责任期自实际竣工日期起计算，合同当事人应在专用合同条款中约定缺陷责任期的具体期限，但该期限最长不超过 24 个月。

单位工程先于全部工程进行验收，经验收合格并交付使用的，该单位工程缺陷责任期自单位工程验收合格之日起算。因发包人原因导致工程无法按合同约定期限进行竣工验收的，缺陷责任期自承包人提交竣工验收申请报告之日起开始计算；发包人未经竣工验收擅

自使用工程的，缺陷责任期自工程转移占有之日起开始计算。

工程竣工验收合格后，因承包人原因导致的缺陷或损坏致使工程、单位工程或某项主要设备不能按原定目的使用的，则发包人有权要求承包人延长缺陷责任期，并应在原缺陷责任期届满前发出延长通知，但缺陷责任期最长不能超过 24 个月。

任何一项缺陷或损坏修复后，经检查证明其影响了工程或工程设备的使用性能，承包人应重新进行合同约定的试验和试运行，试验和试运行的全部费用应由责任方承担。

除专用合同条款另有约定外，承包人应于缺陷责任期届满后 7 天内向发包人发出缺陷责任期届满通知，发包人应在收到缺陷责任期届满通知后 14 天内核实承包人是否履行缺陷修复义务，承包人未能履行缺陷修复义务的，发包人有权扣除相应金额的维修费用。发包人应在收到缺陷责任期届满通知后 14 天内，向承包人颁发缺陷责任期终止证书。

2. 保修

保修是指施工单位按照国家或行业现行的有关技术标准、设计文件以及合同中对质量的要求，对已竣工验收的建设工程在规定的保修期限内，进行维修、返工等工作。

工程保修期从工程竣工验收合格之日起算，具体分部分项工程的保修期由合同当事人在专用合同条款中约定，但不得低于法定最低保修年限。在工程保修期内，承包人应当根据有关法律规定以及合同约定承担保修责任。

发包人未经竣工验收擅自使用工程的，保修期自转移占有之日起算。

1) 保修期限的规定

在正常使用条件下，建设工程的最低保修期限如下。

(1) 基础设施工程、房屋建筑的地基基础工程和主体结构工程，为设计文件规定的该工程的合理使用年限。

(2) 屋面防水工程、有防水要求的卫生间、房间和外墙面的防渗漏，一般为 5 年。

(3) 供热与供冷系统，分别为 2 个采暖期、供冷期。

(4) 电气管线、给排水管道、设备安装和装修工程，一般为 2 年。

2) 保修步骤

保修步骤为：发送保修证书；检查和修理；验收。

3) 回访的主要内容

在保修期内，施工单位、设备供应单位影响用户进行回访，其主要内容为：听取用户对项目的使用情况和意见、查询或调查现场因自己的原因造成的问题、进行原因分析和确认、商讨进行返修的事项；填写回访卡。

4) 回访的方式

季节性回访、技术性回访、保修期结束前的回访。

5) 保修费用的处理

(1) 勘察、设计原因造成保修费用的处理：勘察、设计单位负责并承担经济责任，由施工单位负责维修或处理。

(2) 施工原因造成的保修费处理：施工单位未按国家有关规范、标准和设计要求施工，造成质量缺陷，由施工单位负责无偿返修并承担经济责任。

(3) 因设备、建筑材料、构配件质量不合格引起的质量缺陷，属于施工单位采购的或经

其验收同意的，由施工单位承担经济责任；属于建设单位采购的，由建设单位承担经济责任。

(4) 用户使用原因造成的保修费用处理：由用户自行负责。

(5) 不可抗力原因造成的保修费用处理：由建设单位负责处理。

5.2 建设工程竣工结算实施

5.2.1 竣工结算计价程序

竣工结算计价程序见表 5-2。

表 5-2 竣工结算计价程序

工程名称： 　　　　　　　　　　标段：

序　号	汇总内容	计算方法	金额/元
1	分部分项工程费	按合同约定计算	
1.1			
1.2	……		
2	措施项目	按合同约定计算	
	其中：安全文明施工费	按规定标准计算	
3	其他项目		
3.1	其中：专业工程结算价	按合同约定计算	
3.2	其中：计日工	按计日工签证计算	
3.3	其中：总承包服务费	按合同约定计算	
3.4	索赔与现场签证	按发承包双方确认数额计算	
4	规费	按规定标准计算	
5	税金(扣除不列入计税范围的工程设备金额)	(1+2+3+4)×规定税率	
竣工结算总价合计=1+2+3+4+5			

5.2.2 《建设工程工程量清单计价规范》(GB 50500—2013)有关条款

"竣工结算与支付"

1. 一般规定

(1) 工程完工后，发承包双方必须在合同约定时间内办理工程竣工结算。

(2) 工程竣工结算应由承包人或受其委托具有相应资质的工程造价咨询人编制，并应由发包人或受其委托具有相应资质的工程造价咨询人核对。

(3) 当发承包双方或一方对工程造价咨询人出具的竣工结算文件有异议时，可向工程造价管理机构投诉，申请对其进行执业质量鉴定。

(4) 工程造价管理机构对投诉的竣工结算文件进行质量鉴定，宜按本规范相关规定进行。

(5) 竣工结算办理完毕，发包人应将竣工结算文件报送工程所在地或有该工程管辖权的行业管理部门的工程造价管理机构备案，竣工结算文件应作为工程竣工验收备案、交付使用的必备文件。

2. 编制与复核

(1) 工程竣工结算应根据下列依据编制和复核。

① 本规范。

② 工程合同。

③ 发承包双方实施过程中已确认的工程量及其结算的合同价款。

④ 发承包双方实施过程中已确认调整后追加(减)的合同价款。

⑤ 建设工程设计文件及相关资料。

⑥ 投标文件。

⑦ 其他依据。

(2) 分部分项工程和措施项目中的单价项目应依据发承包双方确认的工程量与已标价工程量清单的综合单价计算；发生调整的，应以发承包双方确认调整的综合单价计算。

(3) 措施项目中的总价项目应依据已标价工程量清单的项目和金额计算；发生调整的，应以发承包双方确认调整的金额计算，其中安全文明施工费应按本规范的规定计算。

(4) 其他项目应按下列规定计价。

① 计日工应按发包人实际签证确认的事项计算。

② 暂估价应按本规范的规定计算。

③ 总承包服务费应依据已标价工程量清单金额计算；发生调整的，应以发承包双方确认调整的金额计算。

④ 索赔费用应依据发承包双方确认的索赔事项和金额计算。

⑤ 现场签证费用应依据发承包双方签证资料确认的金额计算。

⑥ 暂列金额应减去合同价款调整(包括索赔、现场签证)金额计算，如有余额归发包人。

(5) 规费和税金应按本规范的规定计算。规费中的工程排污费应按工程所在地环境保护部门规定的标准缴纳后按实列入。

(6) 发承包双方在合同工程实施过程中已经确认的工程计量结果和合同价款，在竣工结算办理中应直接进入结算。

3. 竣工结算

(1) 合同工程完工后，承包人应在经发承包双方确认的合同工程期中价款结算的基础上汇总编制完成竣工结算文件，应在提交竣工验收申请的同时向发包人提交竣工结算文件。

承包人未在合同约定的时间内提交竣工结算文件，经发包人催告后 14 天内仍未提交或没有明确答复的，发包人有权根据已有资料编制竣工结算文件，作为办理竣工结算和支付结算款的依据，承包人应予以认可。

(2) 发包人应在收到承包人提交的竣工结算文件后的 28 天内核对。发包人经核实，认为承包人还应进一步补充资料和修改结算文件，应在上述时限内向承包人提出核实意见，承包人在收到核实意见后的 28 天内应按照发包人提出的合理要求补充资料，修改竣工结算文件，并应再次提交给发包人复核后批准。

(3) 发包人应在收到承包人再次提交的竣工结算文件后的 28 天内予以复核，将复核结果通知承包人，并应遵守下列规定。

①发包人、承包人对复核结果无异议的，应在 7 天内在竣工结算文件上签字确认，竣工结算办理完毕。

②发包人或承包人对复核结果认为有误的，无异议部分按照本条第①款规定办理不完全竣工结算；有异议部分由发承包双方协商解决；协商不成的，应按照合同约定的争议解决方式处理。

(4) 发包人在收到承包人竣工结算文件后的 28 天内，不核对竣工结算或未提出核对意见的，应视为承包人提交的竣工结算文件已被发包人认可，竣工结算办理完毕。

(5) 承包人在收到发包人提出的核实意见后的 28 天内，不确认也未提出异议的，应视为发包人提出的核实意见已被承包人认可，竣工结算办理完毕。

(6) 发包人委托工程造价咨询人核对竣工结算的，工程造价咨询人应在 28 天内核对完毕，核对结论与承包人竣工结算文件不一致的，应提交给承包人复核；承包人应在 14 天内将同意核对结论或不同意见的说明提交工程造价咨询人。工程造价咨询人收到承包人提出的异议后，应再次复核，复核无异议的，应按本条第 1 款的规定办理，复核后仍有异议的，按本条第 2 款的规定办理。

承包人逾期未提出书面异议的，应视为工程造价咨询人核对的竣工结算文件已经承包人认可。

(7) 对发包人或发包人委托的工程造价咨询人指派的专业人员与承包人指派的专业人员经核对后无异议并签名确认的竣工结算文件，除非发承包人能提出具体、详细的不同意见，发承包人都应在竣工结算文件上签名确认，如其中一方拒不签认的，按下列规定办理。

①若发包人拒不签认的，承包人可不提供竣工验收备案资料，并有权拒绝与发包人或其上级部门委托的工程造价咨询人重新核对竣工结算文件。

②若承包人拒不签认的，发包人要求办理竣工验收备案的，承包人不得拒绝提供竣工验收资料，否则，由此造成的损失，承包人承担相应责任。

(8) 合同工程竣工结算核对完成，发承包双方签字确认后，发包人不得要求承包人与另一个或多个工程造价咨询人重复核对竣工结算。

(9) 发包人对工程质量有异议，拒绝办理工程竣工结算的，已竣工验收或已竣工未验收但实际投入使用的工程，其质量争议应按该工程保修合同执行，竣工结算应按合同约定办理；已竣工未验收且未实际投入使用的工程以及停工、停建工程的质量争议，双方应就有争议的部分委托有资质的检测鉴定机构进行检测，并应根据检测结果确定解决方案，或按工程质量监督机构的处理决定执行后办理竣工结算，无争议部分的竣工结算应按合同约定办理。

4. 结算款支付

(1) 承包人应根据办理的竣工结算文件向发包人提交竣工结算款支付申请。申请应包括下列内容。

① 竣工结算合同价款总额。

② 累计已实际支付的合同价款。

③ 应预留的质量保证金。

④ 实际应支付的竣工结算款金额。

(2) 发包人应在收到承包人提交竣工结算款支付申请后 7 天内予以核实，向承包人签发竣工结算支付证书。

(3) 发包人签发竣工结算支付证书后的 14 天内，应按照竣工结算支付证书列明的金额向承包人支付结算款。

(4) 发包人在收到承包人提交的竣工结算款支付申请后 7 天内不予核实，不向承包人签发竣工结算支付证书的，视为承包人的竣工结算款支付申请已被发包人认可；发包人应在收到承包人提交的竣工结算款支付申请 7 天后的 14 天内，按照承包人提交的竣工结算款支付申请列明的金额向承包人支付结算款。

(5) 发包人未按照上述第(3)条、第(4)条规定支付竣工结算款的，承包人可催告发包人支付，并有权获得延迟支付的利息。发包人在竣工结算支付证书签发后或者在收到承包人提交的竣工结算款支付申请 7 天后的 56 天内仍未支付的，除法律另有规定外，承包人可与发包人协商将该工程折价，也可直接向人民法院申请将该工程依法拍卖。承包人应就该工程折价或拍卖的价款优先受偿。

5. 质量保证金

(1) 发包人应按照合同约定的质量保证金比例从结算款中预留质量保证金。

(2) 承包人未按照合同约定履行属于自身责任的工程缺陷修复义务的，发包人有权从质量保证金中扣除用于缺陷修复的各项支出。经查验，工程缺陷属于发包人原因造成的，应由发包人承担查验和缺陷修复的费用。

(3) 在合同约定的缺陷责任期终止后，发包人应按照本规范"最终结清"的规定，将剩余的质量保证金返还给承包人。

6. 最终结清

(1) 缺陷责任期终止后，承包人应按照合同约定向发包人提交最终结清支付申请。发包人对最终结清支付申请有异议的，有权要求承包人进行修正和提供补充资料。承包人修正后，应再次向发包人提交修正后的最终结清支付申请。

(2) 发包人应在收到最终结清支付申请后的 14 天内予以核实，并应向承包人签发最终结清支付证书。

(3) 发包人应在签发最终结清支付证书后的 14 天内，按照最终结清支付证书列明的金额向承包人支付最终结清款。

(4) 发包人未在约定的时间内核实，又未提出具体意见的，应视为承包人提交的最终结清支付申请已被发包人认可。

(5) 发包人未按期最终结清支付的，承包人可催告发包人支付，并有权获得延迟支付的利息。

(6) 最终结清时，承包人被预留的质量保证金不足以抵减发包人工程缺陷修复费用的，承包人应承担不足部分的补偿责任。

(7) 承包人对发包人支付的最终结清款有异议的，应按照合同约定的争议解决方式处理。

5.2.3　特殊情况下的结算

【案例引导】　某单位一期工程结算经过咨询公司审核甲乙双方签字定案，后经过有关专业人员核对，发现有很大的出入，随即给施工单位发函要求纠正，施工单位以已定案为由，不认账。给咨询公司发函，其以三方定案且一个工程不能二次复核为由不纠正。可是复核审减率已超过误差范围。请问怎么办？

本合同专用条款规定依社会中介机构的审定值(并经业主和施工方确认)为结算值。

下面是《建设工程工程量清单计价规范》(GB 50500—2013)有关条款。

"合同解除的价款结算与支付"

发承包双方协商一致解除合同的，应按照达成的协议办理结算和支付合同价款。

由于不可抗力致使合同无法履行解除合同的，发包人应向承包人支付合同解除之日前已完成工程但尚未支付的合同价款，此外，还应支付下列金额。

(1) 本规范规定的由发包人承担的费用。

(2) 已实施或部分实施的措施项目应付价款。

(3) 承包人为合同工程合理订购且已交付的材料和工程设备货款。

(4) 承包人撤离现场所需的合理费用，包括员工遣送费和临时工程拆除、施工设备运离现场的费用。

(5) 承包人为完成合同工程而预期开支的任何合理费用，且该项费用未包括在本款其他各项支付之内。发承包双方办理结算合同价款时，应扣除合同解除之日前发包人应向承包人收回的价款。当发包人应扣除的金额超过了应支付的金额，承包人应在合同解除后的 56 天内将其差额退还给发包人。

因承包人违约解除合同的，发包人应暂停向承包人支付任何价款。发包人应在合同解除后28天内核实合同解除时承包人已完成的全部合同价款以及按施工进度计划已运至现场的材料和工程设备货款，按合同约定核算承包人应支付的违约金以及造成损失的索赔金额，并将结果通知承包人。发承包双方应在 28 天内予以确认或提出意见，并应办理结算合同价款。如果发包人应扣除的金额超过了应支付的金额，承包人应在合同解除后的 56 天内将其差额退还给发包人。发承包双方不能就解除合同后的结算达成一致的，按照合同约定的争议解决方式处理。

因发包人违约解除合同的，发包人除应按照本规范第 12.0.2 条的规定向承包人支付各项价款外，应按合同约定核算发包人应支付的违约金以及给承包人造成的损失或损害的索赔金额费用。该笔费用应由承包人提出，发包人核实后应与承包人协商确定后的 7 天内向承包人签发支付证书。协商不能达成一致的，应按照合同约定的争议解决方式处理。

"合同价款争议的解决"

1. 监理或造价工程师暂定

(1) 若发包人和承包人之间就工程质量、进度、价款支付与扣除、工期延期、索赔、价款调整等发生任何法律上、经济上或技术上的争议，首先应根据已签约合同的规定，提交合同约定职责范围内的总监理工程师或造价工程师解决，并应抄送另一方。总监理工程师或造价工程师在收到此提交件后14天内应将暂定结果通知发包人和承包人。发承包双方对暂定结果认可的，应以书面形式予以确认，暂定结果成为最终决定。

(2) 发承包双方在收到总监理工程师或造价工程师的暂定结果通知之后的 14 天内未对暂定结果予以确认也未提出不同意见的，应视为发承包双方已认可该暂定结果。

(3) 发承包双方或一方不同意暂定结果的，应以书面形式向总监理工程师或造价工程师提出，说明自己认为正确的结果，同时抄送另一方，此时该暂定结果成为争议。在暂定结果对发承包双方当事人履约不产生实质影响的前提下，发承包双方应实施该结果，直到按照发承包双方认可的争议解决办法被改变为止。

2. 管理机构的解释或认定

(1) 合同价款争议发生后，发承包双方可就工程计价依据的争议以书面形式提请工程造价管理机构对争议以书面文件进行解释或认定。

(2) 工程造价管理机构应在收到申请的 10 个工作日内就发承包双方提请的争议问题进行解释或认定。

(3) 发承包双方或一方在收到工程造价管理机构书面解释或认定后仍可按照合同约定的争议解决方式提请仲裁或诉讼。除工程造价管理机构的上级管理部门做出了不同的解释或认定，或在仲裁裁决或法院判决中不予采信的外，工程造价管理机构做出的书面解释或认定应为最终结果，并应对发承包双方均有约束力。

3. 协商和解

(1) 合同价款争议发生后，发承包双方任何时候都可以进行协商。协商达成一致的，双方应签订书面和解协议，和解协议对发承包双方均有约束力。

(2) 如果协商不能达成一致协议，发包人或承包人都可以按合同约定的其他方式解决争议。

4. 调解

(1) 发承包双方应在合同中约定或在合同签订后共同约定争议调解人，负责双方在合同履行过程中发生争议的调解。

(2) 合同履行期间，发承包双方可协议调换或终止任何调解人，但发包人或承包人都不能单独采取行动。除非双方另有协议，在最终结清支付证书生效后，调解人的任期应即终止。

(3) 如果发承包双方发生了争议，任何一方可将该争议以书面形式提交调解人，并将副本抄送另一方，委托调解人调解。

(4) 发承包双方应按照调解人提出的要求，给调解人提供所需要的资料、现场进入权及相应设施。调解人应被视为不是在进行仲裁人的工作。

(5) 调解人应在收到调解委托后 28 天内或由调解人建议并经发承包双方认可的其他期限内提出调解书，发承包双方接受调解书的，经双方签字后作为合同的补充文件，对发承包双方均具有约束力，双方都应立即遵照执行。

(6) 当发承包双方中任一方对调解人的调解书有异议时，应在收到调解书后 28 天内向另一方发出异议通知，并应说明争议的事项和理由。但除非并直到调解书在协商和解或仲裁裁决、诉讼判决中做出修改，或合同已经解除，承包人应继续按照合同实施工程。

(7) 当调解人已就争议事项向发承包双方提交了调解书，而任一方在收到调解书后 28 天内均未发出表示异议的通知时，调解书对发承包双方均应具有约束力。

5. 仲裁、诉讼

(1) 发承包双方的协商和解或调解均未达成一致意见，其中的一方已就此争议事项根据合同约定的仲裁协议申请仲裁，应同时通知另一方。

（2）仲裁可在竣工之前或之后进行，但发包人、承包人、调解人各自的义务不得因在工程实施期间进行仲裁而有所改变。当仲裁是在仲裁机构要求停止施工的情况下进行时，承包人应对合同工程采取保护措施，由此增加的费用应由败诉方承担。

（3）在本规范上述1至4条规定的期限之内，暂定或和解协议或调解书已经有约束力的情况下，当发承包中一方未能遵守暂定或和解协议或调解书时，另一方可在不损害他可能具有的任何其他权利的情况下，将未能遵守暂定或不执行和解协议或调解书达成的事项提交仲裁。

（4）发包人、承包人在履行合同时发生争议，双方不愿和解、调解或者和解、调解不成，又没有达成仲裁协议的，可依法向人民法院提起诉讼。

"工程造价鉴定"

工程造价鉴定是指工程造价咨询人接受人民法院、仲裁机关委托，对施工合同纠纷案件中的工程造价争议，运用专门知识进行鉴别、判断和评定，并提供鉴定意见的活动。也称为工程造价司法鉴定。

1. 一般规定

（1）在工程合同价款纠纷案件处理中，需作工程造价司法鉴定的，应委托具有相应资质的工程造价咨询人进行。

（2）工程造价咨询人接受委托时提供工程造价司法鉴定服务，应按仲裁、诉讼程序和要求进行，并应符合国家关于司法鉴定的规定。

（3）工程造价咨询人进行工程造价司法鉴定时，应指派专业对口、经验丰富的注册造价工程师承担鉴定工作。

（4）工程造价咨询人应在收到工程造价司法鉴定资料后10天内，根据自身专业能力和证据资料判断能否胜任该项委托，如不能，应辞去该项委托。工程造价咨询人不得在鉴定期满后以上述理由不做出鉴定结论，影响案件处理。

（5）接受工程造价司法鉴定委托的工程造价咨询人或造价工程师如是鉴定项目一方当事人的近亲属或代理人、咨询人以及其他关系可能影响鉴定公正的，应当自行回避；未自行回避，鉴定项目委托人以该理由要求其回避的，必须回避。

（6）工程造价咨询人应当依法出庭接受鉴定项目当事人对工程造价司法鉴定意见书的质询。如确因特殊原因无法出庭的，经审理该鉴定项目的仲裁机关或人民法院准许，可以书面形式答复当事人的质询。

2. 取证

（1）工程造价咨询人进行工程造价鉴定工作时，应自行收集以下(但不限于)鉴定资料。

① 适用于鉴定项目的法律、法规、规章、规范性文件以及规范、标准、定额。

② 鉴定项目同时期同类型工程的技术经济指标及其各类要素价格等。

（2）工程造价咨询人收集鉴定项目的鉴定依据时，应向鉴定项目委托人提出具体书面要求，其内容如下。

① 与鉴定项目相关的合同、协议及其附件。

② 相应的施工图纸等技术经济文件。

③ 施工过程中的施工组织、质量、工期和造价等工程资料。

④ 存在争议的事实及各方当事人的理由。

⑤ 其他有关资料。

(3) 工程造价咨询人在鉴定过程中要求鉴定项目当事人对缺陷资料进行补充的，应征得鉴定项目委托人同意，或者协调鉴定项目各方当事人共同签认。

(4) 根据鉴定工作需要现场勘验的，工程造价咨询人应提请鉴定项目委托人组织各方当事人对被鉴定项目所涉及的实物标的进行现场勘验。

(5) 勘验现场应制作勘验记录、笔录或勘验图表，记录勘验的时间、地点、勘验人、在场人、勘验经过、结果，由勘验人、在场人签名或者盖章确认。绘制的现场图应注明绘制的时间、测绘人姓名、身份等内容。必要时应采取拍照或摄像取证，留下影像资料。

(6) 鉴定项目当事人未对现场勘验图表或勘验笔录等签字确认的，工程造价咨询人应提请鉴定项目委托人决定处理意见，并在鉴定意见书中做出表述。

3. 鉴定

(1) 工程造价咨询人在鉴定项目合同有效的情况下应根据合同约定进行鉴定，不得任意改变双方合法的权益。

(2) 工程造价咨询人在鉴定项目合同无效或合同条款约定不明确的情况下应根据法律法规、相关国家标准和本规范的规定，选择相应专业工程的计价依据和方法进行鉴定。

(3) 工程造价咨询人出具正式鉴定意见书之前，可报请鉴定项目委托人向鉴定项目各方当事人发出鉴定意见书征求意见稿，并指明应书面答复的期限及其不答复的相应法律责任。

(4) 工程造价咨询人收到鉴定项目各方当事人对鉴定意见书征求意见稿的书面复函后，应对不同意见认真复核，修改完善后再出具正式鉴定意见书。

(5) 工程造价咨询人出具的工程造价鉴定书应包括下列内容。

① 鉴定项目委托人名称、委托鉴定的内容。

② 委托鉴定的证据材料。

③ 鉴定的依据及使用的专业技术手段。

④ 对鉴定过程的说明。

⑤ 明确的鉴定结论。

⑥ 其他需说明的事宜。

⑦ 工程造价咨询人盖章及注册造价工程师签名盖执业专用章。

(6) 工程造价咨询人应在委托鉴定项目的鉴定期限内完成鉴定工作，如确因特殊原因不能在原定期限内完成鉴定工作时，应按照相应法规提前向鉴定项目委托人申请延长鉴定期限，并应在此期限内完成鉴定工作。

经鉴定项目委托人同意等待鉴定项目当事人提交、补充证据的，质证所用的时间不应计入鉴定期限。

(7) 对于已经出具的正式鉴定意见书中有部分缺陷的鉴定结论，工程造价咨询人应通过补充鉴定做出补充结论。

【案例引导解决方案】

要求施工方认可结算错误，若不行起诉咨询公司和施工方。咨询方应承担损失，施工方也不应不当得利。

造价咨询单位通常没有法定终审的权利，只是由建设单位委托的第三方而已(通常应有造价咨询合同)。如甲方提出疑义，完全可以提请造价权威部门(如定额站)调解，或进行二次审计(重新委托新的造价咨询单位)，或提请仲裁机构。

5.2.4　工程计价资料与档案

下面是《建设工程工程量清单计价规范》(GB 50500—2013)有关条款。

"计价资料与档案"

1. 计价资料

(1) 发承包双方应当在合同中约定各自在合同工程中现场管理人员的职责范围，双方现场管理人员在职责范围内签字确认的书面文件是工程计价的有效凭证，但如有其他有效证据或经实证证明其是虚假的除外。

(2) 发承包双方不论在何种场合对与工程计价有关的事项所给予的批准、证明、同意、指令、商定、确定、确认、通知和请求，或表示同意、否定、提出要求和意见等，均应采用书面形式，口头指令不得作为计价凭证。

(3) 任何书面文件送达时，应由对方签收，通过邮寄应采用挂号、特快专递传送，或以发承包双方商定的电子传输方式发送，交付、传送或传输至指定的接收人的地址。如接收人通知了另外地址时，随后通信信息应按新地址发送。

(4) 发承包双方分别向对方发出的任何书面文件，均应将其抄送现场管理人员，如系复印件应加盖合同工程管理机构印章，证明与原件相同。双方现场管理人员向对方所发任何书面文件，也应将其复印件发送给发承包双方，复印件应加盖合同工程管理机构印章，证明与原件相同。

(5) 发承包双方均应当及时签收另一方送达其指定接收地点的来往信函，拒不签收的，送达信函的一方可以采用特快专递或者公证方式送达，所造成的费用增加(包括被迫采用特殊送达方式所发生的费用)和延误的工期由拒绝签收一方承担。

(6) 书面文件和通知不得扣压，一方能够提供证据证明另一方拒绝签收或已送达的，应视为对方已签收并应承担相应责任。

2. 计价档案

(1) 发承包双方以及工程造价咨询人对具有保存价值的各种载体的计价文件，均应收集齐全，整理立卷后归档。

(2) 发承包双方和工程造价咨询人应建立完善的工程计价档案管理制度，并应符合国家和有关部门发布的档案管理相关规定。

(3) 工程造价咨询人归档的计价文件，保存期不宜少于五年。

(4) 归档的工程计价成果文件应包括纸质原件和电子文件，其他归档文件及依据可为纸质原件、复印件或电子文件。

(5) 归档文件应经过分类整理，并应组成符合要求的案卷。

(6) 归档可以分阶段进行，也可以在项目竣工结算完成后进行。

(7) 向接受单位移交档案时，应编制移交清单，双方应签字、盖章后方可交接。

【课后任务】

根据本项目所学知识回答问题。

1. 根据《建设工程施工合同》，施工单位编制竣工结算时，是否包括社会保障费？

2. 竣工结算的依据是什么？竣工决算的依据是什么？

3. 竣工结算与竣工决算有什么不同？

4. 合同价款调整的事项有哪些？当出现合同价款调增事项(不含工程量偏差、计日工、现场签证、索赔)后多少天内，承包人应向发包人提交合同价款调增报告？

5. 发包人应在收到承包人提交的竣工结算文件后的多少天内核对？发包人委托工程造价咨询人核对竣工结算的，工程造价咨询人应在多少天内核对完毕？

6. 发承包人都应在竣工结算文件上签名确认，若发包人拒不签认的，承包人应该怎么办？

7. 发包人对工程质量有异议，拒绝办理工程竣工结算，承包人应该怎么办？

8. 发包人应在收到承包人提交竣工结算款支付申请后多少天内予以核实，并向承包人签发竣工结算支付证书？

【能力拓展】

1. 某旧村改造 23#住宅楼建设项目概算为 589.71 万元，招标控制价为 579.93 万元，合同价为 560 万元，竣工结算为 592.11 万元。请问是否符合我国建设工程造价管理的要求？

2. 什么情况下需要进行工程造价鉴定？

3. 某建设工程 2013 年 10 月 28 日通过竣工验收，12 月 2 日施工单位提交了结算书(650万元)给建设单位。2014 年 1 月 3 日，建设单位成本控制部王工通知施工单位核对结算。施工单位造价员李工与王工自 1 月 6 日核对至 2 月 5 日，甲乙双方均签字确认。2 月 6 日，施工单位提交了付款申请给建设单位，而建设单位却通知施工单位要继续与工程造价咨询公司进行核对，定案之后才肯付款。无奈之下，施工单位造价员李工又跟咨询公司进行核对至 3 月 8 日。建设单位 3 月 9 日收到咨询公司的审核报告后，声称还要进一步审核。承包方于 2 月 12 日提交了竣工结算款支付申请，但直至 3 月 10 日，也没向承包人签发竣工结算支付证书。

你认为上述案例有哪些不合理的做法？为什么？

4. 某建设工程竣工验收后，竣工结算经过发承包双方核对，双方均已签字认可。发包人于 2014 年 2 月 1 日签发了竣工结算支付证书，2014 年 3 月 5 日发包人按照竣工结算支付证书列明的金额向承包人支付结算款。

问题：上述做法有何不妥？

5. 某建设工程施工过程中甲方口头通知删除地下室外墙的防水做法。过了三个月，适逢雨季，地下室大量渗水，成了地下水池，竣工结算时，甲方以施工单位的施工质量问题不予审核结算。之后施工单位启动诉讼程序，以甲方不及时审核结算为由将甲方告上法庭，之后，甲方以其施工质量问题又将乙方告上法庭。导致住户已经入住 5 年未能办理房产证。

问题：上述纠纷该怎样处理？

6. 工程造价咨询人应在收到工程造价司法鉴定资料后多少天内，根据自身专业能力和证据资料判断能否胜任该项委托？如不能，应该怎么做？

7. 工程造价咨询人归档的计价文件，保存了三年之后，遇到单位办公地址更换，需要搬迁。为了方便将计价纸质文件全部处理掉。

问题：这样做是否恰当？

8. 归档的工程计价成果文件应包括哪些文件？电子文档是否可以作为归档资料？

项目6　工程造价工作中的职业素养

【学习要点及目标】

- 了解职业素养的内涵及作用。
- 了解工程造价工作中存在的职业素养问题。
- 熟悉中价协〔2011〕021号文工程造价人员职业素养的基本要求。
- 熟悉工程结算审核的工作要求。
- 学会柔性调节，人性化执法，以人为本的办事原则。
- 学会工作过程中的交流与沟通的方式与方法。

【核心概念】

职业素养　爱岗敬业　诚实守信　办事公道　服务群众　奉献社会

【引导案例】

建设领域腐败现象多发易发，是当前治理商业贿赂，深入推进反腐倡廉的重点领域。随着城市化进程的大步推进，各地区都掀起了房屋改建、扩建的浪潮，其中不免存在违规违纪事件。建设部通报了在工程造价审计过程中违背职业素养的几起事件，案例如下。

某工程造价咨询公司造价工程师张某某，在审计某开发项目的结算时，收受施工单位贿赂，上调结算造价约6%，被当地检察院提起公诉，获刑两年。

某房产开发公司造价咨询部王某某，在某项目管理过程中，收受施工单位贿赂，多计结算成本7%，被当地检察院提起公诉，获刑两年。

《山东省建设工程造价管理办法》第52条规定，不按工程造价计价规定确定工程造价，造成国家或集体投资失控，构成犯罪的，依法追究刑事责任；尚不构成犯罪的，依法给予行政处分。

6.1 职业素养基础知识

6.1.1 职业素养

职业素养就是同人们的职业活动紧密联系的符合职业特点所要求的职业素养准则、职业素养情操与职业素养品质的总和，它既是对本职人员在职业活动中的行为标准和要求，同时又是职业对社会所负的职业素养责任与义务。职业素养是指人们在职业生活中应遵循的基本职业道德，即一般社会职业素养在职业生活中的具体体现。它是职业品德、职业纪律、专业胜任能力及职业责任等的总称，属于自律范围，通过公约、守则等对职业生活中的某些方面加以规范。职业素养既是本行业人员在职业活动中的行为规范，又是行业对社会所负的职业素养责任和义务。

职业素养的含义包括以下八个方面。

(1) 职业素养是一种职业规范，受社会普遍的认可。

(2) 职业素养是长期以来自然形成的。

(3) 职业素养没有确定形式，通常体现为观念、习惯、信念等。

(4) 职业素养依靠文化、内心信念和习惯，通过员工的自律实现。

(5) 职业素养大多没有实质的约束力和强制力。

(6) 职业素养的主要内容是对员工义务的要求。

(7) 职业素养标准多元化，代表了不同企业可能具有不同的价值观。

(8) 职业素养承载着企业文化和凝聚力，影响深远。

1. 职业素养的特点

1) 职业素养具有适用范围的有限性

每种职业都担负着一种特定的职业责任和职业义务。由于各种职业的职业责任和义务不同，从而形成各自特定的职业素养的具体规范。

2) 职业素养具有发展的历史继承性

由于职业具有不断发展和世代延续的特征，不仅其技术世代延续，其管理员工的方法、与服务对象打交道的方法，也有一定的历史继承性。如"有教无类"、"学而不厌，诲人不倦"，从古至今始终是教师的职业素养。

3) 职业素养表达形式多种多样

由于各种职业素养的要求都较为具体、细致，因此其表达形式多种多样。

4) 职业素养兼有强烈的纪律性

纪律也是一种行为规范，但它是介于法律和职业素养之间的一种特殊的规范。它既要求人们能自觉遵守，又带有一定的强制性。就前者而言，它具有职业素养色彩；就后者而言，又带有一定的法律色彩。就是说，一方面遵守纪律是一种美德，另一方面，遵守纪律又带有强制性，具有法令的要求。例如，工人必须执行操作规程和安全规定；军人要有严明的纪律等。因此，职业素养有时又以制度、章程、条例的形式表达，让从业人员认识到职业素养又具有纪律的规范性。

2. 职业素养的作用

职业素养是社会职业素养体系的重要组成部分，它一方面具有社会职业素养的一般作用，另一方面它又具有自身的特殊作用，具体表现在以下几个方面。

1) 调节职业交往中从业人员内部以及从业人员与服务对象之间的关系

职业素养的基本职能是调节职能。它一方面可以调节从业人员内部的关系，即运用职业素养规范约束职业内部人员的行为，促进职业内部人员的团结与合作。如职业素养规范要求各行各业的从业人员，都要团结、互助、爱岗、敬业，齐心协力地为发展本行业、本职业服务。另一方面，职业素养又可以调节从业人员和服务对象之间的关系。如职业素养规定了制造产品的工人要怎样对用户负责；营销人员怎样对顾客负责；医生怎样对病人负责；教师怎样对学生负责；开发商怎样对业主负责；施工方怎样对房屋质量负责；分包方怎样对总承包负责；拆迁部门怎样对被拆户负责等。

2) 有助于维护和提高本行业的信誉

一个行业、一个企业的信誉，也就是它们的形象、信用和声誉，是指企业及其产品与服务在社会公众中的信任程度，提高企业的信誉主要靠产品的质量和服务质量，而从业人员职业素养水平高是产品质量和服务质量的有效保证。若从业人员职业素养水平不高，很难生产出优质的产品和提供优质的服务。

3) 促进本行业的发展

行业、企业的发展有赖于高的经济效益，而高的经济效益源于高的员工素质。员工素质主要包含知识、能力、责任心三个方面，其中责任心是最重要的。而职业素养水平高的从业人员其责任心是极强的，因此，职业素养能促进本行业的发展。

4) 有助于提高全社会的职业素养水平

职业素养是整个社会职业道德的主要内容。职业素养一方面涉及每个从业者如何对待职业，如何对待工作，同时也是一个从业人员的生活态度、价值观念的表现；是一个人的职业素养意识，职业素养行为发展的成熟阶段，具有较强的稳定性和连续性。另一方面，职业素养也是一个职业集体，甚至一个行业全体人员的行为表现，如果每个行业，每个职业集体都具备优良的职业素养，对整个社会职业素养水平的提高肯定会发挥重要作用。

6.1.2 职业活动中的职业素养与法律

职业活动是人类社会生活中最普遍、最基本的活动。职业素养和职业活动中的法律，就是为了调节和约束从业人员的职业活动而形成和制定的行为规范。它们广泛渗透于职业活动的各个方面，不仅对各行各业的从业者有引导和约束作用，同时也是保障社会持续、健康、有序发展的必要条件。

1. 职业与职业素养和法律

职业的通俗表述就是人们所从事的工作。社会分工造成了职业的划分，职业也因此具有了特定的业务要求和职责规定。一定的职业是从业者获取生活来源、扩大社会关系和实现自身价值的重要途径。

每一种职业都要形成相应的社会关系和利益关系，包括职业内部从业人员之间的关系、不同职业从业人员之间的关系，以及职业从业人员与广大职业服务对象之间的关系。正是在这些关系中，人们对从事不同职业活动的人提出了相应的要求；长期从事某种职业活动的人也逐渐养成了特定的职业心理、职业习惯、职业责任心、职业荣誉感等。可见，有职业就有相应的职业要求，职业要求是保证职业活动有序进行的必要条件。这些职业要求既有属于职业素养层面的内容，也有属于法律层面的内容，职业与职业素养和法律是密不可分的。

职业素养是指从事一定职业的人在职业生活中应当遵循的具有职业特征的职业素养要求和行为准则。职业活动中的法律，是指从事一定职业的人在履行本职工作的过程中必须遵循的法律规范。

职业活动中的职业素养和法律有许多相同的特征。其一，鲜明的职业性，即它们所表达的都是具体职业的基本要求，并通过这些要求体现出特定职业的职责或价值。其二，明确的规范性，即职业活动中的职业素养和法律对从业者所提出的要求与规范都十分具体，具有很强的可操作性。其三，调节的有限性，即特定职业的职业素养和法律一般只是约束从事本职业活动的人员。

职业活动中的职业素养和法律也有区别。除了具体内涵、调控手段等方面的差别外，职业素养体现的是从事一定职业活动的人们的自律意识，职业活动中的法律更多地体现为社会对一定职业活动的他律要求。职业的发展、分化是一个历史过程，职业活动中的职业素养和法律也有一个发展过程。

职业的发展、分化主要表现为两个方面：一方面，随着生产力的发展，社会分工越来越细，职业领域越来越广，相应的职业素养和职业活动中的法律也必然会越来越多；另一方面，在不同的历史阶段，同一职业活动的内涵、职责发生变化，从而使得同一职业领域的职业素养和法律的内容也会发生相应的改变。

2. 职业素养的基本要求

职业素养具有时代和历史继承性。在历史上不同时期产生的一些调控职业活动的、带有职业素养蕴含的行规，可以被看成是最早的职业素养的表现形式。这些行规反映出当时职业的属性、功能以及从业者的价值认同和心理需要，有的行规也在历史发展过程中被后来的职业素养所继承。资本主义时代，职业和职业素养都发生了很大变化。机器大工业带来了社会分工的大发展，促成了职业的大分化，职业从宗法关系的束缚中解脱出来，具有了专门化的特征。职业的发展推动了职业素养的进步，职业素养的种类迅速增加并且在内容上逐渐定型，职业素养的调控作用也得到了强化，成为职业活动的有机组成部分，甚至上升到了制度和法律约束的层面。

社会主义制度的建立使职业活动的性质和意义发生了根本变化，为职业素养的发展提供了更为广阔的空间，职业素养进入了新的发展阶段。在社会主义条件下，职业成为体现人际平等、人格尊严和人的价值的重要舞台。职业的分工尽管还受到生产力发展水平的制约，但由于各种职业利益同社会的整体利益从根本上说具有一致性，因而从业者之间以及从业者与服务对象之间不存在根本的利益矛盾，职业和岗位的不同，只是分工的差别，而不是地位高低的差别。

社会主义的职业素养继承了传统职业素养的优秀成分，体现了社会主义职业的基本特征，具有崭新的内涵。

1）爱岗敬业

爱岗敬业，反映的是从业人员热爱自己的工作岗位，敬重自己所从事的职业，勤奋努力，尽职尽责的职业道德操守。这是社会主义职业素养的最基本要求。

在社会主义条件下，对自己工作岗位的爱，对自己所从事职业的敬，既是社会的需要，也是从业者应该自觉遵守的职业素养要求。职业不仅是个人谋生的手段，也是从业者不断完成自身社会化的重要条件，是个人实现自我、完善自我不可或缺的舞台。个人的发展和完善不能仅停留在愿望和决心上，而应付诸现实的行动，没有行动，一切都会流于空谈。因此，爱岗敬业所表达的最基本的职业素养要求就应当是：干一行爱一行，爱一行钻一行，精益求精，尽职尽责，"以辛勤劳动为荣，以好逸恶劳为耻"。这是社会对每个从业者的要求，更应当是每个从业者对自己的自觉约束。

2）诚实守信

诚实守信，既是做人的准则，也是对从业者的职业素养要求，即从业者在职业活动中应该诚实劳动，合法经营，信守承诺，讲求信誉。

诚实守信是人类千百年传承下来的优良职业素养传统，在社会主义社会应该继承并使之发扬光大。诚实守信不仅是从业者步入职业殿堂的"通行证"，体现着从业者的职业素养操守和人格力量，也是具体行业立足的基础。

在职业活动中，缺失了诚信就会失去人们的信任，失去社会的支持，失去成长和发展的机遇。诚实守信作为社会主义职业素养的基本要求，具有很强的现实针对性。由于我国社会主义市场经济还不完善，职业领域出现了一些不健康的现象，一些企业及其从业人员诚信的缺失，扰乱了市场秩序，给社会主义市场经济的顺利发展带来了负面影响，也败坏了一些企业的名声。因此，在社会主义市场经济条件下，加强职业领域的诚信职业素养建设，非常必要，十分及时。

3）办事公道

办事公道，就是要求从业人员在职业活动中做到公平、公正，不谋私利，不徇私情，不以权损公，不以私害民，不假公济私。在阶级对立和等级森严的社会中，职业有明显的高低贵贱之分，职业活动也必然由于服务对象的不同而体现出差异性，即所谓的富贵可重，贫贱可轻。

在社会主义制度下，从业者之间以及从业者与服务对象之间都是平等的，他们的职业差别只是所从事的工作不同，而不是个人地位高低贵贱的象征。同时，职业的划分也不是为特殊的利益集团和个人创造谋取私利的机会，而是为了公平地满足人们的需要。所以，以公道之心办事就必然成为职业活动所必须遵守的职业素养要求。办事公道，就要做事讲原则，无论对人对己都要坚持实事求是，出于公心，不挟私欲，遵循职业素养和法律规范来处事待人。

4）服务群众

服务群众，就是在职业活动中一切从群众的利益出发，为群众着想，为群众办事，为群众提供高质量的服务。

社会主义职业素养的核心是为人民服务，职业场所是体现这一核心要求的重要领域。职业活动使为人民服务获得了具体的内容和表现形式，为人民服务的职业素养要求也在职业活动中表现出强大的生命力。职业活动的属性、目的不是任意确定的，而是要基于群众的需要；职业活动的价值评判标准掌握在服务对象手中，因此，服务群众必然成为职业活动的内在需要。在职业活动中提倡服务群众，并不是一个高不可攀的职业素养标准，在社会主义社会里，每个公民无论从事什么工作、能力如何，都能够在本职岗位上，通过不同的形式为人民服务。

每一个从业人员在职业活动中，都自觉遵循服务群众的要求，整个社会就会形成一种人人都是服务者，人人又都是服务对象的良好秩序与和谐状态。

5) 奉献社会

奉献社会，就是要求从业人员在自己的工作岗位上树立奉献社会的职业精神，并通过兢兢业业的工作，自觉为社会和他人做贡献。这是社会主义职业素养中最高层次的要求，体现了社会主义职业素养的最高目标指向。爱岗敬业、诚实守信、办事公道、服务群众，都体现了奉献社会的精神。

尤其需要指出的是，提高廉政素质是我国当前职业素养建设的一个重要任务。廉政建设离不开对从业人员的职业素养教育特别是工程造价审核人员的职业素养教育，这对于提高整个建筑业的职业素养水平和人们的职业道德素质，营造良好的廉政氛围和风尚，具有重要的现实意义。这就需要把廉政教育作为岗前和岗位培训的重要内容，把廉政要求融入房地产和建筑业开展的"做人民满意的造价员"和企事业单位的争优创先等活动中，促进广大从业人员尤其是党政干部提高自身素质，做到廉洁从政、廉洁从业，养成良好的职业习惯，树立起各具特色的行业新风。

在职业活动中，不同的价值追求所体现的人生境界是不同的，所产生的价值和意义也是不同的。青年马克思在谈到选择职业的理想和价值时曾经写道："如果我们选择了最能为人类福利而劳动的职业，那么，重担就不能把我们压倒，因为这是为大家而献身；那时我们所感到的就不是可怜的、有限的、自私的乐趣，我们的幸福将属于千百万人，我们的事业将默默地，但是永恒发挥作用地存在下去，而面对我们的骨灰，高尚的人们将洒下热泪。"马克思对职业的价值追求，归根到底是以奉献社会为最高目标的。

学习职业素养知识，加强职业素养，对于从事各类职业活动具有重大意义。

积极参加集体活动，力戒自由散漫，发扬团结协作的精神；敢于坚持真理，大胆探索，力戒消极保守，发扬开拓进取精神；提倡艰苦朴素，勇挑重担，力戒贪图享乐，发扬艰苦奋斗精神；养成执着认真、刻苦钻研的学习习惯，力戒浮躁不专，发扬精益求精的精神。

同时，还应该自觉培养廉洁自律意识，提升人格境界，为今后在职业活动中全心全意为人民服务、依法办事、廉洁奉公打下坚实的基础。

6.1.3 创造有价值的人生

人生的意义，需要从人生价值的角度进行审视和评价。人们只有找到了自己对生活意义的正确答案，才会自觉地朝着选定的目标努力，以全部的情感、意志、信念去创造有价值的人生。

1. 价值观与人生价值

价值是一个含义十分复杂的范畴，在不同的语境中具有不同的含义？在哲学中，价值的一般本质在于，它是现实的人的需要与事物属性之间的一种关系。某种事物或现象具有价值，就是该事物或现象能满足人们某种需要，成为人们的兴趣、目的所追求的对象。在日常生活中，价值是人们经常会碰到的问题，如做事说话经常要考虑"值不值得"、"有没有益处"、"美不美"，这里的"值"、"益"、"美"就是一种价值判断。人们的认识和实践与价值判断密切相关。当人们从事交往、学习、工作、娱乐、休闲活动时，头脑中就包含着关于这些活动的功用乃至善恶、美丑的某种价值判断。

价值观是人们关于什么是价值、怎样评判价值、如何创造价值等问题的根本观点。价值观的内容，一方面表现为价值取向、价值追求，凝结为一定的价值目标；另一方面表现为价值尺度和准则，成为人们判断事物有无价值及价值大小、是光荣还是可耻的评价标准。思考价值问题并形成一定的价值观，是人们使自己的认识和实践活动达到自觉的重要标志。

作为一种社会意识，价值观集中反映一定社会的经济、政治、文化，代表了人们对生活现实的总体认识、基本理念和理想追求。实际生活中，社会的价值观念系统十分复杂，在经济社会深刻变革、思想观念深刻变化的条件下，往往会呈现出多元化、多样性、多层次的格局。然而，任何一个社会在一定的历史发展阶段上，都会形成与其根本制度和要求相适应的、主导全社会思想和行为的价值体系，即社会核心价值体系。社会核心价值体系是统治阶级意志的根本表达，体现着社会意识的性质和方向，不仅作用于经济、政治、文化和社会生活的各个方面，而且对每个社会成员价值观的形成都具有深刻的影响。

人生价值是一种特殊的价值，是人的生活实践对于社会和个人所具有的作用和意义。选择什么样的人生目的，走什么样的人生道路，如何处理生命历程中个人与社会、现实与理想、付出与收获、身与心、生与死等一系列矛盾，人们总是有所取舍、有所好恶，对于赞成什么反对什么、认同什么抵制什么，总会有一定的标准。人生价值就是人们从价值角度考虑人生问题的根据。

在关于人生的思考中，回答"为什么"的问题，即人生目标问题，要以人生的价值特性和对于人生的价值评价为根据。一个人自觉地追求着自己认定的人生目的，是因为他对自己选择的生活作了肯定的价值判断，认为这样的生活具有或者能够创造价值。回答"怎么样"的问题，即人生态度问题，同样要以对人生的价值判断为根据。一个人以这样或那样的方式对待生活，处理生活实践中遇到的各种问题，是因为在他看来，这样或那样的生活方式才是有意义的。对人生价值的看法，在整个人生观体系中具有重要地位，它在深层次上影响、制约和指导人们的实践活动，为人们的人生目的和人生态度的选择提供依据。当代大学生只有正确地理解人生价值的内涵，明是非、辨善恶、知荣辱，才能在实践中最大限度地创造人生的价值，成就人生的辉煌。

2. 人生价值的标准与评价

正确对待人生价值，不仅要正确认识人生价值的内涵和特征，还要正确认识和把握评价人生价值的客观标准。

1) 人生的自我价值与社会价值

人生价值内在地包含了人生的自我价值和社会价值两个方面。人生的社会价值，是个体的人生活动对社会、他人所具有的价值。衡量人生的社会价值的标准是个体对社会和他人所做的贡献。人生的自我价值，是个体的人生活动对自己的生存和发展所具有的价值，主要表现为对自身物质和精神需要的满足程度。

人生的社会价值和自我价值，既相互区别，又密切联系、相互依存，共同构成人生价值的矛盾统一体。在人的社会生活中，"每个人是手段同时又是目的，而且只有成为他人的手段才能达到自己的目的，并且只有达到自己的目的才能成为他人的手段，——这种相互关联是一个必然的事实"。个人既不单纯是社会和他人的手段，也不单纯就是目的，这个"必然的事实"是我们认识人生自我价值与社会价值辩证关系的基础。

一方面，人生的自我价值是个体生存和发展的必要条件。个体提高自我价值的过程，就是通过努力自我完善以实现全面发展的过程。人生自我价值的实现构成了个体为社会创造更大价值的前提。

另一方面，人生的社会价值是实现人生自我价值的基础，没有社会价值，人生的自我价值就无法存在。人总是生活在社会当中，个体无法脱离社会而存在和发展。个体的人生活动不仅具有满足自我需要的价值属性，还必然地包含着满足社会需要的价值属性。人是社会的人，这不仅意味着个体物质和精神的需要必须在社会中才能得到满足，还意味着以怎样的方式和多大程度上得到满足也是由社会决定的。一个人的需要能不能从社会中得到满足，在多大程度上得到满足，取决于他的人生活动对社会和他人的贡献，即他的社会价值。

2) 人生价值的标准

人是社会的人，总是生存和活动于各种各样的社会关系当中，并受到一定社会关系的制约。在实际生活当中，人们会选择自己的人生道路，通过一定的方式实现自己的人生目的，以独特的思想和行为赋予生活实践以个性特征。不过，任何个体的人生意义只能建立在一定的社会关系和社会条件基础之上，并在社会中才能得以实现。离开一定的社会基础，个人就不能作为人而存在，当然也无法创造人生价值。人的社会性决定了人生的社会价值是人生价值的最基本内容。一个人的生活具有什么样的价值，从根本上说是由社会所规定的，而社会对于一个人的价值评判，也主要是以他对社会所做的贡献为标准。个体对社会和他人的生存和发展贡献越大，其人生的社会价值也就越大；反之，人生的社会价值就越小。如果个体的人生活动对社会和他人的生存和发展不仅没有贡献，反而起到某种反作用，那么，这种人生的社会价值就表现为负价值。

人生价值评价的根本尺度，是看一个人的人生活动是否符合社会发展的客观规律，是否通过实践促进了历史的进步。劳动以及通过劳动对社会和他人做出的贡献，是社会评价一个人的人生价值的普遍标准。一个人对社会和他人所做的贡献越大，他在社会中获得的人生价值的评价就越高。劳动和贡献的尺度作为社会评价人生价值的基本尺度，正是对人生价值评价根本尺度的一种具体化。在我们今天所处的社会主义社会中，衡量人生的价值，标准就在于看一个人是否以自己的劳动和聪明才智为中国特色社会主义真诚奉献，尽心尽力为人民群众服务。

3) 人生价值的评价

比较客观、公正、准确地评价社会成员人生价值的大小，除了要掌握科学的标准外，还需要掌握恰当的评价方法，做到以下四个坚持。

(1) 坚持能力有大小与贡献须尽力相统一。每个人的职业不同、能力大小不同，对社会贡献的绝对量也不同，不能简单地认为能力大的人就实现了人生价值，能力小的人就没有实现人生价值。考察一个人的人生价值，要把个人对社会的贡献同他的能力以及与能力相对应的职责联系起来。任何人，只要在自己的岗位上尽职尽责、兢兢业业，就应该对其人生价值给予积极肯定的评价。

(2) 坚持物质贡献与精神贡献相统一。在现实生活中，人们容易把个人对社会的贡献局限于物质贡献，而忽视其精神贡献。其实，社会的发展与进步是物质文明和精神文明的共同发展与进步，评价人生的价值，不仅要看个人对社会做出的物质贡献，也要看其对社会做出的精神贡献。社会劳动的内容是物质生产劳动和精神生产劳动的相互转化和统一，精神贡献同样是社会发展的巨大推动力。

(3) 坚持完善自身与贡献社会相统一。人生的社会价值是实现人生自我价值的基础，评价人生价值的大小主要应看一个人的人生活动对社会所做的贡献。但这并不意味着要否认人生的自我价值。社会是人创造并由个体组成的，人的自我完善和全面发展、人生自我价值的实现将使个体为社会创造更大价值奠定更好的基础。

(4) 坚持动机与效果相统一。动机与效果是相辅相成的，动机引发行为，行为造成效果；效果由行为造成，行为由隐藏其后的动机支配。一般来说，动机善，相应的效果也善；动机恶，效果也恶。但是，行为的动机与效果并不总是一致的，在某些情况下，善的动机也可能产生恶的效果，恶的动机也可能产生善的效果。在人生价值的评价中，既要看动机又要看效果，联系动机看效果，透过效果察动机。评价一个人的人生价值，既要在坚持动机与效果辩证统一的基础上，注重其人生实践的最终结果，又要全面考察其具体的人生实践历程。

3. 人生价值实现的条件

人们根据自己的价值标准选择人生目的，在实践中努力实现自己的人生价值。但是，人们的实践活动从来都不是随心所欲的，任何人都只能在一定的条件下，运用恰当的方法去实现自己的人生价值。因此，正确把握人生价值实现的条件和方法至关重要。

1) 人生价值实现的社会条件

实现人生价值要从社会客观条件出发。人生价值是在社会实践中实现的，人的创造力的形成、发展和发挥都要依赖于一定的社会客观条件。在人类历史上，许多有抱负有才能的人之所以未能实现自己的人生价值目标，就是因为缺乏实现人生价值的社会客观条件。一般来说，随着社会的进步，人生价值实现的社会客观条件也在不断改善。我国社会主义制度的建立和完善，改革开放以来形成的良好的经济、政治、文化和社会条件，为人们实现人生价值提供了广阔的舞台。大学生要珍惜难得的历史机遇，把自己的人生价值目标建立在正确把握当今中国社会发展所提供的条件的基础上，努力、充分地实现自己的人生价值。

人生价值目标要与符合人类社会发展规律的社会核心价值体系相一致。社会主义核心价值体系是中国特色社会主义社会的主流价值，体现了和谐社会建设所需要的文化认同和价值追求，是人们观察世界、判断事物的基本标准。我们要学会运用科学的世界观和方法论，正确认识社会发展规律，正确把握社会思想意识中的主流和支流，正确辨识社会现象中的是非、善恶、美丑，确立与社会主义核心价值体系相一致的人生价值目标。

2) 人生价值实现的个人条件

实现人生价值要从个体自身条件出发。个体自身条件主要包括一个人的思想道德素质、科学文化素质、生理心理素质等方面的要素。每个人的自身条件都会与其他人有一定的差异，某一个具体的价值目标，对这个人来说是恰当的、比较容易实现的，而对另一个人来说却未必如此。因此，应当实事求是地根据自身的条件来确定自己的人生价值目标。青年时期是一个人自身条件变化较大的阶段，再加上社会经验、人生阅历等方面的限制，人们往往容易把主观的想象当作对自身条件的认知，夸大或者低估自身的能力，不切实际地抬高或者贬低自己，从而给人生价值的实现带来意想不到的障碍。因此，客观地认识自己，是确定人生价值目标的重要前提。

不断提高自身的能力，增强实现人生价值的本领。人在自然天赋上有这样那样的差异，在实现人生价值的过程中不可避免地要受到自身条件的限制，但这并不是说，人的主观努力不起作用。个人的主观努力，在相当大的程度上决定着一个人的人生价值的实现程度。人的能力具有累积效应，能够通过学习、锻炼而得到强化。比如，一个人最初只具有参与劳动的一般体力条件，但在劳动过程中，他会不断提高技巧，积累经验，劳动能力就会不断得到增强。大学生可塑性强，正处于增长知识才干的关键时期，可以通过各种方式和途径，全面提高自身的综合素质和能力，努力创造实现人生价值的良好条件。

立足于现实，坚守岗位做贡献。人生价值终究要通过自己所从事的事业展现出来。不是每个人都能成为爱因斯坦，但是每个人都能在自己的岗位上脚踏实地、埋头苦干，发挥聪明才智，为社会做出贡献，实现自己的人生价值。人生价值，尤其是人生的道德价值的实现就在尽职尽责、奋发努力的过程中。

实现人生价值要有自强不息的精神。"天行健，君子以自强不息。"当代大学生要实现自己的人生价值，需要在实践中继承和弘扬这种自强不息的精神。畏惧劳苦，贪图安逸，坐享其成，最终只能虚度年华，抱憾终生。只要人生价值目标符合社会总目标，即使自身条件有所欠缺，也要尽心尽力、一往无前。只要始终保持自强不息的精神状态，人生终会有价值。

4. 在实践中创造有价值的人生

美好的人生价值目标要靠社会实践才能化为现实。人生价值目标的实现是一个实践的过程，人生价值的评价就是对实践及其成果的评价。人生之所以有价值，是因为人能够自觉地、有意识地认识和改造客观世界与主观世界，创造物质财富和精神财富，通过创造性的社会实践把人生提升到一个更高的境界。因此，社会实践是人生价值真正的源头活水，是实现人生价值的必由之路。

走与社会实践相结合的道路。艰辛知人生，实践长才干，这是古往今来许多人成就事业的经验总结。不仅要刻苦学习书本知识，而且要努力与社会实践相结合，在社会实践中探求真知。社会实践是知识创新的源泉，是检验真理的试金石，也是青年锻炼成长的有效途径。当今时代，信息爆炸式地增长，知识更新越来越快。青年一代固然要认真学习书本知识，打下坚实的知识功底，更需要把所学的知识运用于改造客观世界和主观世界的实践中，善于为实践而学，善于在实践中学。

在当今中国，最重要的社会实践，就是全面建设小康社会、加快推进社会主义现代化、实现中华民族伟大复兴的实践。

6.2 工程造价人员的职业素养

随着我国改革开放进度的不断加快，以及市场经济发展程度的不断深入，工程造价人员应运而生。近些年，随着我国市场化经济发展方式的日趋合理，对各行业从业者的职业素养提出了更高要求，比如对于"诚信从业"愈加严格的要求和更广泛的普及便是其中很重要的一点。造价工程师是一种需要面对巨额财物的行业，其中很多工程又是国家拨款建设的项目，很难保证在工程项目的具体落实中，不会出现对巨额财产心怀不轨的人。如果造价工程师不能保持清醒的头脑，时刻保持警惕，就很容易会受到不法人员的怂恿，而出现虚报造价，从中受贿，与某些不法分子同流合污的现象。这种情况一旦出现，势必会对国家或单位等造成巨大的财产损失，且对工程的质量产生不利影响，最终还会对人的生命安全等产生危害。可见，在当前我国新的发展时期，更应加强对造价工程师职业素养的规范与养成，以对我国经济的健康发展有所贡献。

6.2.1 工程造价人员职业素养的基本要求

《全国建设工程造价员管理办法》(中价协〔2011〕021 号)中，对工程造价从业人员必须遵守的基本职业素养进行了详细规定。

第三十四条 造价员应遵守国家法律、法规，维护国家和社会公共利益，忠于职守，恪守职业道德，自觉抵制商业贿赂；应自觉遵守工程造价有关技术规范和规程，保证工程造价活动质量。

第三十五条 各管理机构应在"造价员管理系统"中记录造价员的信用档案信息。

造价员信用档案信息应包括造价员的基本情况、良好行为、不良行为等。

在从业活动中，受到各级主管部门或协会的奖励、表彰等，应当作为造价员良好行为信息记入其信用档案。

违法违规行为、被投诉举报核实的、行政处罚等情况应当作为造价员不良行为信息记入其信用档案。

第三十六条 各管理机构可对造价员的违纪违规行为，视其情节轻重给予以下自律惩戒。

(一)谈话提醒。

(二)书面警告，并责令书面检讨。

(三)通报批评，记入信用档案，取消造价员资格。

(四)提请有关行政部门给予处理。

第三十七条 各管理机构每年应将造价员管理工作总结报送中价协。

目前，常见的违反造价员职业素养的典型行为如下。

(1) 编制工程造价文件时，巧立名目，重复计算，以无充有，多编高套或少编漏项定额项目。凭感觉办事，不遵守计算规则。如墙体砌筑工程量不扣除马牙槎体积；无梁板套有梁板定额等。

(2) 审核时未站在公正立场，只审减不审增。

(3) 接受被审方的红包或回扣，故意放水。

6.2.2　工程造价人员职业素养的建立

造价人员在社会中的地位和工作性质，决定了其职业素养应建立在处理好与公众的关系、与雇主和委托人的关系、与合作工程师之间的关系的基础上，具备三项能力：沟通能力、询价能力、跟踪能力。

1. 造价人员与公众的关系

(1) 必须把公众现在的、未来的安全、健康、幸福放在首位。

(2) 必须向公众普及和应用工程方面的知识和成果，并坚持反对任何有关工程的错误的、无根据的、夸张的论点。

(3) 必须谦虚、谨慎、自尊，维护职业的尊严和荣誉，杜绝一切虚夸现象。

(4) 表明自己对有关工程方面的观点时，必须有足够的、令人信服的根据。

(5) 不得因受任何社会团体的利用或雇佣，而就工程上的问题发表看法、批评和评论，除非其前提是表明他自己和其所代表的社会团体的该问题的利益关系。

(6) 只赞成和拥护那些符合现有的工程和经济的标准，并能保证公众安全、健康、幸福的决定。

(7) 当其工作中的决定有可能威胁公众的安全、幸福、健康而被否决时，应向其雇主或委托人说明将会产生的后果。

(8) 应当通过职业交往来鼓励和支持那些遵守职业道德的人。

(9) 只与那些遵守职业道德的人合作。

(10) 在工作报告、论文和一些证明中，应坚持客观真实的原则，其中还应包括所有与之相关的、真实的信息资料。

2. 造价人员与雇主和委托人的关系

(1) 在专业事务中，作雇主和委托人忠实的代理人或受托人。

(2) 对业主和承包商要公正无私，不得直接或间接地接受其贿赂。

(3) 经研究，若确认项目会失败或其工程和经济评价被否决，造价工程师应及时通知业主或委托人。

(4) 造价工程师必须具备其所从事工作的资格。从雇主或委托人的利益出发，聘请或建议雇主或委托人聘请专家，并能够与专家密切合作。

(5) 应对在工作中得到的信息保密。为维护委托人、雇主或公众的利益，不得因牟取私利而泄露这类机密。

① 未经允许，不得泄露现在、从前雇主或委托人的商业机密、技术机密或标底，但因法律要求的除外。

② 作为任何一个协会或委员会成员，不得泄露其中的机密，但因法律要求的除外。

③ 未经允许，不得将委托人提供的设计方案、计算结果、图纸等复制给他人。

④ 不得因个人利益泄露在工作中获取的信息，而损害委托人、雇主或公众的利益。

(6) 未经允许，不得私自利用其雇主的机械设备、物资、劳动力或办公设备。

(7) 造价人员不得向政府部门的领导、官员或是某一组织机构的成员提出签订工程承包合同的请求。

(8) 必须勇于承认错误，不得歪曲事实来证明自己的结论。

(9) 不得采用不正当的手段从其他雇主那里聘请正被雇佣的工作人员以下几点。

(10) 在专业问题上，应与雇主或委托人忠实合作，尽量避免利益冲突。应做到以下几点。

① 应避免与雇主或委托人发生已有的或潜在的利益冲突。如果某些商业往来、利益、环境会影响其对工作的判断和工作质量时，应尽快通知雇主和委托人。

② 在其所负责的工作范围内，不得直接或间接地接受承包商及其代理人，或其他有关社会团体的贿赂。

③ 作为公众服务机构的成员、顾问，或政府机关及其下属部门的雇员，不得参与那些由他们的组织申请实施的个人或公众的项目。

3. 造价人员与合作造价人员之间的关系

(1) 不得排挤其他已被雇佣或将被雇佣的工程师。

(2) 不得恶意地、直接或间接地破坏他人的前程和名誉，不得随意地批评他人的工作。如果确实了解到其他工程师在工作中有违犯职业道德的、不合法的或不正当的行为，应向有关部门报告。

(3) 不得与其他工程师有不公平的竞争行为。

(4) 应当与同行和学生交流先进的工程专业知识、最新的信息和经验并与之合作。为公众的传播媒介、工程科学团体和学校做贡献。

(5) 在某些情况下，当其专业方面的决定可以做出让步时，工程师不得要求、提出并接受回扣。

(6) 不得伪造或涂改其本人的、协会的、学术的或专业的资格证明。

(7) 为技术性刊物所写的文章要真实、明确，不得有虚假和夸张现象。在这类文章中，作者只能涉及其本人参加这项工作的情况，不得提及他人，除非其目的是赞赏他人的工作。

(8) 不得采取任何方式强迫他人支持其本人或其同事在技术性团体中的竞选资格。

4. 造价人员应具备的能力

造价人员应具备沟通能力、询价能力和跟踪能力。

1) 沟通能力

沟通能力是指工程造价审核人员在面对被审者时，必须有很好的沟通能力，要使被审者能够畅所欲言。俗话说，一句话说得让人笑、一句话说得让人跳，就是这个道理。绝对不可以高人一等的姿态出现，要明白双方都是工程造价人员，只不过分工不同而已，并非今天你审他，你就一定比他水平高。要把审核过程作为相互学习探讨的过程，这样才能取得较好的效果。

2) 询价能力

询价能力是指工程造价审核人员在遇到造价中的一些材料价，信息价上又找不到的，你要知道怎么去询价，到什么地方去询价。特别在装饰工程中，信息价上没有的材料比比皆是，如果你没有这个能力，也许你就会无所适从。培养这个能力的唯一途径就是要经常去逛市场、问价格、摸行情，还要经常在网络间游历，网络也是一个不错的询价途径。

3）跟踪能力

跟踪能力是指工程造价审核人员在对工程进行跟踪时，要清楚自己该看什么，该问什么，该了解什么，该知道什么。现在绝大部分工程的审核都采用跟踪工程的方式来进行，当委派你跟踪某个工程时，如果你对一些应该通过跟踪所了解清楚的内容浑然不知，最终进行审核时，就只能让施工方牵着鼻子走。要把自己所学的专业知识和所跟踪的工程有效地结合起来，带着一个公平公正的心态进行跟踪，这是最为关键的。

6.2.3　工程结算审核的工作要求

建设工程造价在审核时，作为审核人员应该坚持以事实为依据、以计规为准绳、以定额为标准、以文件为规范的工作准则。必须做到：明确审核依据、甄别审核资料、严格审核计算、阐明审核差额、征得审核认可、出具审核报告。

审核依据一般包括承发包合同、竣工图、签证变更及当时当地相关建设主管部门发布的各种有关文件、规范、规定等。审核时要注意其时效性和适用性，确保是现行的，做到执行的文件不过时、不作废。

工程承发包合同是结算审核的主要依据之一。对合同的审核，关键应注意结算是否按合同约定的条款进行编制。当前工程结算一般采用中标的工程量清单单价加现场施工签证的方法进行编制，但是有的承包方为了能中标，在投标时往往有意降低工程价格，致使中标价不能正确反映工程成本，但在工程结算时，为了自身的经济利益，就会置合同的有关条款于不顾，蓄意调整单价，导致合同失去了它应有的严肃性、合法性。

审核资料一般包括承包方的工程结算书，工程量计算书，施工过程中的各项变更、签证、索赔等文书。对于这些资料首先必须有一个甄别过程，并非拿来就用。对一些过分离谱的签证、无中生有的变更、毫无理由的索赔，必须坚决予以抵制。

审核计算必须严格按相关规则进行，不能马虎了事，所计算的结果必须经得起相关各方的推敲，对于每一子目的删减都必须提供充分的理由。

计算工程量的工作任务比较繁重，花费时间较长，直接影响结算审核的及时性、准确性。要想达到准确及时地核实各分部分项的工程量，就应熟练地掌握相关的计算规则，熟悉施工图纸、施工现场情况、施工组织设计和施工方案，全面地查阅隐蔽工程验收的各种记录。只有这样，才能真正做到对工程量的核准既快又准。

常用的工程量审核方法有经验抽样审查法、重点审查法、全面审查法。经验抽样审查法是根据以往的实践经验审查容易出现差错的那部分工程量。例如：运用经验抽样审查法审核土建工程结算中地面面层装饰的工程量，要注意按规定应是主墙间的净空面积，有设备基础或构筑物的还要扣除其所占的面积，所有地面装饰工程量之和应小于其建筑面积，而不应等于，甚至大于其建筑面积。重点审查法是对工程结算中工程量大的或造价较高的项目进行重点审查。例如砖混结构应重点审核砖石工程和钢筋混凝土工程的工程量。全面审查法则是面面俱到，逐项核查，这是一种较为费时的审查方法。当时间紧，规模大，结算编制质量较好时，一般可采用经验抽样法与重点法相结合的审查方法；若决算编制质量较差，则宜采用全面审查法。

审核差额必须阐述原因，明确告知被审方理由，要容许被审方进行对账，甚至容许被审方挑刺，以求得所审报价的完整正确。

(1) 取费方面应注意：费用定额是否与采用的预算定额相配套；取费标准的套用与工程类别是否相符；取费基数是否正确；按规定应放在独立费中的签证，是否放在了定额直接费中取费计算；有无不该计取的费率；费用的计列是否有漏项；工程类别的确定是否正确；等等。

(2) 材料价格和价差调整方面应注意：建筑工程材料的数量是否按定额工料分析出来的数量计取；安装工程材料的规格与型号、数量是否和施工图设计的一致；材料预算价格是否按定额规定的价格计取；材料市场价格的取定是否符合当时的市场行情，是否依据当地定额管理部门定期发布的材料基准价格信息执行；建设工程复杂、施工周期长的项目，材料的价格随着市场供求情况而波动较大时，应认真审核材料市场价格的取定是否按各施工阶段分别计取或按各施工阶段的材料价格综合加权平均计算；等等。

(3) 定额子目套用的审核应注意：套用的定额子目与该工程各分部、分项工程特征是否一致，是否存在同类工程量套入基价高或低的定额子目的现象；定额子目换算是否合理，有无高套、错套、重套的现象；对选(套)用的定额子目，不仅注意看定额子目所包含的工作内容，还要看各章节定额的编制说明，熟悉定额中同类工程的子目套用的界限，力求做到公正、合理。例如，土石方工程，定额子目既有人工和机械挖土之分，又有挖土方、挖地坑、挖地槽之分，更有挖土深度和普通土及坚土的区别，不同类别的土质定额差价就在300元以上，一旦选用错误会带来价格上的巨大差异。

(4) 对现场签证应着重审核以下几点：①由于有的建设单位驻工地代表对工程决算和有关经济管理的规定不够熟悉，个别施工单位有意扭曲预算定额有关规定中的词义或界限的含义理解，造成不该签证的项目盲目签证。因而，要认真审查工程现场签证的工作内容是否已包括在预算定额内。凡是定额中已有明确规定的项目，不得计算现场签证费用。例如，正常的停水、停电损失，虽由甲方责任造成，但未超过定额规定的范围；在合理的范围内材料的实际重量与理论重量的差异造成的损失；在施工期间因材料价格频繁变动而当地定额管理部门尚未及时下达政策性调整规定所造成的差价损失；由于乙方负责购买的材料因品种不全发生替代或因其他原因而造成的量差和价差；受自然灾害引起的损失等均包括在预算包干系数内，不应列入工程决算内。在工程结算审核时应严格把关，将不符合规定的现场签证费用坚决核减。②现场签证内容、项目要清楚。只有金额，没有工程内容和数量，手续不完备的签证，不能作为工程结算的凭证。③凡现场签证必须具备甲方驻工地代表和施工单位现场负责人双方签字或盖章，口头承诺不能作为结算的依据。

(5) 审核认可必须针对委托方和被审方，所审工程的审核结果必须得到委托方和被审方双方的认可，并签字确认。

(6) 审核报告的出具必须在审核结果得到委托方和被审方双方签字确认的前提下，才能予以出具。审核报告的出具意味着本次工程审核工作的结束。

6.2.4　工程结算审核中对造价人员的基本要求

中价协〔2011〕021号文对工程造价从业人员必须遵守的基本职业素养进行了规定，落实到工程结算审核的具体工作中，就是必须做到"工作勤奋、灵活协调、处事稳重、业务过硬、清正廉洁"。

工作勤奋是做好工程结算审核工作所必须具备的素质要求。工程造价人员的职业道德首先通过勤来体现。只有勤于业务、勤于思考、勤于跑动、勤于学习、勤于钻研，才能切实做好审核工作。要勤，就要有爱岗敬业的精神，有乐于奉献的情操，有不计得失的品行，勤勤恳恳，兢兢业业。

灵活协调是做好工程结算审核工作必须具备的条件。廉政制度尽管是原则性非常强的规范，但是造价人员在做审核业务和遵守廉洁纪律方面，却有必要采取一些灵活性的措施，用灵活性的手段来贯彻执行。比如在做结算审核时，就要因地制宜、因时制宜、因人制宜，采取灵活多变、主动出击的方式方法，通过审核工程量是否偏差、定额套用是否恰当、取费程序是否规范等发现问题，而不是守株待兔、墨守成规，这样才能从根本上改变被动、疲惫的审核局面。又比如在遵守廉洁纪律方面，既要绝不含糊地执行规范，又要尽可能地通过灵活、委婉、和气的方式，婉拒被审核方的有违纪律的行为，而不要让对方有硬邦邦、冷冰冰、拒人以千里之外的感觉。

处事稳重是做好工程结算审核工作必须具备的基础。工程结算审核人员为人处世要四平八稳，切忌轻浮躁动。稳了，才不会摇摆不定，在大是大非问题上，才会旗帜鲜明、立场坚定。审核人员不论在任何事情上，都要有稳定的思想情绪、稳重的工作作风、稳妥的审查办法、平稳的处罚力度，才能在腐败行为的诱惑、侵蚀面前做到不为所动、刚正不阿，才能从根本上克服审核随意、处理不公的不良现象，真正做到依法审核、公正处理。

业务过硬是做好工程结算审核工作必须具备的保证。"硬"是工程结算审核职业道德规范和廉政制度的性质和特点之一，是造价人员遵守职业道德、执行廉洁纪律、做好审核业务工作的保证。审核工作不能欺软怕硬，不能怕得罪人，要有"三铁"精神。欺软怕硬，审核工作就会过于潦草、流于形式；怕得罪人，审核工作就无法开展。因此，审核人员必须加强职业道德修养，增强廉洁纪律意识，要有过硬的思想认识、过硬的业务技能、过硬的工作能力、过硬的处罚力度，才能从根本上击溃被审方的侥幸心理从而做好工程结算审核工作。

清正廉洁是做好工程结算审核工作的生命。廉洁是工程结算审核职业道德规范和廉政制度的最根本的要求，是造价人员职业道德修养好坏与否、执行廉洁纪律松严与否的最终体现，是审核的生命线。廉与勤、灵、稳、硬之间相辅相成、互为因果。不勤，何以说廉；不灵，何以维廉；不稳，无法真廉；不硬，无法达廉。而只有真正做到廉洁从审，才会真正勤快起来，灵活起来，才会有四平八稳的工作态度，才能在不法分子面前真正硬起来，最终做好审核工作。

【课后任务】

根据本项目所学知识回答问题。

1. 职业素养的内容包括哪些？主要表现是什么？
2. 评价人生价值的客观标准是什么？
3. 工程造价从业人员必须遵守的基本职业素养有何规定？
4. 造价人员应怎样处理与公众、雇主和委托人、合作工程师之间的关系？
5. 建设工程造价在结算审核中的工作要求是什么？
6. 工程造价从业人员在工程结算审核的具体工作中，应该怎样做？

【能力拓展】

结合你身边的工程造价管理成功之士谈谈怎样实现个人的人生价值。

附录 A　房地产开发投资项目申请报告

第一章　申报单位及项目概况

一、申报单位概况

1. 单位名称

(略)。

2. 法人代表

(略)。

3. 注册资本

壹仟万元。

4. 公司类型

有限责任公司。

5. 经营范围

(1) 前置许可经营项目：无。

(2) 一般经营项目：房地产开发、商品房销售、物业管理(以上项目凭法定资质经营)，自有房屋租赁。

二、申请报告编制单位

1. 单位名称

(略)。

2. 工程咨询资格等级

(略)。

3. 工程咨询证书编号

(略)。

4. 发证机关

国家发展和改革委员会。

三、项目概况

1. 项目名称

(略)。

2. 项目性质

新建。

3. 建设地点

烟台市芝罘区。

4. 主要建设内容与建设规模

本项目的建设内容主要为 68 栋高层住宅楼、1 栋 30 层公寓式酒店、6 栋联排别墅、12 栋独栋别墅、商业及配套、居委会、警务室、卫生站、物业用房、文化活动中心、小学、幼儿园、地下停车场等，还包括地块内的 3 栋 6 层保留建筑，同时进行本地块的拆迁及回迁安置、某部分村民的异地安置(拆迁工作已完成，不属于本项目内容)等。

本项目规划总用地面积 41.12 万平方米，可建设用地面积 32.57 万平方米，总建筑面积 756 640 平方米(包括地上建筑面积 615 200 平方米，地下建筑面积 141 440 平方米)。项目容积率为 1.89，建筑密度为 22%，绿地率为 39%，总户数为 4420 户，停车位为 5293 个。项目拆迁且原地回迁安置户数 351 户，某异地安置户数 262 户。

项目共划分为 A、B、C、D 四个地块，其中，某回迁区及联排别墅、独栋别墅等位于 A 地块；另一回迁区、保留建筑(大龄青年楼)及小学幼儿园等位于 C 地块；B 地块、D 地块建设高层住宅楼、公寓式酒店及商业网点，为自售地块。项目经济技术指标见表 A-1。

表 A-1　项目经济技术指标

类　别			单　位	数　值				
				A 地块	B 地块	C 地块	D 地块	总地块
规划总用地面积			万 m²	13.27	11.12	11.71	5.02	41.12
可建设用地面积			万 m²	10.84	9.45	7.26	5.02	32.57
总建筑面积			m²	254 793	255 626	174 311	71 910	756 640
其中	地上建筑面积		m²	205 481	212 810	137 319	59 590	615 200
	其中	住宅建筑面积	m²	181 347	185 790	102 011	56 481	525 629
		商业建筑面积	m²	21 829	25 328	8 938	2 133	58 228

续表

类 别			单 位	数 值				
				A 地块	B 地块	C 地块	D 地块	总地块
其中	其中	保留建筑面积	m²	0	0	10 521	0	10 521
		公建不可销售面积	m²	2305	1 692	15 849	976	20 822
		其中 居委会	m²	300	0	300	300	900
		警务室	m²	50	0	50	50	150
		卫生站	m²	300	0	300	150	750
		物业用房	m²	1 655	1 692	1 099	476	4 922
		文化活动中心	m²	0	0	3 000	0	3 000
		幼儿园	m²	0	0	3 600	0	3 600
		小学	m²	0	0	7 500	0	7 500
	地下建筑面积		m²	49 312	42 816	36 992	12 320	141 440
居住户数			户	1 541	1 338	1 156	385	4 420
建筑密度				20%	23%	20%	21%	22%
容积率				1.90	2.25	1.89	1.19	1.89
绿地率				39%	41%	39%	39%	39%
机动车停车位			个	1 868	1 718	1 290	417	5 293
其中	地上停车位		个	327	380	134	32	873
	地下停车位		个	1 541	1 338	1 156	385	4 420

5. 项目建设背景

房地产是国民经济发展的一个基本的生产要素,任何行业的发展都离不开房地产业,因为任何行业都拥有一定的房地产,它们都是房地产经济活动的参与者,因此房地产业是发展国民经济和改善人民生活的基础产业之一。居住房地产是所有房地产中占比重最大的一类,居民的住房条件和居住质量,是衡量一个国家或地方人民生活水平的重要指标。

1) 烟台市主要五区房地产现状分析

烟台房地产市场起步较晚,但是发展潜力巨大。近几年,整个烟台地区的房价一直处于稳步攀升的状态。烟台的房地产市场正在从三个方面进行融合,首先是各个区楼盘的价格在慢慢接近;其次是楼盘的品质越来越接近,建设高品质楼盘渐渐成为一种共识;最后是烟台房地产市场的地域界限在淡化,原来相对比较独立的各个区域,现在正一步步朝着"大烟台"的方向迈进,在不远的将来,烟台房地产将会融合成为一个大的完整的市场。

目前烟台地产区域市场均价由高到低依次为芝罘区、莱山区、开发区、福山区和牟平区,这也反映了各区域所处位置及城市性质、空间功能与开发潜力。具体分析如下。

(1) 芝罘区。

芝罘区作为城市中心,是烟台的经济、文化和交通中心,经济发达、交通便利、人口众多,加之市中心土地越来越少,所以芝罘区的平均房价目前在市区中是最高的,均价已在 7 000 元/平方米左右。但是芝罘区的高价房主要集中在中心区内,特别是滨海广场附近及南大街沿线，已成为高档公寓和写字楼的集中区域，世茂海湾 1 号以 15 000 元/平方米的价格推出，更是树立了烟台顶级地产项目的标杆。而南部以及幸福一带，因为受到交通不便或周边环境的限制，影响了房子的价格，所以使得房价与市里有着不小的差距。但是随着交通状况的不断改善，城市基础设施的建设，这一情况正在慢慢得到改变。

(2) 莱山区。

莱山区有着得天独厚的海景优势，位于滨海路一线的海景豪宅(如御园、金海岸花园、东上•海赋、银河怡海山庄等)价格昂贵，拉高了莱山区的整体价格。其次，烟台市政府以及其他一些政府机构的落户使莱山区成为烟台新的城市中心，行政、文化、商业、体育、金融等方面的配套日益健全完善，对莱山区的房地产市场产生了很大影响，很多人都看好莱山区的发展潜力，因而选择在烟台未来的城市中心安家落户。但目前市府区域开发项目扎堆，相互产生竞争压力，除促使开发商提高项目品质，完善营销思路外，对价格攀升也产生了一定的抑制作用。

(3) 开发区。

开发区近几年发展迅速，集中了烟台绝大部分的工厂企业，辖区内人口众多，特别是外来工作人员不断增加，为开发区的房地产市场带来了巨大的发展潜力和购房市场，进而吸引众多的房地产投资商越来越关注开发区的房地产市场，并在此投资。

开发区房价的增长比例是市区当中最大的，均价现已突破每平方米 5 000 元，特别是西部一系列靠近金沙滩的高品质海景住宅投入市场，如维亚湾、天马相城等，更是激发了开发区房地产价格的快速增长。

(4) 福山区。

福山区因为离芝罘区较远，自身大型的商业圈也没有形成，又没有开发区靠海的优势，因此住宅的价格相对较低，所以就成为许多工薪阶层购房者和不少在开发区上班的购房者的第一选择。

正是由于没有外在的优势，因此福山区的楼盘多以低价格、高品质来赢得消费者的青睐。但是随着整个市场价格的上涨，福山的房价也随之快速走高，目前均价已达 5 000 元/平方米左右。当价格优势在慢慢减弱，提高住宅品质，正成为福山区楼盘冲出重围的重要出路。

(5) 牟平区。

牟平区作为距离烟台市中心最远的一个区，前几年在房地产开发方面一直处于默默无闻的角色，价格更是长期处于低谷。近年来，主要由于烟台主城区的不断东拓，莱山城市新中心地位的确立，牟平基础设施的不断完善以及与主城区不断高攀的房价之间形成的低洼吸引力，使牟平地产开始发展，大量地产项目频繁推出。

2) 2011 年烟台市芝罘区住宅市场分析

2011 年芝罘区总体供应面积为 150.8 万平方米，其中新增供应量为 127.93 万平方米；全年销售面积为 51.42 万平方米，销售套数为 5 399 套，套均面积为 95.24 平方米；全年销售金额为 368 900 万元，约合 36.89 亿元，套均价格为 68.33 万元，全年销售均价为 7 174 元/平方米。

(1) 住宅供应市场分析。

2011 年烟台芝罘区住宅总供应面积为 150.8 万平方米，总供应套数为 14 833 套，详见图 A-1。其中上半年芝罘区总体供应面积和供应套数较少，2 月份供应面积和套数全年最少，分别为 29.14 万平方米和 1 368 套。7 月份之后总供应呈现明显上升趋势，12 月份达到最大值，其中总供应面积约 102.17 万平方米，总供应套数约 9 756 套。

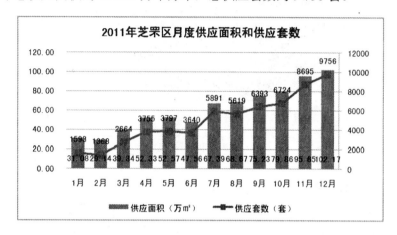

图 A-1　2011 年芝罘区住宅月度供应图

2011 年烟台芝罘区住宅新增供应面积为 127.93 万平方米，新增供应套数为 14 140 套，详见图 A-2。月度新增供应量波动较大，新增供应主要集中在下半年，7 月份新增供应量最多，达到 22.36 万平方米，主要是由于越秀·星汇凤凰、楚盛·现代城、华茂雅居首次开盘及康和新城、金象泰·温馨家园、万光·金地佳园的加推，2 月份新增供应面积最低，仅为 0.8 万平方米。

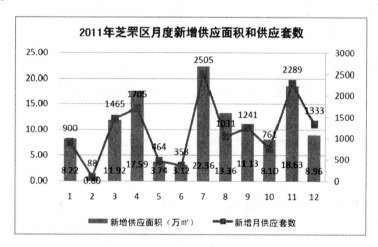

图 A-2　2011 年芝罘区住宅新增供应图

2011 年芝罘区新增住宅供应户型面积主要集中在 91～100 平方米，比例高达 25%；其次是 81～90 平方米，比例为 16%；总体来看，芝罘区产品集中面积段为 81～100 平方米，约占总数的 41%，此外，芝罘区小户型较少，80 平方米以下的小户型仅占 18%，详见图 A-3。

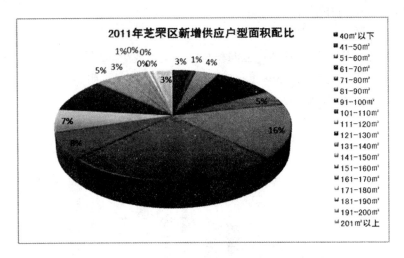

图 A-3　2011 年芝罘区新增供应户型面积配比图

(2) 住宅成交市场分析。

2011 年烟台芝罘区住宅成交面积共计 51.42 万平方米，成交均价为 7 174 元/平方米，详见图 A-4。月度成交量起伏较大，下半年从 7 月份开始明显下滑，7 月份达到最大，成交面积达 12.03 万平方米；全年成交均价整体平稳，其中 6 月份均价最高，达 8 129 元/平方米，而 7 月份最低，达到 6 496 元/平方米，最大价差为 1 633 元/平方米。

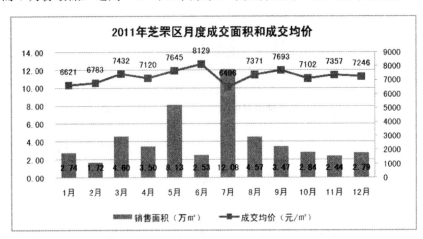

图 A-4　2011 年芝罘区月度成交面积均价图

2011 年烟台芝罘区住宅成交金额共计 368 900 万元，约合 36.89 亿元，成交套数共计 5 399 套。上半年月度成交金额波动较大，下半年趋于平稳，其中 7 月份为全年最高，约为 78 492.79 万元，约合 7.85 亿元；月度成交套数波动同成交金额一致，最低值均出现在 2 月份，成交金额和成交均价分别为 11 651.51 万元和 169 套，详见图 A-5。

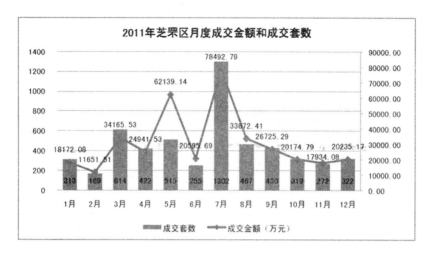

图 A-5　2011 年芝罘区月度成交金额套数图

2011 年芝罘区成交户型集中在 91～100 平方米,比例高达 28%;其次是 81～90 平方米,比例为 21%;与其他区域相比,产品集中面积段为 81～100 平方米,约占总数的 49%,此外,芝罘区小户型较少,80 平方米以下的小户型仅占 17%,详见图 A-6。

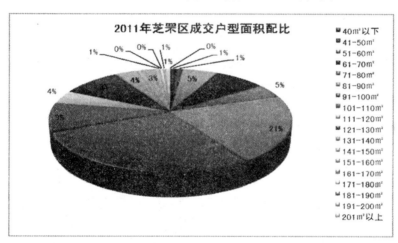

图 A-6　2011 年芝罘区住宅成交户型面积配比图

(3) 2011 年烟台芝罘区新推、加推房地产项目统计,详见表 A-2。

表 A-2　2011 年芝罘区新推、加推房地产项目统计表

项目名称	开盘日期	总占地面积/万 m²	总建筑面积/万 m²	产品类型	开盘推出面积/万 m²	开盘推出套数	开盘消化面积/万 m²	开盘消化套数	主力户型区间/万 m²	开盘均价/万 m²	月均消化套数	月均消化面积/万 m²
桦林·颐和苑	2011.1.8	16.8	30	高层	1.41	127	1.06	118	75～98	5 350	23	0.22
	2011.5.21			小高层	1.49	164	0.917	101	94～138	5 850	23	0.22

项目名称	开盘日期	总占地面积/万 m²	总建筑面积/万 m²	产品类型	开盘推出面积/万 m²	开盘推出套数	开盘消化面积/万 m²	开盘消化套数	主力户型区间/万 m²	开盘均价/万 m²	月均消化套数	月均消化面积/万 m²
柏林春天	2011.3.5	41.33	56	小高层、多层	1.4	140	1.21	121	71～122	5 800	21	0.17
	2011.11.12			洋房、小高层	1.04	160	0.2	44	50～93	6 300	21	0.17
银都新城市广场	2011.3.26	1.5	12.58	高层	4.80576	657	1.84	252	65～172	9 100	45	0.24
康和新城	2011.3.27	64	126	小高层	2.2	240	2.15	234	89～92	5 000	76	0.69
	2011.7.16			小高层、高层	1.35	280	1.1	229	86～93	5 300	76	0.69
	2011.12.18			高层	0.62	68	0.079	9	88～92	5 350	76	0.69
万科·海云台	2011.5.8	31.2	44.5	小高层、高层	3.17	274	2.58	224	68～138	8 707	39	4527.26
	2011.10.20			小高层、高层	2.07	188	0.17	17	72～138	9 233	10	410.8
建源·山水龙城	2011.5.15	93.59	149.74	高层	4.35	378	2.24	195	87～136	6 650	58	0.67
富顺苑	2011.5.22	42.85	60	高层	1.62	180	1.62	140	82～134	7 000	84	0.79
金象·泰温馨家园	2011.7.31	13.88	32.25	高层	4.5	554	3.882	478	65～90	6 500	146	1.24
左岸尊邸	2011.7.31	100	180	小高层、高层	6.68	704	0.534	376	80.7～102	4 900	87	0.83
越秀·星汇凤凰	2011.8.7	8.49	21.98	高层	9.71	260	5.98	160	109～123	7 000	168	1.86
佳隆·凤凰公馆	2011.8.28	0.71	1.9	高层	1.63	132	0.827	67	68～87	6 500	35	0.27
楚盛·现代城	2011.9.6	4.66	11.7	高层	4	384	0.52	50	40～103	6 400	47	0.34
大成门	2011.11.12	17.24	19	高层	5.68	575	0.82	75	85～150	7 800	45	0.48
名仕豪庭	2011.11.19	0.59	8.291	超高层	6.87	1167	0.6	100	34～120	8 000	67	0.4
润鼎嘉园	2011.12.3	2	5	小高层、高层	1.7	232	0.9	95	80～134	7 000	90	0.9

(4) 烟台芝罘区房地产市场发展趋势预测。

2011 年下半年芝罘区市场新增供应量较大，但去化量较少，导致芝罘区市场整体存量较大，整体供过于求。

芝罘区 2011 年供应及成交的产品中，61～100m^2 户型占总供应的 55%，占总成交套数的 61%。两居户型是芝罘区供应及消化的主力户型，客户主要以首置型客户为主。

芝罘区较有代表性的首置和首改类楼盘有金象·泰温馨家园、越秀·星汇凤凰、山水龙城、柏林春天、桦林·颐和苑等，预计后期将会有较大放量。随着 2012 年国家对首套房贷的支持，芝罘区房地产市场首置首改类产品销售前景较好，南郊片区和只楚路沿线房地产市场将会有较大发展空间。

6. 项目实施进度计划

项目承办单位为项目的实施已做了大量的前期工作，本着抓紧前期、合理安排施工，争取早日建成使用的原则，根据国家建设部等有关项目工期定额并考虑项目特点，本项目拟定建设期为 7 年：从 2013 年 1 月初到 2019 年 12 月底，其中 A 地块建设期为 45 个月，即从 2013 年 1 月初到 2016 年 9 月底；B 地块建设期为 60 个月，即从 2015 年 1 月初到 2019 年 12 月底；C 地块建设期为 24 个月，即从 2013 年 9 月初到 2015 年 8 月底；D 地块建设期为 24 个月，即从 2015 年 1 月初到 2016 年 12 月底。

计划从 2014 年开始预售。

7. 投资规模

本项目总投资为 280 062.00 万元，其中，土地费用 84 745.87 万元，前期工程费 1 555.85 万元，基础设施建设费 15 828.51 万元，建筑安装工程费 144 934.58 万元，建设单位管理费用 933.00 万元，销售费用 8982.89 万元，其他费用 15 669.53 万元，不可预见费 7 411.76 万元。

8. 资金筹措及资本金构成分析

本项目总投资为 280 062.00 万元，全部由建设单位自筹解决。通过前期的销售收入滚动作为后期开发的投资。资本金出资比例符合《国务院关于调整固定资产投资项目资本金比例的通知》(国发〔2009〕27 号文)的要求。

9. 财务分析指标

财务分析指标见表 A-3。

表 A-3　财务指标表

序　号	项　目	合　计	单　位	备　注
1	总投资	280 062.00	万元	
2	销售收入	449 144.67	万元	
3	利润总额	126 016.87	万元	
4	投资利润率	45.00	%	
5	销售利润率	28.06	%	

续表

序　号	项　　目		合　　计	单　位	备　注
6	投资回收期	税前	5.11	年	
		税后	5.33	年	
7	财务内部收益率	税前	25.21	%	
		税后	20.53	%	
8	财务净现值	税前	38 868.24	万元	
		税后	23 410.35	万元	

第二章　发展规划、产业政策与行业准入分析

一、发展规划分析

1. 本项目建设符合国家国民经济和社会发展十二五发展规划要求

《中华人民共和国国民经济和社会发展第十二五发展规划纲要》第三十五章"提高住房保障水平"中指出要"坚持政府调控和市场调节相结合，加快完善符合国情的住房体制机制和政策体系，逐步形成总量基本平衡、结构基本合理、房价与消费能力基本适应的住房供需格局，实现广大群众住有所居……立足保障基本需求、引导合理消费，加快构建以政府为主提供基本保障、以市场为主满足多层次需求的住房供应体系……完善土地供应政策，增加住房用地供应总量，优先安排保障性住房用地，有效扩大普通商品住房供给"。

本项目进行房地产开发，能够有效扩大商品住房供给，提高住房保障水平，因此，本项目建设符合房地产业国家十二五发展规划要求。

2. 本项目建设符合山东省国民经济和社会发展十二五规划要求

《山东省国民经济和社会发展第十二个五年规划纲要》中第三篇"构调整和转型升级"第九章中关于房地产业指出要"加快完善市场机制和政府保障机制，促进房地产市场平稳健康发展，努力增加有效供给，合理引导住房消费，满足多元化市场需求。科学编制城市发展规划，合理布局商业地产开发。支持房地产开发和建筑骨干企业做大做强，培育在全国具有较强竞争力的大型综合性企业集团和知名品牌。提高房地产规划设计与施工建设水平，强化建设质量、内在品质和安全保障。加快房地产交易综合服务平台建设，加强房地产市场监管与调控，规范房地产市场秩序。建立健全城市土地市场配置机制和科学的土地价格形成机制，加大对闲置土地的处置力度，提高土地利用效率"。

项目的建设能够增加烟台市商品房的供给，满足市场需求，因此，本项目建设符合山东省国民经济和社会发展十二五规划要求。

3. 本项目建设符合烟台市国民经济和社会发展十二五规划要求

《烟台市国民经济和社会发展第十二个五年规划纲要》第三章"结构调整与产业振兴"二"加快发展现代服务业"之(二)"改造提升生活性服务业"中指出："提高服务质量，规范服务标准，拓展服务领域，全面发展旅游、商贸餐饮、房地产、养生养老、社区服务等生活性服务业，更好地满足城乡居民消费扩大和消费升级的需求。商贸餐饮业。调整商贸

业空间布局，形成商贸集聚中心、区级商贸中心、社区购物中心和农村便利店等多层次、全覆盖的商贸业发展格局。调整房地产开发结构，大力发展商业、文化、旅游、养老、体育等高端地产，加快住宅地产与产业地产协调发展。"

项目开发建设商业住宅小区，能够促进烟台市房地产业的发展，改造提升当地居民的住房质量和生活水平，因此，项目建设符合《烟台市国民经济和社会发展第十二个五年规划纲要》中的相关要求。

4. 本项目建设符合烟台市芝罘区国民经济和社会发展十二五规划要求

《烟台市芝罘区国民经济和社会发展第十二个五年规划纲要》第三章"产业发展"第一节"产业布局"二"加快建设南部新城区"中指出房地产业要："结合旧居改造，引进实力强劲的品牌开发商，进行整体连片开发，加大产业地产比重，打造精品、高端楼盘，提高房产外销比例。"第四章"城市建设与城市管理"第一节"城市建设全面提速"二"加快旧城改造步伐"中指出要："引进有实力的品牌开发商参与旧城改造，十二五期间，旧城改造开工面积力争突破 600 万平方米，基本完成胜利、白石、华润中心、慎礼、芝罘湾一期等区片改造任务，中心城区形象得到根本性提升。同时，对具有较大改造潜力、居民改造要求迫切但目前尚不具备开发条件的区片，积极开展前期谋划、论证和招商工作。在改造过程中，注重以产业规划指导城市规划，加强产业发展与城市建设的协调统一，以产业谋划引领大型城市综合体建设。到 2015 年，在核心地带新建一批枢纽和辐射能力强的综合体，在城郊区域新建一批拉动和承载能力强的综合体，城市重点区域商业、服务业用房提高至 40%以上。"

本项目通过旧城改造，建设面向不同收入群体的居住小区，能够改造提升当地居民的住房质量和生活水平，因此，项目建设符合《烟台市芝罘区国民经济和社会发展第十二个五年规划纲要》的要求。

二、产业政策分析

《产业结构调整指导目录》由鼓励、限制和淘汰三类目录组成。而不属于鼓励类、限制类和淘汰类，且符合国家有关法律、法规和政策规定的，为允许类。允许类不列入《产业结构调整目录》。

本项目建设为普通商品房开发项目，未列入《产业结构调整指导目录》(2011 年修订本)限制类和淘汰类目录，并且符合国家有关法律、法规和政策规定。因此，本项目属国家允许类建设项目。因此，符合国家产业政策。

三、行业准入分析

1. 企业准入分析

《山东省城市房地产开发经营管理条例》第二章"房地产开发企业"中第九条要求设立专营开发企业，除应当符合有关法律、法规规定外，还应当具备下列条件。

(1) 注册资本不低于一千万元。

(2) 有八名以上持有资格证书的房地产、建筑工程等专业的技术经营管理人员和两名以

上持有资格证书的专职会计人员。

芝罘具有较强的经济、技术实力，注册资本 1 000 万元，符合"注册资本不低于一千万元"的要求；且人员配备符合"有八名以上持有资格证书的房地产、建筑工程等专业的技术经营管理人员和两名以上持有资格证书的专职会计人员"的要求。

2. 确定房地产开发项目的原则

确定房地产开发项目，应当符合土地利用总体规划、年度建设用地计划和城市规划、房地产开发年度计划等的要求，应坚持旧区改造和新区建设相结合原则，注重开发基础设施薄弱、交通拥挤、环境污染严重以及危旧房集中的区域，保护和改善城市生态环境，保护历史文化遗产。

本项目的建设属于烟台市芝罘区规划的旧城改造范围，并按照相关要求开发建设和进行拆迁、回迁安置以及异地安置，注意保护环境和节约能源资源，不造成历史文化遗产的破坏，因此，项目建设符合烟台市芝罘区总体规划，符合房地产开发原则。

3. 土地使用权的取得

1998 年公布施行的《城市房地产开发经营管理条例》规定房地产开发用地应当以出让方式取得，但法律和国务院规定可以采用划拨方式的除外。

本项目土地开发权已由开发商以招拍挂方式获得，符合《城市房地产开发经营管理条例》的要求。土地使用证正在办理当中，建设条件成熟。

综上所述，本项目建设完全能达到房地产行业准入条件。

第三章　资源开发及综合利用分析

一、土地资源开发方案

本项目开发的资源种类主要是土地资源。在我国，土地是极其宝贵的稀缺资源，节约土地是我国的基本国策。随着城市化进程的推进，城市的土地资源日益减少，国家提出要注意节约土地，解决好城市化与土地资源的矛盾。

本项目规划总用地面积 41.12 万平方米，可建设用地面积 32.57 万平方米，项目共划分为四个地块，分别为 A 地块、B 地块、C 地块、D 地块。其中，A 地块主要建设某回迁区及联排别墅、独栋别墅等；B 地块建设高层住宅楼、公寓式酒店及商业网点等；C 地块主要建设芝罘回迁区、保留建筑(大龄青年楼)及小学、幼儿园等；D 地块全部用于建设高层住宅楼，每个地块均含地下车库、小棚等地下建筑。

项目土地资源开发方案合理，符合土地集约利用的要求。

二、资源利用方案

本项目在建设期和运营期间主要消耗两类资源：建筑材料和水。

1. 建筑材料资源利用方案

本项目建设期所需要的建筑材料主要包括钢材、水泥、木材、砂、碎石、砌块等。按照规划方案，项目总建筑面积为 756 640 平方米，其中保留建筑面积 10 521 平方米，新建建筑面积 746 119 平方米，所消耗的建筑材料估算总量详见表 A-4。

表 A-4 建筑材料消耗量估算表

序 号	材料名称	指标/(kg/m^2)	消耗总量/t	占比/%
1	钢材	95	70 881.31	7.13
2	水泥	210	156 684.99	15.77
3	木材	25	18 652.98	1.88
4	砂	420	313 369.98	31.53
5	碎石	510	380 520.69	38.29
6	砌块	60	44 767.14	4.50
7	陶瓷	9	6715.07	0.68
8	PVC	3	2238.36	0.23
9	合计		993 830.51	100.00

从表 A-4 可知，建筑材料消耗量较大的依次为碎石、砂、水泥和钢材，总量占全部建筑材料消耗量的 92.7%。经过初步调研，上述材料可以在烟台市及周边地区采购取得，能够有效保证项目的顺利实施。

2. 水资源利用方案

水是社会进步和经济发展的生命之源，是实现社会经济可持续发展的重要物质基础。目前，水环境治理和水资源保护已成为全国各地社会经济发展中具有全局性和战略性的重大问题。在项目建设中，合理地利用水资源，将是一条解决水资源问题的有效途径。

1) 用水量估算

项目运营期用水定额及计算期取值是在参考相关规范的基础上，综合烟台市实际情况确定的，具体取值如下。

(1) 居民生活用水定额为 150L/人·d，按 365 天/年计算。

(2) 商业及配套用水指标按平均 10L/m^2·d，按 360 天/年计算。

(3) 绿化及道路浇洒用水指标按平均 3L/m^2·d，按 180 天/年计算。

(4) 未预见用水量取生活用水量的 10%估算。

项目运营期用水量估算见表 A-5。

表 A-5 项目运营期用水量估算表

序 号	项 目	数 量	用水定额	日用水量/t	年用水量/t
1	居民生活用水	15 470 人	150L/人·d	2 320.50	846 982.50
2	商业及配套用水	79 050 m^2	10L/m^2·d	790.50	28 8532.50
3	绿化及道路浇洒	164 480 m^2	3L/ m^2·d	493.44	88 819.20
4	未预见用水		按生活用水的 10%计算	232.05	84 698.25
	合计			3 836.49	1 309 032.45

由表 A-5 可知，项目运营期最高日用水量为 3 836.49 t，年用水量为 1 309 032.45 t。

2）给水

给水系统从市政自来水干管上接 DN200 进水管，并在建筑周围敷设成环状布置，各楼层由市政直接供水。

3）雨水、污水

排水系统采用雨污水分流制，本项目产生的生活污水经化粪池处理后排入市政污水管网，雨水汇集后排入附近水体。

三、资源节约措施

1. 节地措施

本项目合理利用土地，优化布置停车场、给排水、配电通风设备用房，有效地提高了地上空间的利用率，节约了土地。项目建设符合烟台市芝罘区城市总体规划，用地强度符合现行的法律法规。

2. 节材措施

(1) 采用建筑全生命周期概念上的建筑节材，即在建筑全生命周期(物料生产、建筑规划、设计、施工、运营维护及拆除、回用过程)中实现高效率地利用各种资源(包括能源、土地、水资源、建筑材料等)。

(2) 尽量采用可再生原料生产的建筑材料或可循环再利用的建筑材料，减少不可再生材料的使用率。采用工业废渣(包括建筑垃圾)在建筑工程材料中的应用技术，包括粉煤灰、矿渣、煤矸石、废弃混凝土及其他建筑垃圾等的应用，提高建筑工程材料中工业废渣的应用比率，以减少建筑材料对自然资源的占用。

(3) 采用高强度轻质量材料(如 HRB400 级钢筋、高强度混凝土、预制钢筋混凝土桩等)，减轻建筑结构自重和减小承重结构截面尺寸，从而减少建筑材料消耗量。

(4) 采用高耐久性混凝土及其他高耐久性建筑材料可以延长建筑物的使用寿命，减少维修次数，避免建筑物过早维修或拆除而造成的浪费。

(5) 采用低水泥用量高性能混凝土应用技术，节约水泥生产所消耗的石灰石等自然资源，减少水泥生产过程中的废物排放量，有利于环保。

(6) 采用外墙保温一体化技术，尽量避免或减少黏土砖用量，通过保温措施降低墙体厚度，减少墙体材料消耗量。

(7) 采用商品混凝土和商品砂浆。商品混凝土集中搅拌可比现场搅拌节约水泥 10%，减少砂石现场散堆放、倒放等造成的损失达 5%～7%。

(8) 尽量采用工业化生产的标准规格的预制成品，以减少现场加工材料所造成的浪费。遵循模数协调原则，以减少施工废料量。

(9) 对建筑结构方案进行优化，节约材料，减低造价。如在地基处理中，桩和桩间土通过褥垫层形成的复合地基，具有承载力提高幅度大，地基变形小，施工方便、周期短，且造价较低的特点。

(10) 制订科学严谨的材料预算方案，尽量降低竣工后建筑材料剩余率；加强工程物资与仓库管理，避免优材劣用、长材短用、大材小用等不合理现象；尽量就地取材，减少建

筑材料在运输过程中造成的损坏及浪费；采用科学先进的施工组织和施工管理技术，使建筑垃圾产生量占建筑材料总用量的比例尽可能降低；采用商品混凝土、泵送混凝土、商品化模板等先进施工技术，减少现场材料运输浪费。

3. 节水措施

1) 建筑节水

(1) 建立完善的给水系统，保证供水水质符合卫生要求，水量稳定，水压可靠。

(2) 建立完善的排水系统，雨污水分流。

(3) 对用水水量和水质进行详细估算和评价，并提出合理的用水分配计划、水质和水量保证方案，最大限度地有效利用水资源，减少污水的排放量，实现用水的良性循环。

2) 绿化用水

绿化用水应进行优化设计，优先采用雨水灌溉，提高用水效率。提倡营造少灌或免灌绿化群落，草坪以暖地型草坪为主，尽量避免减少冷地型草坪面积。

3) 采用节水器具或设备

(1) 卫生器具采用节水型卫生洁具，采用节水型水龙头。其中坐便器采用耗水 6 升的节水型坐便器，小便池采用红外线控制节水器；水龙头根据场合不同，选用延时自动关闭(延时自闭)式、水力式、光电感应式和电容感应式等类型。

(2) 空调主机采用 VRV 型风冷式变频空调系统，以制冷剂为输送介质，避免冷却水、冷媒水排放的浪费。

(3) 冷藏设备采用风冷式冷凝器，以解决冷冻机组冷却水排放的浪费。

4) 其他节水措施

(1) 可根据实际情况，考虑设置将屋面雨水直接引入建筑周边绿地，先作为绿化浇灌用水，多余雨水通过路边雨水井汇集后再排放，以节约绿化用水。

(2) 合理配制水表等计量装置。建筑物的引入管、建筑内各租户的入户管均各自设置水表。

第四章 节能方案分析

一、用能标准和节能规范

根据《国务院关于加强节能工作的决定》(国发〔2006〕28 号)、《山东省人民政府关于加强节能工作的决定》，以及国家发改委、科技部、财政部、建设部、国家质检总局、国家环保总局、国管局、中央管理局关于"十二五"规划纲要的有关精神，该项目主要从以下几方面考虑分析。

1. 相关法律、法规和规划

(1) 《中华人民共和国节约能源法》。

(2) 《中华人民共和国可再生能源法》。

(3) 《中华人民共和国环境保护法》。

(4) 《中华人民共和国电力法》。

(5)《中华人民共和国建筑法》。

(6)《中华人民共和国水污染防治法》。

(7)《关于印发节能减排综合性工作方案的通知》(国发〔2007〕15 号)。

(8)《节能中长期专项规划》(发改环资〔2004〕2505 号)。

(9)《中国节能技术政策大纲》(国家发改委、科技部 2006 年 12 月)。

2. 产业政策和准入条件

(1)《国务院关于发布促进产业结构调整暂行规定的通知》(国发〔2005〕40 号)。

(2)《产业结构调整指导目录》(2011 年本)。

(3)《中国节能技术政策大纲》(计交能〔1312〕1005 号)。

(4)《国家鼓励发展的资源节约综合利用和环境保护技术》(国家发改委〔2005〕65 号令)。

(5) 山东省政府印发的《节能减排综合性工作实施方案》。

(6)《山东省人民政府办公厅关于切实做好固定资产投资项目节能评估审查工作的通知》(鲁政办发〔2007〕42 号)。

(7) 烟台市人民政府《关于加强节能工作的实施意见》烟政发〔2006〕98 号。

3. 行业标准、规范，技术规定和技术导则

(1)《民用建筑各级标准实施细则》(DB 21/1007—1998)。

(2)《用能单位能源计量器具配备和管理通则》(GB 171667—2006)。

(3)《公用建筑节能设计标准》(GB 50189—2005)。

(4)《居住建筑节能设计标准》(山东省工程建设标准 DBJ 14—037—2006)。

(5)《公共建筑节能设计标准》(山东省工程建设标准 DBJ 14—037—2006)。

(6)《民用建筑节能设计标准》(采暖居住建筑部分)(JGJ 26—95)。

(7)《民用建筑热工设计规范》(GB 50176—93)。

(8)《民用建筑电气设计规范》(JGJ—2008)。

(9)《城镇燃气设计规范》(GB 50028—2006)。

二、能耗状况和能耗指标分析

1. 项目运营期能源种类

项目运营期消耗能源为电、天然气和采暖耗热，主要耗能工质为水。

2. 项目运营期能源流向图

(1) 水　　　→　　自来水公司→　生活用水

(2) 电　　　→　　　配电室　　→　生活用电

(3) 天然气　→　　　调压站　　→　生活用气

(4) 采暖耗热→　　　机　组　　→　冬季采暖

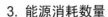

3. 能源消耗数量

1) 用水量估算

项目用水量估算详见本报告第三章第二部分"资源利用方案"，由计算结果可知，项目运营期最高日用水量为 3 836.49t，年用水量为 1 309 032.45t。

2) 用电量估算

项目运营期用电量计算标准是在参考相关规范的基础上，综合考虑烟台市实际情况确定的，具体计算标准如下。

(1) 用电负荷计算。

A. 住宅用电负荷计算。

项目采用单位指标法计算居民住宅用电负荷 P_M，其表达式如下：

$$P_M = P_{ei} \times N_i \times \eta$$

式中：P_M——实际最大负荷，kW；

P_{ei}——单位户数计算负荷，kW/户；

N_i——住宅规划户数，户；

η——需要系数。

项目住宅建筑全部为普通住宅，全部为三类户型，总户数为 4 420 户。根据《全国民用建筑工程设计技术措施-电气》表 2.2.4-6《住宅用电负荷标准》，项目单位户数计算负荷 P_{ei} 取值按照三类户型 6kW/户取值，需要系数 η 取 0.3，则项目住宅用电实际最大用电负荷为

$$P_{M1} = 4\ 420 \times 6 \times 0.3 = 7\ 956.00(kW)$$

B. 配套商业及公建用电负荷计算。

本项目采用单位面积法计算配套商业及公建用电负荷 P_M，其表达式如下：

$$P_M = P_{ed} \times S \times \eta$$

式中：P_M——实际最大负荷，kW；

P_{ed}——单位面积计算负荷，W/m^2；

S——项目配套商业及公建建筑面积，m^2；

η——同时系数。

项目配套商业及公建建筑面积为 79 050m^2。具体用电负荷标准参考当地同类项目，并综合项目实际情况取值，单位面积计算负荷 P_{ed} 取 60W/m^2，需要系数 η 取 0.3，则项目配套商业及公建的实际最大用电负荷为

$$P_{M2} = 60 \times 79\ 050 \times 0.3 = 1\ 422.90(kW)$$

C. 地下车库用电负荷计算。

项目采用单位面积法计算地下车库的用电负荷 P_M，其表达式如下：

$$P_M = P_{ed} \times S \times \eta$$

式中：P_M——实际最大负荷，kW；

P_{ed}——单位面积计算负荷，W/m^2；

S——项目地下车库面积，m^2；

η——需要系数。

项目地下车库建筑面积为 141 440m^2。具体用电负荷标准参考当地同类项目，并综合项

目实际情况取值，单位面积计算负荷 P_{ed} 取 $10W/m^2$，需要系数 η 取 0.6，则项目地下车库实际最大用电负荷为

$$P_{M3} = 10×141\ 440×0.6 = 848.64(kW)$$

　　D. 电梯用电负荷。

$$P_D = \sum P_{Di}×\eta$$

式中：P_D——电梯实际最大总负荷，kW；

　　　　P_{Di}——单部电梯负荷，kW/部；

　　　　η——多部电梯运行时的需要系数。

　　本项目 69 栋住宅楼共设电梯 113 部，每部平均输出功率为 10kW，需要系数 η 为 0.4，则电梯用电负荷为

$$P_D = 113×10×0.4 = 452.00kW$$

　　E. 增压供水设备用电负荷。

$$P_{M4} = \sum P_{Si}×N_{Si}×\eta$$

式中：P_{M4}——加压水泵最大运行方式下(开泵最多的方式)的实际最大负荷，kW；

　　　　P_{Si}——各类水泵的单台最大负荷；

　　　　N_{Si}——最大运行方式下各类水泵的台数。

　　本项目增压供水设备负荷(供生活及消防用水)设变频恒压供水设备 5 台(4 用 1 备)，每台平均输出功率 20kW；喷淋泵 5 台(4 用 1 备)，每台平均输出功率 10kW；排污泵 5 台(4 用 1 备)，每台平均输出功率 2kW，需要系数 η 取 0.8。则本项目增压供水设备用电负荷为

$$P_{MS1} = (20×4 + 10×4 + 2×4)×0.8 = 102.40(kW)$$

　　F. 供热系统增压设备用电负荷。

$$P_{M5} = \sum P_{Si}×N_{Si}×\eta$$

式中：P_{M5}——循环泵/补水泵最大运行方式下的实际最大负荷，kW；

　　　　P_{Si}——各类热泵的单台最大负荷；

　　　　N_{Si}——最大运行方式下各类热泵的台数。

　　本项目供热系统增压设备主要有循环泵和补水泵，循环泵设备 9 台(8 用 1 备)，平均输出功率 45kW；补水泵 5 台(4 用 1 备)，平均输出功率 10kW，需要系数取 0.8。则本项目供热系统增压设备用电负荷为

$$P_{MS2} = (45×8 + 10×4)×0.8 = 320.00(kW)$$

　　G. 变压器选取。

　　根据《固定资产投资项目节能评估文件编制要点及示例(电气)》，本项目采用需要系数法计算变压器负荷，详见表 A-6。

表 A-6　变压器负荷估算表

用电项目	总功率 /kW	需要系数 /K_x	功率因数 $\cos\varphi$	计算负荷			选用变压器容量 /kVA
				有功功率 P_{30}/kW	无功功率 Q_{30}/kvar	视在功率 S_{30}/kVA	
住宅用电	26 520.00	0.30	0.76	7 956.00	6 803.67	10 468.42	12 000
商业用电	4 743.00	0.30	0.76	1 422.90	1 216.81	1 872.24	

续表

用电项目	总功率 /kW	需要系数 /K_x	功率因数 $\cos\varphi$	计算负荷			选用变压器容量 /kVA
				有功功率 P_{30}/kW	无功功率 Q_{30}/kvar	视在功率 S_{30}/kVA	
地下车库用电	1 414.40	0.60	0.90	848.64	411.02	942.93	
电梯用电	1 130.00	0.40	0.50	452.00	781.96	903.20	
增压供水设备用电	128.00	0.80	0.80	102.40	76.80	128.00	
供热系统增压设备用电	400.00	0.80	0.80	320.00	240.00	400.00	
合计	34 335.40	0.32	0.76	11 101.94	9 530.25	14 631.43	
乘以同时系数 $K\sum p$=0.9，$K\sum q$=0.9	34 335.40	0.29	0.76	9 991.75	8 577.23	13 168.29	12 000
无功补偿					−4950.71		
无功补偿之后	34 335.40	0.29	0.94	9 991.75	3 626.52	10 629.52	
变压器损耗取值				取ΔP=1.5%S_{30} ΔQ=6%S_{30}			
变压器损耗				180.00	720.00		
变压器合计	34 335.40	0.29	0.94	10 171.75	4 346.52	11 061.49	

　　经查国家标准变压器容量为：50kVA，80kVA，100kVA，125kVA，160kVA，200kVA，250kVA，315kVA，400kVA，500kVA，630kVA，800kVA，1 000kVA，1 250kVA，1 600kVA，2 000kVA，2 500kVA，3 150kVA，4 000kVA，5 000kVA，6 300kVA，8 000kVA 等。

　　因此，本项目需选用 3 台 4 000kVA 的变压器，合计变压器总容量为 12 000kVA。

　　(2) 用电量计算。

　　A. 居住用电量计算。

　　住宅小区负荷中占比重较大的是照明及家用电负荷，照明及家用电负荷出现最大值的时段为每天 18:00—22:00，在计算小区的最大负荷时就以 18:00—22:00 时段的照明及家用电负荷为基础。因此，项目居住用电计算时间按 365 天，每天 4 小时计，则项目居住用电总量为

$$Q_1 = 7\,956.00 \times 4 \times 365 = 1\,161.58(\text{万 kW·h})$$

　　B. 配套商业及公建用电量计算。

　　配套商业及公建用电负荷出现最大值的时间段一般为每天 8:00—12:00 和 14:00—18:00，在计算配套商业及公建的最大负荷时以以上时段用电负荷为基础。因此，项目配套商业及公建用电计算时间按 360 天，每天 8 小时计，则项目配套商业及公建用电总量为

$$Q_2 = 1\,422.90 \times 8 \times 360 = 409.80(\text{万 kW·h})$$

　　C. 地下车库用电量计算。

　　地下车库用电负荷出现最大值的时间段一般为每天 18:00—21:00，在计算地下车库的最大负荷时以以上时段用电负荷为基础。因此，项目地下车库用电计算时间按 365 天，每天 3 小时计，则项目地下车库用电总量为

$$Q_3 = 848.64×3×365 = 92.93(万\ kW·h)$$

D. 电梯用电量计算。

项目电梯用电负荷为 452.00kW，电梯工作时间按 365 天，每天 16 小时计算，则电梯用电量为

$$Q_4 = 452.00×16×365=263.97(万\ kW·h)$$

E. 增压供水设备用电量计算。

增压供水设备用电负荷为 102.40kW，工作时间按 365 天，每天 8 小时计算，则增压供水设备用电量为

$$Q_5 = 102.40×8×365=29.90(万\ kW·h)$$

F. 供热系统增压设备用电量计算。

供热系统增压设备用电负荷为 320.00kW，工作时间按 136 天，每天 24 小时计算，则增压供水设备用电量为

$$Q_6 = 320.00×24×136=104.45(万\ kW·h)$$

G. 变压器损耗计算。

$$\Delta P_Z = \Delta P + K_Q \Delta Q = 180.00 + 0.1×720.00 = 252.00(kW)$$

无功当量 K_Q=0.1kW/kvar；变压器运行时间按照日运行 24 小时，年运行 365 天计算，则变压器损耗为

$$Q_7 = 252.00×8\ 760 = 220.75\ 万(kW·h)$$

H. 线损计算。

线损=(住宅用电量+配套商业及公建用电量+地下车库用电量+电梯用电量+增压供水
  设备用电量+供热系统增压设备用电量+变压器损耗)×4%
=(1161.58+409.80+92.93+263.97+29.90+104.45+220.75)×4%
= 91.33(万 kW·h)

项目总用电量=住宅用电量+配套商业及公建用电量+地下车库用电量+电梯用电量+
  增压供水设备用电量+供热增压设备用电量+变压器损耗+线损
=1 161.58+409.80+92.93+263.97+29.90+104.45+220.75+91.33
=2 374.71(万 kW·h)

3) 天然气用量估算

本项目居民住宅生活用气采用天然气，计算流量公式为

$$Q_h=\sum KNQ_n$$

式中：Q_h——燃气管道的计算流量(Nm^3/h)；

  K——燃具同时工作系数；

  N——同时燃具或成组燃具的数目；

  Q_n——燃具的额定流量(Nm^3/h)。

燃具同时工作系数 K 根据《城镇燃气设计规范》(GB 50028—2006)附录 F 及项目居住户数取燃气双眼灶标准 0.2；N 根据项目居住户数，考虑 1 户 2 个灶眼，取值 8 840 个；Q_n 根据市场普通燃气灶额定功率取 0.35Nm^3/h。则项目燃气管道的计算流量为：Q_h=0.2×8 840×0.35=618.80(Nm^3/h)。

居民住宅燃气使用最大值时段为 6:30—7:30、11:30—12:30 和 17:30—19:00，因而计算居民住宅的最大用气负荷时以以上时段燃气使用负荷为基础。因此，项目天然气用量计算

时间按 365 天，每天 3.5 小时计，则

项目天然气年用量 Q=618.80×3.5×365=790 517.00(Nm³)

4) 采暖耗热

(1) 居民住宅采暖耗热计算。

本项目居民住宅供热面积 536 150m²，采暖设计热负荷指标取 32W/ m² (已含管网热损失)，采暖时间根据烟台市供暖时间规定取 136 天(每日供暖 24 小时)，则

住宅采暖年耗热量=32×536 150×24×136×3.6=201 599.26(GJ)

(2) 配套商业及公建采暖耗热量计算。

本项目配套商业及公建供热面积 79 050m²，采暖设计热负荷指标取 41W/ m² (已含管网热损失)，采暖时间根据烟台市供暖时间规定取 136 天(每日供暖 24 小时)，则

配套商业及公建采暖年耗热量=41×79 050×24×136×3.6=38 083.63(GJ)

项目采暖年耗热量=201 599.26+38 083.63=239 682.89(GJ)

三、项目的综合能耗标准

1. 综合耗能

本工程消耗能源为电、采暖耗热、天然气，耗能工质为水。年耗能源的实物量、热值、折标煤系数和折标煤量详见表 A-7。

表 A-7　项目能耗指标分析表

序号	主要能源和耗能工质名称	计量单位		年耗实物量	年耗量折标煤量 /t
		实物单位	折标煤系数		
1	水	t	0.0857 kgce/t	1 309 032.45	112.18
2	电	万 kW·h	0.1229 kgce/kW·h	2 374.70	2 918.51
3	采暖耗热	GJ	0.034 12 kgce/MJ	239 682.90	8 177.98
4	天然气	Nm³	1.33kg/Nm³	790 517.00	1 051.39
合计					12 260.06

注：根据《综合能耗计算通则》(GB/T 2589—2008)，新鲜水折标煤系数采用 0.0857kg/t；电力折标煤系数采用 0.1229kg/kW·h；天然气折标煤系数采用油田天然气系数 1.33kg/Nm³；标准煤低位发热量为 0.03412kgce/MJ。

通过上表计算可得，本项目年综合能耗为 12 260.06 吨标煤。

2. 实际单位建筑能耗指标

12 260.06t 标煤/756 640m²=16.20kg 标煤/ m²

3. 单位建筑能耗水平分析

建筑能耗一般是指建筑物使用过程中的能耗，主要包括建筑采暖空调、热水供应、电气、炊事等方面的能耗。我国建筑能耗构成中主要是采暖和空调制冷，约占三分之二，详见表 A-8。

表 A-8　我国建筑能耗构成比例

建筑能耗的构成	采暖空调	热水供应	电气	炊事
各部分所占比例/%	65	15	14	6

根据相关统计资料显示，我国城乡房屋平均单位建筑能耗为 14.6kg 标煤/m²，其中城镇住宅平均单位建筑能耗为 24.6kg 标煤/m²。我国城镇住宅单位能耗详见表 A-9。

表 A-9　我国城镇住宅单位能耗表

我国各地区	北方采暖地区	夏热冬冷地区	夏热冬暖及温和地区	平均
单位建筑面积建筑能耗/(kg 标煤/m²)	38.4	11.1	10.2	24.6

由表 A-9 可以看出，本项目单位建筑面积建筑能耗均低于我国北方采暖地区城镇住宅单位建筑面积平均能耗量 38.4kg 标煤/m²。因此，本项目能耗合理。

四、节能措施

1. 建筑节能设计

1) 总体规划节能

(1) 选择良好的朝向。项目建筑均采用南北向的建筑朝向，有利于建筑物冬季更好获得太阳辐射热量，夏季自然通风，减少西晒的影响。

(2) 合理的布局。项目在建筑总体布局设计时，注意了冬季寒流的主导风向的封闭或半封闭周边式布局的开口方向和位置的合理选择，使得建筑群的组合做到避风节能。

2) 建筑单体节能设计

(1) 在结构中应采用空心砖，现浇混凝土结构。

(2) 采用能耗较低的高效保温建筑材料。

(3) 采用窗上加贴透明聚酯膜、加装门窗密封条、使用低辐射玻璃(LOW-E 玻璃)、封装玻璃和绝热性能好的塑料窗等措施，改善门窗绝热性能。

(4) 门窗密封指标不低于《建筑外窗空气渗透性能分积极检测方法》(GB/T 7107—2002)。

(5) 在满足采光、通风和造型等功能的前提下尽量减少窗墙比。

(6) 建筑单体布置应在偏西或偏东 15°范围内。

(7) 采用高效保温材料保温屋面和倒置型保温屋面等节能屋面。

(8) 建筑形体尽可能简洁以减少建筑的形体系数。形体系数应≤0.3。

(9) 墙体采用聚苯乙烯塑料、聚氨酯泡沫塑料及聚乙烯塑料等新型高效保温绝热材料以及复合墙体，降低外墙传热系数。

2. 电气节能

1) 供配电系统设计

变配电室应尽量靠近负荷中心，缩短供电半径减少线路损耗，选择节能型变压器。

2) 减少线路损耗

合理选取导线材质及截面面积。

3) 照明节能设计

充分合理地利用自然光，使之与室内人工照明有机结合，按照照明设计规范规定有效控制单位面积灯具安装功率，采用高效节能灯具，使用低能耗光源用电附件，改进灯具控制方式，采用各种节能型开关或装置。

3. 空调通风设计节能

采用分散式房间空调器时，选用符合现行国家标准《房间空气调节能源效率限定值及节能评价值》(GB12021.3)的节能型空调器；采用户式空调(热泵)系统时，所选用机组的能效比(性能系数)不应低于现行有关产品标准的规定值。

4. 太阳能

项目建设充分应用太阳能资源，重点应用太阳能光热进行热水供应。

5. 节水措施

(1) 充分利用生活废水。设置中水给水系统，充分利用市政中水作为冲厕以及停车场洗车、绿化树木、花卉浇水的水源，从而节约市政生活给水。

(2) 合理选择管材、降低供水能耗。使用内壁光滑的 PVC 供水管材，减少管道沿程水头损失，使用低阻力阀门和倒流防止器，减少管道局部水头损失，以此降低供水耗能。

(3) 采用节水型器具。卫生设备采用节水型，各种阀门采用建、规委允许产品。

(4) 设雨水回收系统。设置天然雨水收集系统(雨水收集井)，雨水经收集沉淀处理后，可直接用于喷灌绿地、浇洒道路、冲洗车库地面及洗车等，补充或减少市政中水的直接消耗。

6. 能源管理

项目物业管理公司设置专职能源管理机构，能源管理人员 5 名，全员负责小区节能工作。

(1) 建立完善的能源系统运行管理体系、严格的管理制度，使能耗设备处于良好的运行状态。

(2) 根据用能建筑的功能及能源供应等条件，按节能、环保的原则，制定合理的运行模式。

(3) 能耗系统运行过程中应做好记录，运行记录的内容应包括能耗的各种参数、运行中出现的故障及排除方法等，根据运行记录的数据，对能耗设备的运行性能进行计算分析，提高节能运行的实效。

本项目采取的节能措施，均按国家及行业相关标准与规范的要求实行，能达到国家及行业规定的节能效果，节能效果显著。

第五章　建设用地、征地拆迁及移民安置

一、项目选址及用地方案

1. 项目选址方案

本项目位于烟台市芝罘区。项目选址位于芝罘和莱山新老城市中心的交汇地带，依山傍海，交通便利，配套齐全，生态居住环境极为优越，周边集商业、行政、文教、旅游、商务、居住等功能为一身，属于烟台发展最早、最成熟的富人区聚集地，属于烟台市城市发展的最核心地段。

(1) 景观资源：如图 A-7 所示，本项目位于芝罘区东南部，与莱山区交界，地处烟台大南山旅游区范围内，北靠岱王山，南邻庙后水库，东侧为凤凰山，西侧为平顶山，东远眺可观黄海，三面环山，一面临水，景观资源得天独厚，属于烟台市区土地价值最高、生态环境最好、风水最佳的绝版地段。

东北部与烟台市新行政中心相邻，是烟台人眼中风水最好的地段；依山面水，距离海边 2 公里，自然环境优美，生态居住价值显著，是烟台市最绝版的绝佳居住地段。区域认知度非常高，是烟台城市形象最好，最受烟台客户关注的区域。

(2) 未来规划：如图 A-8 所示，沿基地北侧东侧，将建成竹林路、竹林南路两条道路。竹林路将联通两条莱山区通往老城区的主干道——观海路及山海路。竹林南路将向南通至港城东大街，为未来莱山区新城区的主干道。项目西侧也将规划大南山风景区。

西侧规划建设为烟台市级重点城建项目——大南山旅游风景区，东北侧 1 公里规划为烟台市新行政中心用地，进一步提升该项目的生态及居住价值。

图 A-7　本项目选址示意图

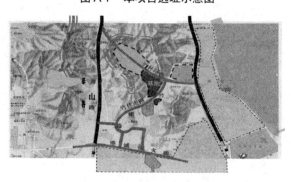

图 A-8　本项目未来规划图

（3）项目交通条件：项目紧邻两条城市核心主干道——观海路和滨海路，5 分钟车程到达大学城及莱山区核心商圈，15 分钟车程到达芝罘区核心商圈，交通极为便利。

（4）项目配套情况：如图 A-9 所示，距离佳世客、新世界百货、银座商城、烟台二中、大学城等均不足 5 分钟车程，紧邻大南山和滨海旅游带，拥有最完善的教育、医疗、商业、景观配套。

图 A-9 项目配套图

2. 项目用地方案

（1）项目建设地点：烟台市芝罘区芝罘。

（2）规划总用地面积：41.12 万平方米。

（3）土地权属类别：国有土地。

（4）规划土地用途：商住用地。

（5）占用耕地情况：无耕地占用。

（6）取得土地方式：招拍挂出让。

（7）项目用地现状：现状多为空地，少量为芝罘旧村(总共 351 户，在没有回迁方案的前提下已完成拆除 182 户)，项目北高南低，可借助地势高差打造坡地景观住宅。

综上所述，项目选址及用地为压覆矿产和文物，不影响防洪和排涝，不影响通航及军事设施，规划建设符合土地规划用途，项目选址及用地方案合理。

二、土地利用合理性分析

本项目建设以发展节能省地型居住小区为目标，以通过合理布局，提高土地利用的集约和节约程度及节能减排为重点，在符合节能及采光标准的前提下合理确定本项目建筑密度、容积率、绿化率等各项指标，使各项指标达到国家相关标准。

1. 建筑密度

本项目建筑基底面积 71 654 平方米，可建设用地面积为 32.57 万平方米，则本项目建筑密度为 71 654÷325 700×100%=22%。

2. 容积率

本项目地上总建筑面积为 615 200 平方米，可建设用地面积为 32.57 万平方米，则本项目容积率为 615 200÷325 700×100%=1.89。

3. 绿地率

本项目绿地面积为 127 023 平方米，可建设用地面积为 32.57 万平方米，则本项目绿地率为 127 023÷325 700×100%=39%。

本项目建设合理规划住宅建设用地，无耕地占用；合理规划居民居住区，在保证住宅功能和舒适度的条件下，确定居住区的人口规模和住宅层楼，提高单位住宅用地的住宅面积密度；通过设计的优化，改进建筑结构形式，增加可使用空间；充分利用地下空间，提高土地利用率；延长住宅寿命，减少重复建设；合理控制住宅体形，实现土地资源的集约有效利用；合理配置居住区的环境绿化用地，增加单位绿量；减少停车占地并向立体空间发展，以留出更多居住空间。

综上所述，本项目建设符合国家和地方土地合理利用政策的要求。

三、征地拆迁和移民安置

本项目规划总用地面积 41.12 万平方米，项目建设单位烟台竹林苑职业有限公司拥有芝罘、某旧改项目国有建设用地土地使用权，目前为未完成全部拆迁的毛地。根据本项目土地出让要求，项目建设单位需要自行负责征地补偿及房屋征收补偿事宜。本项目作为政府主导拆迁安置的旧村改造项目，本项目的拆迁、安置、补偿事宜均由项目所在地地方政府统筹负责、统一实施。动迁、拆迁补偿的对象为芝罘区某村集体及地上附着物的权利人。

1. 拆迁安置成本

本项目拆迁成本包括货币补偿部分及回迁房安置部分两部分。

1) 货币补偿及其支付

本项目货币补偿部分合计人民币 14 430.67 万元。

(1) 征地补偿：5 415.18 万元，详见表 A-10。

表 A-10　土地使用权征收补偿费

项目名称		征地面积		取得费标准		取得费金额
		平方米	亩	元/m²	万元/亩	/万元
土地取得费	果园土地取得费	300 001	450	120	8	3600
	水塘土地取得费	4975	7.46	120	8	59.7
	道路土地取得费	4151	6.23	120	8	49.81
	村委学校土地取得费	3264	4.9	120	8	39.17
	独立工矿土地取得费	9712	14.57	120	8	116.54
	小计	3 222 103	483.16			3 865.24

续表

项目名称		征地面积		取得费标准		取得费金额 /万元
		平方米	亩	元/m²	万元/亩	
地上附着物补偿费	果园地上附着物补偿	300 001	450	50.7	3.38	1521
	水塘地上附着物补偿	4 975	7.46	6	0.4	2.985
	村委学校地上附着物补偿	3 264	4.9	20	1.33	6.528
	独立工矿地上附着物补偿	9 712	14.57	20	1.33	19.424
	小计	317 952	476.93			1 549.94
合计						5 415.18

(2) 房屋征收补偿：9 015.49 万元，详见表 A-11。

表 A-11 房屋征收成本

序 号	项目名称	计算基数/户/m²	计算标准/万元/户	金额/万元
1	速迁奖励费	613	1.5	919.5
2	室内装修补偿	613	1.5	919.5
3	搬家费	613	0.2	122.6
4	设施迁移费	613	0.2	122.6
5	临时安置费	58 336.81	0.048	2 800.17
6	装修补贴费	110 355	0.01	1 103.55
7	评估费	110 355	0.003	233.16
8	拆迁咨询费	61 712.19	0.012	740.55
9	拆迁补偿费	58 336.81	0.01	583.37
10	不可预见费	7 544.99	0.1	754.5
11	已搬迁居民提前躲迁费	到 2013 年 7 月	40	716
合计				9 015.49

2) 回迁安置房及其建设

(1) 回迁房补差款：31 227.9 万元，详见表 A-12。

表 A-12 项目回迁安置明细表 单位：平方米

类 型	名 称	芝罘	某 村	合 计	备 注
住宅无偿回迁	政策宅基地无偿回迁	56 744	30 682	87 426	按宅基地 1∶1
	富余考虑	2 269.76	1 227.28	3 497.04	无偿回迁面积×4%
	28 栋别墅无偿回迁		9 352	9 352	
	小计	59 013.76	41 261.28	100 275.04	

续表

类　型	名　称	芝罘	某　村	合　计	备　注
住宅成本回迁	大龄青年楼政策回迁	22 976	10 234	33 210	以 2 880 元/m² 进行成本回购
	富余考虑	1 838.08	818.72	2656.8	成本回迁面积×8%
	小计	24 814.08	11 052.72	35 866.8	
住宅优惠价回迁	住宅优惠价回迁	18 184	4 745	22 929	按 7 800 元/m² 进行市场价回购
办公商业无偿安置	商业无偿安置	1 838	1 538	3 376	两村现有的集体用房
办公商业成本安置	商业成本价安置	7 100	2 700	9 800	以 2 880 元/m² 进行成本回购
地下无偿安置	小棚无偿安置	4 350	2 300	6 650	不办理产权
	地下市场无偿安置	6 080	7 551	13 631	不办理产权

(2) 装修补偿金：1147 万元。

住宅无偿回迁面积 90 923m²，以毛坯房交付，并按无偿回迁面积给予 100 元/m² 的装修补偿；住宅优惠价回迁面积 22 929m²，以毛坯房交付，并按优惠价回迁面积给予 100 元/m² 的装修补偿。

2. 回迁住宅的毛坯房建设及交付标准

(1) 墙：高级外墙涂料或真石漆。

(2) 内墙：混合砂抹灰找平。

(3) 顶棚：结构面刮水泥腻子。

(4) 地面：水泥砂浆拉毛。

(5) 门窗：塑钢门窗，双玻中空窗。

(6) 厨房：墙地面水泥砂浆拉毛。

(7) 卫生间：墙地面水泥砂浆拉毛，墙地面做防水处理。

(8) 楼梯间：墙面刷乳胶漆，水泥地面。

(9) 供水：自来水入户。

(10) 供电：强电入户，室内灯亮，开关控制正常，所有插座有电。

(11) 供气：天然气入户甩头。

(12) 供暖：暖气片采暖，所有门阀工作正常。

(13) 灯具：安装白炽灯。

(14) 弱点：有线电视、电话、网络入户。

(15) 智能化：单元门为黑白可视对讲系统，对讲系统正常。

3. 拆迁及回迁安置时间要求

1) 拆迁完成时间及标准

项目所在地地方政府应于 2013 年 6 月 30 日前完成项目 100%的拆迁。

拆迁完成的具体标准为：完成本项目范围内全部建筑物、构筑物拆迁补偿协议签订，即该建筑物、构筑物的所有权人及共有人及其他权利人应共同在拆迁补偿合同上签字并加按手印；完成拆迁范围内全部建筑物、构筑物的腾空、清场，即该建筑物、构筑物内的物品应已搬离，人员已撤离，水、电、气费用已结清且所有管线已切断；完成拆迁范围内全部建筑物、构筑物的拆除或迁移，即该建筑物、构筑物应已拆除或迁移至场地外，场地上无任何地上建筑物、构筑物。

2) 回迁房交付时间

在地方政府已完成相应地块的拆迁且满足开工条件的前提下，回迁安置房一期建设地上建筑面积 6 万 m^2，于 2013 年 1 月开工建设，建设周期 24 个月，于 2014 年 12 月交付；回迁安置房二期于 2013 年 8 月开工建设，建设周期 24 个月，于 2015 年 8 月交付。

综上所述，本项目拆迁补偿方案合理，回迁安置方案可行，且能够保障拆迁居民的合法权益，能够满足拆迁居民生存及发展的需要。

第六章　环境和生态影响分析

一、环境现状和环境标准

本项目位于烟台市芝罘区，空气、水环境质量状况优良，大气污染物、噪声排放执行国家规定标准。具体环境标准如下。

1. 环境质量标准

(1) 《环境空气质量标准》(GB 3095—1996)中二级标准。

(2) 《地下水质量标准》(GB/T 14848—93)中Ⅲ类标准。

(3) 《地表水环境质量标准》(GB 3838—2002)中Ⅲ类标准。

(4) 《声环境质量标准》(GB 3096—2008)中 2 类标准。

2. 污染物排放标准

(1) 《大气污染物综合排放标准》(GB 16297—1996)中新污染源二级标准。

(2) 《污水综合排放标准》(GB 8978—1996)中三级标准。

(3) 《建筑施工场界噪声限值》(GB 12523—90)中标准。

(4) 《社会生活环境噪声排放标准》(GB 22337—2008)中Ⅱ类标准。

(5) 《一般工业固体废物贮存、处置场污染控制标准》(GB18599—2001)。

二、生态环境影响分析

1. 施工期环境影响分析

本项目对环境的影响主要在施工期。施工期的主要环境污染物、污染源及其生态环境影响如下。

(1) 废气影响：主要包括汽车运输、建筑垃圾、材料堆置产生的扬尘，车辆、施工机械排放的废气以及装饰装修工程产生的甲醛等有机废气。

其中扬尘对环境的影响较为突出。在整个施工期，产生扬尘的作业有：建筑垃圾运输、场地平整、地基开挖、回填、道路修建、建材运输、露天堆放、装卸和搅拌等过程，如遇干旱无雨季节，加上大风，施工扬尘较为严重。

(2) 废水影响：主要为施工过程中的生产废水和施工人员的生活废水。

生产废水主要产生于水泥混凝土工程养护过程，用水量约占总水量的 90%以上，其中大部分蒸发掉，少量渗入地下。另外还有少量生活污水，这些生活污水经收集后就近排入污水管网，对环境影响不大。

(3) 噪声影响：主要为施工机械(如挖掘机、推土机、打桩机、装载机等)运行时产生的噪声，运输车辆进出产生的噪声等。

施工噪声是对工地周围影响较大的环境问题，一方面施工噪声的噪声级较高，另一方面噪声持续的时间也相对较长，因此对周围的环境影响也较大。

(4) 固体废物影响：施工期间产生的固体废物主要为施工产生的弃土、建筑垃圾和施工人员的生活垃圾，均属于一般固体废物。

一般固体废物如果处置不当，将对环境产生不利影响：一是影响区域景观环境卫生，造成视觉污染，影响旅游和当地居民的生活；二是雨季时易造成水土流失，影响地表水环境质量；三是造成局部区域大气中 TSP 浓度增高。

(5) 生态环境影响：临时占地、物料的堆放、施工污水、施工垃圾，对局部景观有一定的影响；挖土填方、破土挖掘、修路等造成的局部水土流失，使土壤侵蚀强度增加，雨季可引起水土流失。

2. 营运期环境影响分析

本项目营运期对环境的污染程度较轻，营运期的主要环境污染物、污染源及其生态环境影响如下。

(1) 废水影响：本项目营运期的废水主要来自小区居民排放的生活污水。

如果生活污水不经处理直接排放，会造成当地地表水和地下水的污染，使水体质量恶化，危及水生生物的生存，使水体失去原有的生态功能和使用价值，同时也影响周围居民的饮用水安全。

(2) 废气影响：营运期的大气污染主要是居民厨房饮食油烟及停车场汽车尾气。

如果废气不经处理直接排放，会造成一定的大气污染，对周围居民的呼吸道及身体健康造成危害。

(3) 噪声影响：本项目营运期产生的噪声主要为交通噪音和公共附属设施内设备运行产生的噪声，在特定时段内噪声级较高。

如果噪声不经适当的隔音、消音处理，则会对周围居民造成生活上的干扰和健康上的危害，包括损害听力，干扰睡眠，干扰正常的生活、学习和工作等。

(4) 固体废物影响：本项目营运期产生的固体废物主要来自小区居民的生活垃圾。

生活垃圾若不经过合适的处理，长期随意堆放，冬季会由于风力较大而形成垃圾飞散，夏季由于气候炎热而容易腐质变坏，滋生蚊蝇，产生的恶臭气味，会影响居民的正常生活。另外，生活垃圾渗滤液会使地下水的硝酸盐氮浓度升高，造成垃圾二次污染。

三、环境污染防治措施

1. 施工期环境污染防治

1) 废气污染防治措施

为控制施工扬尘对附近环境空气的影响，建设单位应要求工程施工单位制定施工期环境管理计划，其中对控制扬尘污染的措施应主要包括以下内容。

(1) 建设工地采用封闭式施工方法，即将工地与周围环境分隔，可在工地四周设置 1.8m 以上围挡，围挡间无缝隙，围挡底端设置防溢座。

(2) 采用商品混凝土，这样可以大大减少水泥、黄沙、石子等建筑材料在运输、装卸、堆放过程中产生的扬尘影响，同时还可减轻水泥搅拌机的噪声影响。

(3) 工程材料、砂石、土方或废弃物等易产生扬尘的物质应当密闭处理。

(4) 工地建筑脚手架外侧应当设置防尘网或防尘布。

(5) 运输车辆必须根据核定的载重量装载建筑材料或渣土，装载渣土、垃圾等高度不得超过车辆槽帮上沿，车斗用苫布遮盖或采用密闭车斗，以防止运输过程中的飞扬和洒落。严格按照渣土管理的有关规定，运输车辆不得超载，被运河土不得含水太多，造成沿途泥浆滴漏，从而影响道路整洁，渣土必须及时清运并按照指定的运输线路行驶，送往指定的倾倒地点，以减少由于渣土产生的扬尘对环境空气质量的影响。

(6) 坚持文明施工，设置专用场地堆放建筑材料，堆放过程中要加苫布覆盖，以防止建材扬尘；对建筑工地应安排专人每天进行道路的清扫和文明施工的检查。

2) 废水污染防治措施

建筑施工单位应采取如下措施以减缓废水对周围环境的影响。

(1) 施工期间产生的大量泥浆水和雨水含有大量的悬浮物，工程施工单位应该在工地建废水沉淀池，一切外排水必须先经沉淀后才能外排，这样可以避免堵塞城市下水道。

(2) 注意建筑工地的环境保护，工地食堂废水应先经隔油池处理后再排入市政污水管网；有条件的话尽量使用工地附近建筑物内的厕所，若无条件则应与环卫部门取得联系，要求他们定期及时清运，以保证建筑工地的环境卫生。

(3) 做好建筑材料和废料的管理，防止其成为地面水的二次污染源。

(4) 另外，应该注意避免雨天作业，防止雨水冲刷造成的水体污染。

3) 噪声污染防治措施

建筑施工单位应采取如下措施以减缓施工噪声对周围环境的影响。

(1) 选用低声级的建筑机械和施工工艺技术，尽量降低施工设备运行过程中产生的噪声声级，如振捣器等。

(2) 对位置相对固定的机械设备，能设在棚内操作的尽量进入操作间，不能入棚的，可适当建立单面声障。

(3) 在施工场地周围设置简易隔声屏障，减轻噪声对周围环境的影响。

(4) 使用商品混凝土，可有效减轻建筑施工噪声的环境影响。

(5) 土石方开挖作业必须在白天进行，严禁夜间施工。

(6) 模板、支架拆卸过程中，遵守作业规定，减少碰撞噪声。

(7) 需要连续作业的必须经相关主管部门的同意，并公告附近居民，尽量少用哨子、喇叭、笛等指挥作业，减少人为噪声。

(8) 装修阶段，切割作业应在室内进行，严禁夜间施工。

通过采取以上措施，施工场地边界噪声控制在国家《建筑施工场界噪声限值》(GB 12523—90)的指标要求范围内。

4) 固体废物污染防治措施

为防止建筑垃圾对周围环境的影响，施工单位必须采取如下措施。

(1) 弃土等建筑垃圾分类堆放，尽量综合利用，弃土尽可能用于绿化或筑路。

(2) 弃土及建筑垃圾外运过程中应用苫布遮盖，严禁沿途洒落。

(3) 严格遵守《城市建筑垃圾管理规定》的要求，处理处置建筑垃圾，并按市有关部门的要求，经指定线路，运至政府指定地点，严禁乱堆乱放。

(4) 加强对施工作业和施工人员的管理，开挖的土方及时收集处置，减少土方堆存量。

(5) 建筑工地设置垃圾箱，并教育施工人员不要乱丢垃圾，进行文明施工。

(6) 工程施工结束后，施工单位应及时组织人力和物力，在一个月内将工地内的建筑垃圾及渣土等清理干净。

5) 生态环境污染防治措施

(1) 景观影响缓解措施。

工地周围应设围栏，使凌乱的建筑工地与外界相分隔，围栏可以统一、整洁的围栏材料分隔，也可以树立广告招牌的形式分隔，或种植一定的树木遮掩，以保护已建成区域的整体面貌。主体工程完成后尽快完成清场、绿化等配套工程，使之与周围环境协调统一。

(2) 水土保持措施。

通过设置围墙、护栏，在建设期间定期向地面洒水等措施，防止地面浮土增多，以及大风期的水土流失和对周围环境的污染；通过采取铺设渗水砖、植草砖，在施工道路上铺设碎石进行防护等措施，防止由于施工时车辆出入，地面受到挤压浮土增多，造成的雨季雨水冲刷和风季的风力侵蚀；通过植树种草、对拟建绿地区进行洒水等绿化措施和临时堆土定点覆膜堆放，待基础工程完工及时回填等措施防止水土流失；通过修建简易工棚、围墙、护栏等绿化和土地整治措施以及相应的临时措施，提高土壤涵养水源的能力，有效治理建设中产生的水土流失，减少暴雨洪水对周边可能产生的危害，并能美化环境。

2. 营运期生态环境污染防治

1) 废气污染防治措施

饮食油烟的污染物含量较低，经抽油烟机处理后通过油烟竖井高空排放，对大气环境影响不大；为控制汽车尾气的影响，应采用机械通风系统，停车场废气经机械排风装置抽吸后，通过单独的附壁竖井(烟道)从楼顶以上排放，减小汽车尾气对环境空气的影响。

2) 废水污染防治措施

本项目将排水设计为雨污分流，雨水经收集后排入市政雨水管网；生活污水经化粪池预处理后，排至城市污水管网，最终进入污水处理厂处理，将生活污水对周围环境产生的影响降至最小。

3) 噪声污染防治措施

本项目为减轻交通噪声的影响，在道路两侧设立绿化防护带，汽车在小区内通行时应减速缓行，禁鸣喇叭；对于公共附属设施内设备噪声对环境的污染，设计中在设备选型上尽量选用低噪声音型；设备均设置在封闭的单独房间内，其墙面进行一定的吸噪处理，并置隔音层等吸声、减振措施，使噪声降到规范允许的范围内。

4) 固体废物污染防治措施

本项目拟在各层楼梯处设置分类收集垃圾桶，将生活垃圾分类后，统一放置于垃圾桶内，由垃圾清运工人每天定时收集于垃圾集中点，再通过垃圾车交由当地的环卫部门妥善处理。

综上所述，只要严格按照以上污染防治措施，可将项目施工期和营运期的生态环境影响避免或减少至最低限度。

第七章　经济影响分析

一、经济费用效益分析

1．分析依据

(1) 《建设项目经济评价方法与参数》第三版(中国计划出版社)。

(2) 《施工、房地产开发企业财务制度》。

(3) 《山东省建筑工程消耗量定额》。

(4) 《山东省安装工程消耗量定额》。

(5) 烟台市材料报价表和市场材料价格

(6) 国家、省、市有关项目的收费标准。

2．分析范围与计算期说明

本项目经济效益分析的范围包括 69 栋住宅楼、商业配套、会所、幼儿园等主体工程及其配套工程的相关成本、费用和销售收入、利润等。

项目建设期 7 年，销售期 8 年，建设期第 2 年开始销售，建成后 1 年内销售完毕。

3．总投资估算说明

项目总投资是由土地费用、前期工程费、基础设施建设费、建筑及安装工程费、管理费用、财务费用、其他费用和不可预见费构成。

1) 土地费用

根据建设单位提供的资料，土地征用费为 70 315.20 万元(含契税和土地使用税)，拆迁补偿费为 14 430.67 万元(含土地使用权征收补偿费 3 865.24 万元、地上附着物补偿费 1 549.94 万元、房屋征收补偿费 9 015.49 万元)，合计项目土地费用为 84 745.87 万元。

2) 前期工程费

(1) 水文、地质勘探费：根据计价格〔2002〕10 号文件的相关规定，按占地面积 10 元/平方米收取。

(2) 规划、建筑设计费：根据计价格〔2002〕10 号文件的相关规定收取。

(3) 工程咨询费：根据计价格〔1999〕1283 号文件的相关规定收取。

(4) 土地平整费：根据当地市场价格，按照占地面积 5 元/平方米收取。

3）基础设施建设费

基础设施建设费是指建筑物 2 米以外和项目用地规划红线以内的各种管线和道路、路灯、环卫设施等的建设费用，以及各项设施与市政设施干线、干管、管道的接口费用。

本项目基础设施建设费主要包括给排水工程、供电工程、道路硬化工程、绿化工程等，分别按各工程实际工程量进行计算。具体为：给排水工程按建筑面积 50 元/平方米计算，供电工程按建筑面积 70 元/平方米计算，消防工程按建筑面积 30 元/平方米计算，暖通工程按建筑面积 20 元/平方米计算，道路硬化工程按道路广场面积 120 元/平方米计算，绿化工程按绿化面积 100 元/平方米计算。

4）建筑安装工程费用

工程费用是指房屋建筑物所发生的建筑工程费用、设备采购费用以及安装、装饰装修工程费用等。本项目建筑安装工程费用包括建筑的土建、安装费用，其中，住宅按照建筑面积 1 800 元/平方米计算，商业配套及公建按照建筑面积 2 000 元/平方米计算，地下建筑按照建筑面积 2 440 元/平方米计算。

5）开发间接费用

由于开发企业不设立现场机构，由开发企业定期或不定期派人到开发现场组织开发建设活动，故所发生的费用直接计入建设单位的管理费用，本项不再重复计算。

6）建设单位管理费用

建设单位管理费用是指开发企业为组织和管理项目的开发经营活动而发生的各种费用，按国家相关规定分级计取。

7）财务费用

财务费用是指开发企业为筹集资金而发生的各项费用，主要包括借款利息等，本项目财务费用为零。

8）销售费用

销售费用是指开发企业在销售房地产产品过程中发生的各项费用，以及专设销售机构的各项费用，按销售收入的 2.0%计取。

9）其他费用

(1) 城市基础设施配套费：根据烟台市芝罘区的有关规定，本项目为旧村改造项目，按建筑面积 69 元/平方米计取。

(2) 劳动保险基金：根据烟台市芝罘区的有关规定，按照建筑安装工程费的 2.6%计取。

(3) 新型墙体材料专项基金：根据芝罘区的有关规定，按建筑面积 10 元/平方米计算。

(4) 设计审查费：根据烟台市芝罘区的有关规定，按规划设计费的 8%计取。

(5) 建筑垃圾处理费：根据烟台市芝罘区的有关规定，按建筑垃圾量 2 元/立方米计算。

(6) 民工工资保证金：根据烟台市的有关规定，按照建筑安装工程费的 3.0%计取。

(7) 散装水泥基金：根据烟台市芝罘区的有关规定，按建筑面积 0.7 元/平方米计算。

(8) 白蚁防治费：根据烟台市的有关规定，按九层以下建筑面积 2.5 元/平方米计算。

(9) 工程监理费：根据烟台市的有关规定，按照工程费用的 2.0%计取。

(10) 招投标费：根据烟台市的有关规定，按照工程费用的 0.1% 计取。

10) 不可预见费

不可预见费是指为保证项目建设顺利实施，避免在难以预料的情况下造成投资不足而需要预先安排的一笔费用。按前期工程费、基础设施建设费、建筑安装工程费三项之和的 3% 计取。

4. 总投资构成

总投资构成见表 A-13。

表 A-13 总投资构成表　　　　单位：万元

序　号	项　目	投资额/万元	占总投资的比例/%
1	土地费用	84 745.87	30.26
2	前期工程费	1 555.85	0.56
3	基础设施建设费	15 828.51	5.65
4	建筑安装工程费	144 934.58	51.75
5	开发间接费用	0.00	0.00
6	管理费用	933.00	0.33
7	财务费用	0.00	0.00
8	销售费用	8 982.89	3.21
9	其他费用	15 669.53	5.60
10	不可预见费	7 411.76	2.65
	总投资合计	280 062.00	100.00

投资估算明细表详见表 1-1。

经营成本估算表详见表 A-14。

表 A-14 经营成本估算表

项目名称：烟台市某建设工程项目　　　　单位：万元

序号	项　目	开发产品成本	开发经营期/年									
			1	2	3	4	5	6	7	8	9	10
	结转比例(%)			10	15	20	20	20	15			
	开发建设投资	280 062.00	0.00	28 006.20	42 009.30	56 012.40	56 012.40	56 012.40	42 009.30	0.00	0.00	0.00
1	土地费用	84 745.87	0.00	8 474.59	12 711.88	16 949.17	16 949.17	16 949.17	12 711.88	0.00	0.00	0.00
2	前期工程费	1 555.85	0.00	155.58	233.38	311.17	311.17	311.17	233.38	0.00	0.00	0.00
3	基础设施建设费	15 828.51	0.00	1 582.85	2374.28	3165.70	3165.70	3165.70	2 374.28	0.00	0.00	0.00
4	建筑、安装工程费	144 934.58	0.00	14 493.46	21 740.19	28 986.92	28 986.92	28 986.92	21 740.19	0.00	0.00	0.00
5	开发间接费	0.00	0.00	0.00	0.00	0.00	0.00	0.00	0.00	0.00	0.00	0.00
6	管理费用	933.00	0.00	93.30	139.95	186.60	186.60	186.60	139.95	0.00	0.00	0.00

续表

序号	项目	开发产品成本	开发经营期/年									
			1	2	3	4	5	6	7	8	9	10
	结转比例(%)			10	15	20	20	20	15			
	开发建设投资	280 062.00	0.00	28 006.20	42 009.30	56 012.40	56 012.40	56 012.40	42 009.30	0.00	0.00	0.00
7	财务费用	0.00	0.00	0.00	0.00	0.00	0.00	0.00	0.00	0.00	0.00	0.00
8	销售费用	8 982.89	0.00	898.29	1 347.43	1 796.58	1 796.58	1 796.58	1 347.43	0.00	0.00	0.00
9	其他费用	15 669.53	0.00	1 566.95	2 350.43	3 133.91	3 133.91	3 133.91	2 350.43	0.00	0.00	0.00
10	不可预见费	7 411.76	0.00	741.18	1 111.76	1 482.35	1 482.35	1 482.35	1 111.76	0.00	0.00	0.00

5. 资金筹措方案及资金构成分析

本项目总投资 280 062.00 万元，全部由建设单位自筹解决。

本项目为房地产开发项目，根据本项目国发〔2009〕27 号文《关于调整固定资产投资项目资本金比例的通知》"其他项目的最低资本金比例为 20%"，本项目资本金为 58 813 万元，占总投资的比例为 21%；出资比例符合国发〔2009〕27 号文的要求。

6. 销售收入估算

本项目按照国家有关政策要求，依据其建设成本、市场需求等因素确定销售价格，详见表 A-15。因为本项目建成后，其中部分住宅、商业和地下室用于项目拆迁居民回迁安置及某居民的异地安置，不进行销售，另外项目公建部分也不进行销售。

表 A-15　项目销售面积、平均售价及销售收入表

项目		可销售部分				回迁安置部分	合计
		市场价销售	优惠价回购	成本价回购	小计		
住宅	面积/m²	375 910.2	22 929	35 866.8	434 706	90 923	525 629
	平均售价/(元/m²)	8 000	7 800	2 880			
	销售收入/万元	300 728.16	17 884.62	10 329.64	328 942.42	0	328 942.42
商业	面积/m²	45 052		9 800	54 852	3 376	58 228
	平均售价/(元/m²)	15 000		2 880			
	销售收入/万元	67 578.00		2 822.40	70 400.40	0	70 400.40
地下	面积/m²	121 159			121 159	20 281	141 440
	平均售价/(元/m²)	4 000					
	销售收入/万元	48 463.60			48 463.60	0.00	48 463.60

由表 A-15 可知，本项目销售收入为 48 463.60 万元，另外根据拆迁补偿协议，项目建设单位可获得装修补偿款等补偿 1 338.25 万元，因此本项目总收入为 449 144.67 万元。

销售收入、营业税金及附加估算详见表 A-16。

表 A-16　销售收入、营业税金及附加估算表

项目名称：**烟台市某建设工程项目**

序号	项目\年份	合计	开发经营期/年									
			1	2	3	4	5	6	7	8	9	10
1	销售收入	449 144.67	0.00	32 374.91	62 515.46	62 515.46	83 353.95	83 353.95	62 515.46	62 515.46	0.00	0.00
1.1	住宅	300 728.16	0.00	0.00	45 109.22	45 109.22	60 145.63	60 145.63	45 109.22	45 109.22	0.00	0.00
	销售面积/m²	375 910.20	0.00	0.00	56 386.53	56 386.53	75 182.04	75 182.04	56 386.53	56 386.53	0.00	0.00
	单价/元/m²	8 000.00	0.00	0.00	8 000.00	8 000.00	8 000.00	8 000.00	8 000.00	8 000.00	0.00	0.00
1.2	商业	67 578.00	0.00	0.00	10 136.70	10 136.70	13 515.60	13 515.60	10 136.70	10 136.70	0.00	0.00
	销售面积/m²	45 052.00	0.00	0.00	6 757.80	6 757.80	9 010.40	9 010.40	6 757.80	6 757.80	0.00	0.00
	单价/元/m²	15 000.00	0.00	0.00	15 000.00	15 000.00	15 000.00	15 000.00	15 000.00	15 000.00	0.00	0.00
1.3	地下	48 463.60	0.00	0.00	7 269.54	7 269.54	9 692.72	9 692.72	7 269.54	7 269.54	0.00	0.00
	销售面积/m²	121 159.00	0.00	0.00	18 173.85	18 173.85	24 231.80	24 231.80	18 173.85	18 173.85	0.00	0.00
	单价/元/m²	4 000.00	0.00	0.00	4 000.00	4 000.00	4 000.00	4 000.00	4 000.00	4 000.00	0.00	0.00
1.4	回迁房补差款	1 147.00	0.00	1 147.00	0.00	0.00	0.00	0.00	0.00	0.00	0.00	0.00
1.5	回迁房装修补偿金	31 227.91	0.00	31 227.91	0.00	0.00	0.00	0.00	0.00	0.00	0.00	0.00
2	营业税金及附加	25 100.01	0.00	1 812.99	3 500.87	3 500.87	4 709.50	4 542.79	3 532.12	3 500.87	0.00	0.00
2.1	营业税(5%)	22 457.23	0.00	1 618.75	3 125.77	3 125.77	4 167.70	4 167.70	3 125.77	3 125.77	0.00	0.00
2.2	城市维护建设税(7%)	1 572.01	0.00	113.31	218.80	218.80	291.74	291.74	218.80	218.80	0.00	0.00
2.3	教育费附加(3%)	621.62	0.00	48.56	93.77	93.77	166.71	0.00	125.03	93.77	0.00	0.00
2.4	地方教育附加(2%)	449.14	0.00	32.37	62.52	62.52	83.35	83.35	62.52	62.52	0.00	0.00
	住宅可销售面积=434 706.00		商业可销售面积=54 852.00				地下可销售面积=121 159.00					

7. 税金估算

1) 营业税金及附加

营业税=销售收入×5%=449 144.67×5%=22 457.23(万元)

城市维护建设税=营业税×7%=22 457.23×7%=1572.01(万元)

教育费附加=营业税×3%=22 457.23×3%=673.72(万元)

地方教育附加=营业税×2%=22 457.23×2%=449.14(万元)

营业税金及附加=营业税+城市维护建设税+教育费附加+地方教育附加

　　　　　　=22 457.23+1 572.01+621.62+449.14=25 100.01(万元)

2) 土地增值税

土地增值税=销售收入×4%=449 144.67×4%=17 965.79(万元)

8. 利润总额

利润总额=销售收入-经营成本-营业税金及附加-土地增值税

$$= 449\,144.67 - 280\,062.00 - 25\,100.01 - 17\,965.79 = 126\,016.87(万元)$$

净利润=利润总额-所得税=126 016.87-31 504.22=94 512.66(万元)

利润与利润分配表详见表 A-17。

表 A-17　利润与利润分配表

项目名称：　烟台市某建设工程项目

序号	项目 年份	合计	开发经营期/年									
			1	2	3	4	5	6	7	8	9	10
1	销售收入	449 144.67	0.00	32 374.91	62 515.46	62 515.46	83 353.95	83 353.95	62 515.46	62 515.46	0.00	0.00
2	经营成本	280 062.00	0.00	28 006.20	42 009.30	56 012.40	56 012.40	56 012.40	42 009.30	0.00	0.00	0.00
3	营业税金及附加	25 100.01	0.00	1 812.99	3 500.87	3 500.87	4 709.50	4 542.79	3 532.12	3 500.87	0.00	0.00
4	土地增值税	17 965.79	0.00	1 295.00	2 500.62	2 500.62	3 334.16	3 334.16	2 500.62	2500.62	0.00	0.00
5	利润总额	126 016.87	0.00	1 260.72	14 504.68	501.58	19 297.90	19 464.60	14 473.42	56 513.98	0.00	0.00
6	弥补以前年度亏损	0.00	0.00	0.00	0.00	0.00	0.00	0.00	0.00	0.00	0.00	0.00
7	应纳所得税额	126 016.87	0.00	1 260.72	14 504.68	501.58	19 297.90	19 464.60	14 473.42	56 513.98	0.00	0.00
8	所得税(25%)	31 504.22	0.00	315.18	3 626.17	125.39	4 824.47	4 866.15	3 618.36	14 128.49	0.00	0.00
9	税后利润	94 512.66	0.00	945.54	10 878.51	376.18	14 473.42	14 598.45	10 855.07	42 385.48	0.00	0.00
10	可供分配利润	94 512.66	0.00	945.54	10 878.51	376.18	14 473.42	14 598.45	10 855.07	42 385.48	0.00	0.00
11	累计未分配利润	94 512.66	0.00	945.54	11 824.05	12 200.23	26 673.65	41 272.10	52 127.17	94 512.66	94 512.66	94 512.66
	利税总额=169 082.67				投资利润率 =45.00%				资本金净利润率=33.75%			
	上缴税金=43 065.79				投资利税率 =60.37%							
	总投资收益率=45.00%				销售利润率 =28.06%							

9. 盈利能力分析

本项目的投资盈利能力如下。

投资利润率=利润总额÷总投资=126 016.87÷280 062.00=45.00%

销售利润率=利润总额÷销售收入=126 016.87÷449 144.67=28.06%

10. 效益评价

本项目的经济效益指标计算结果详见表 A-18。

表 A-18 经济效益指标

计算指标	所得税前	所得税后
财务内部收益率(FIRR)	25.21%	20.53%
财务净现值(FNPV)(i_c=12%)	38 868.24 万元	23 410.35 万元
投资回收期/年(含建设期)	5.11	5.33

上述指标说明，本项目所得税后财务内部收益率为 20.53%，高于基准收益率 12%，因此，本项目在财务上是可行的。

财务现金流量表详见表 A-19。

表 A-19 财务现金流量表(全部投资)

项目名称：烟台市某建设工程项目   单位：万元

序号	项目 年份	开发经营期/年									
		1	2	3	4	5	6	7	8	9	10
1	现金流入	0.00	32 374.91	62 515.46	62 515.46	83 353.95	83 353.95	62 515.46	62 515.46	0.00	0.00
1.1	销售收入	0.00	32 374.91	62 515.46	62 515.46	83 353.95	83 353.95	62 515.46	62 515.46	0.00	0.00
1.2	出租收入	0.00	0.00	0.00	0.00	0.00	0.00	0.00	0.00	0.00	0.00
1.3	自营收入	0.00	0.00	0.00	0.00	0.00	0.00	0.00	0.00	0.00	0.00
1.4	其他收入	0.00	0.00	0.00	0.00	0.00	0.00	0.00	0.00	0.00	0.00
1.5	回收固定资产余值	0.00	0.00	0.00	0.00	0.00	0.00	0.00	0.00	0.00	0.00
1.6	回收经营资金	0.00	0.00	0.00	0.00	0.00	0.00	0.00	0.00	0.00	0.00
1.7	净转售收入	0.00	0.00	0.00	0.00	0.00	0.00	0.00	0.00	0.00	0.00
2	现金流出	54 029.22	44 936.68	51 636.95	48 631.97	55 373.23	41 740.89	38 153.09	20 129.98	0.00	0.00
2.1	开发建设投资	54 029.22	40 521.92	40 521.92	40 521.92	40 521.92	27 014.61	27 014.61	0.00	0.00	0.00
2.2	经营资金										
2.3	管理费用	0.00	93.30	139.95	186.60	186.60	186.60	139.95	0.00	0.00	0.00
2.4	销售费用	0.00	898.29	1 347.43	1 796.58	1 796.58	1 796.58	1 347.43	0.00	0.00	0.00
2.5	营业税金及附加	0.00	1 812.99	3 500.87	3 500.87	4 709.50	4 542.79	3 532.12	3 500.87	0.00	0.00
2.6	土地增值税	0.00	1 295.00	2 500.62	2 500.62	3 334.16	3 334.16	2 500.62	2 500.62	0.00	0.00
2.7	调整所得税	0.00	315.18	3 626.17	125.39	4 824.47	4 866.15	3 618.36	14 128.49	0.00	0.00
3	净现金流量	-54 029.22	-12 561.77	10 878.51	13 883.49	27 980.73	41 613.06	24 362.37	42 385.48	0.00	0.00
4	累计净现金流量	-54 029.22	-66 590.99	-55 712.48	-41 828.99	-13 848.26	27 764.80	52 127.17	94 512.66	0.00	0.00
5	税前净现金流量	-54 029.22	-12 246.59	14 504.68	14 008.88	32 805.20	46 479.21	27 980.73	56 513.98	0.00	0.00

序号	项目\年份	开发经营期/年									
		1	2	3	4	5	6	7	8	9	10
6	税前累计净现金流量	-54 029.22	-66 275.81	-51 771.13	-37 762.25	-4957.05	41 522.17	69 502.89	126 016.87	0.00	0.00
	计算指标：			所得税前		所得税后					
	财务内部收益率(FIRR)			25.21%		20.53%					
	财务净现值(FNPV)(IC=12%)			38 868.24		23 410.35					
	投资回收期(年)(含建设期)			5.11		5.33					

经济技术指标详见表 A-20。

表 A-20　经济技术指标表

类　别				单位	数　值				
					A 地块	B 地块	C 地块	D 地块	总　地　块
规划总用地面积				万 m²	13.27	11.12	11.71	5.02	41.12
可建设用地面积				万 m²	10.84	9.45	7.26	5.02	32.57
总建筑面积				m²	254 793	255 626	174 311	71 910	756 640
其中	地上建筑面积			m²	205 481	212 810	137 319	59 590	615 200
	其中	住宅建筑面积		m²	181 347	185 790	102 011	56 481	525 629
		商业建筑面积		m²	21 829	25 328	8 938	2 133	58 228
		保留建筑面积		m²	0	0	10521	0	10 521
		公建不可销售面积		m²	2 305	1 692	15 849	976	20 822
		其中	居委会	m²	300	0	300	300	900
			警务室	m²	50	0	50	50	150
			卫生站	m²	300	0	300	150	750
			物业用房	m²	1 655	1 692	1 099	476	4 922
			文化活动中心	m²	0	0	3 000	0	3 000
			幼儿园	m²	0	0	3 600	0	3 600
			小学	m²	0	0	7 500	0	7 500
	地下建筑面积			m²	49 312	42 816	36 992	12 320	141 440
居住户数				户	1 541	1338	1 156	385	4 420
建筑密度					20%	23%	20%	21%	22%
容积率					1.90	2.25	1.89	1.19	1.89
绿地率					39%	41%	39%	39%	39%
机动车停车位				个	1 868	1 718	1 290	417	5 293
其中	地上停车位			个	327	380	134	32	873
	地下停车位			个	1 541	1 338	1 156	385	4 420

二、行业经济影响分析

1. 中国房地产行业发展现状

我国房地产业从 20 世纪 80 年代开始兴起，1998 年国家停止福利分房实行住房货币化后，房地产业开始真正发展起来。90 年代发展壮大，在国家积极的财政政策刺激下，全国固定资产投资快速增长，房地产投资占 GDP 的比例逐渐增加。随着城镇居民的经济水平不断提高，购房需求不断增长，房地产业得到飞速发展，近 20 年的发展取得了令人瞩目的成就。全国人均住房面积城市达到 20 平方米，农村达到 25 平方米，住宅成套率达到 70%。住宅业增加值占 GDP 的比重，城市达 4%，城乡合计达 7.5%，房地产业已上升到支柱产业的地位。

2. 项目的实施对行业影响分析

房地产业的发展，对我国的经济发展起着举足轻重的作用，两者的相互影响也越来越强。一方面以住宅建设为主的房地产业，对于拉动钢铁、建材及家电家居用品等产业发展、推动居民消费结构升级、改善民生及拉动经济增长、扩大就业等方面起到了积极的作用；另一方面，房地产业的快速发展，也得益于国民经济持续快速的增长，居民可支配收入的提高以及城镇化进程的加快。

本项目的建设符合国家产业政策和烟台市及芝罘区区城市发展规划，顺应了当地房地产业发展的潮流和方向，有利于加快芝罘区城镇化进程的步伐，改善当地城市环境面貌，对推动当地房地产及全国整个房地产业的发展具有重要作用。

因此，本项目的建设对本行业的影响力是深远的，它必将带动整个烟台市房地产业的共同发展。

三、区域经济影响分析

本项目的建设将带动烟台市芝罘区的住房消费、建材消费和耐用消费品的消费，以及当地居民的日常消费等，其中，住房消费是一种综合性消费，涉及人们生活的方方面面，对吃、穿、用、住、行、娱乐、健身、学习、社交、享受、发展等多方面产品的销售和劳务交换起到促进牵动作用。同时，项目建设能为烟台市的商业、家具业、家用电器业、房屋装修业、园林花木业、家庭通信业、搬家公司、房屋金融保险业、物业管理业、家庭特约服务业、房屋买卖中介业等的发展提供前提和发展场所。同时项目的建设提高了当地的就业率，增加了当地居民的收入。

本项目为房地产开发项目，产业跨度大，产业链长、关联度大，可直接或间接带动提升多个部门和行业的发展。房地产业在国民经济中具有基础性、资源性、先导性产业的地位。实践证明，房地产业的发展除了带动建筑、建材、装修、家具、家电、物业管理等产业的发展外，由于产业的关联效应作用，它还能极大地推动运输、商业服务、邮电通信和金融等行业的发展，对冶金、化工和机械等产业也有极大的推动，在解决就业、繁荣经济、增加财政收入等方面所起的作用是其他产业所无法替代的。本项目建设将极大地促进当地和相关产业的共同发展。

第八章　社会影响分析

一、社会影响效果分析

本项目建设将极大地改善当地居民的居住环境，提高当地居民的生活质量，对改善当地基础设施条件和区域劳动力就业、医疗卫生条件，带动当地相关产业的发展都有不同程度的推动作用。本项目建设对自然资源和历史文物不会造成负面影响，对生态环境的影响是有利的。另外，本项目建设无移民安置和民族问题，不会影响社会安定。

1. 有利影响

1) 本项目的建设对推动城市化进程具有重要作用

提高城市化水平是我国近几年提出的构筑市场经济的重中之重。作为国民经济发展的支柱产业，房地产建设在城市化发展过程中有着举足轻重的作用，它是推动城市发展的巨大动力。项目建设是加快烟台市和芝罘区城市建设步伐，改善居民居住环境和住房条件的重要工程之一，为群众提供更多更丰富的好房源，具有明显的社会效益。同时，该项目能够进一步提升本区块的经济效益，并随着周围区域的建设发展，相互促进，形成良好循环的经济发展圈。因此，项目的建设对推动当地城市进程具有重要作用。

2) 本项目的建设对改善当地居民的居住环境起到积极作用

随着社会的进步、经济的发展和人们生活水平的提高，人们的居住观念也发生了很大变化，人们开始向往环境良好、智能化管理、服务完善的高品位住宅空间。本项目在规划设计中充分利用当地得天独厚的自然环境与区位优势，坚持以人为中心和可持续发展的思想，努力将该小区规划成布局合理、生态环境优美、配套设施齐全，具有良好舒适性、安全性、经济性和地方特色的居住环境。通过各种形式的社区文化活动，不仅丰富了居民的业余文化生活，而且增强了小区物业与居民的凝聚力，形成了社区文化氛围，改善和提升了居住环境。因此，本项目的建设对改善当地居民的居住环境起着重要作用。

2. 不利影响

本项目建设施工期及运营期内将产生污水、废气、噪音等污染，由此而产生的问题将影响当地居民的生活质量。公司将采取污染治理措施和水土保持方案，使各种污染对环境和生态的影响降到最低限度。

社会影响分析见表 A-21。

表 A-21　社会影响分析表

序　号	社会因素	影响的范围及程度	可能出现的不利后果	措施建议
1	对当地社会经济可持续发展的影响	对促进区域经济发展具有深远影响，可扩大内需，招商引资，普遍增加地区经济，使当地经济可持续发展	无	

续表

序　号	社会因素	影响的范围及程度	可能出现的不利后果	措施建议
2	对当地居民分配和收入的影响	对促进区域经济发展具有深远影响，可普遍增加当地居民收入，不存在扩大贫富差距的问题	无	
3	对当地居民生活水平的影响	改善地区消费环境，整合消费资源，解决周边居民的购物难问题，提高居民生活水平	无	
4	对当地居民就业的影响	将带动建筑业、建材业、房地产业、商业和服务业的发展，能够创造更多的就业机会	无	
5	对所在地区文化、教育、卫生和其他社会发展目标的影响	可以带动当地文化、教育、医疗卫生和其他相关社会公共福利设施的快速发展，有利于在一定程度上提高当地人民的文化水平，改善当地的医疗卫生条件	无	
6	对当地基础设施和社会服务容量的影响	项目将促进周边道路、供水、排水、供电、供暖、燃气、通信管网等基础设施的完善	无	
7	对少数民族风俗习惯和宗教信仰的影响	项目的建设和运营符合国家的民族和宗教政策，不会引起民族矛盾、宗教纠纷	无	

综上所述，本项目的建设将为当地居民及地区发展建设带来良好的社会效益。

二、社会适应性分析

本项目的直接利益相关者包括项目建设征地影响区的政府、群众、项目业主等，间接利益者包括工程建设影响区各级政府机构、组织机构，影响区其他居民，以及设计、科研机构。

第一类群体是项目影响区居民，根据当地居民的意见反馈，项目带来的地方收入增长和就业机会增多是当地居民最关心的问题，因此对工程持支持态度。

第二类群体是当地政府及有关部门，他们希望通过项目建设尽快使当地的资源优势转化为经济优势，带动当地基础设施建设，因此对工程持积极支持的态度。

第三类群体是项目后期引入的企业业主，项目业主是该项目建设经济利益的直接受益者，希望地方政府和居民能积极支持工程建设，确保工程顺利施工。

第四类群体是规划设计和咨询群体，主要包括有关勘测设计院、各有关咨询公司和其他科研机构，是该项目的间接受益群体，他们期望通过项目建设展示其优秀的技术实力和团队精神。

社会对项目的适应性和可接受程度见表 A-22。

表A-22　社会对项目的适应性和可接受程度分析表

序　号	社会因素	适宜程度	可能出现的问题	措施建议
1	不同利益相关者的态度	适应	无	
2	当地社会组织的态度	适应	无	
3	当地社会环境条件	适应	无	

三、社会风险及对策分析

1. 风险识别

本项目主要的社会风险包括：建设期的质量、安全、进度、环境保护风险；项目运营期的经营风险、社会环境风险。

2. 风险分析

项目风险的主要影响对象见表 A-23，其中：√表示直接承受风险所造成的后果，且风险一旦发生，相关方承受的负面影响较大；○表示间接承受风险所造成的后果或风险一旦发生，相关方承受负面影响相对较小。

表A-23　风险影响对象分析表

序　号	风险类别	地方政府	建设方	施工方	使用方	周边居民	城市居民	周边业者
1	建设质量	○	√	√	√			
2	建设安全	√	√	√	○	○		
3	施工进度	○	√	○	√	○		○
4	环境保护	√	○		√	√	○	√
5	经营风险	○	√		√	○		○
6	社会环境	√	○		√	√		√

按照风险强度划分各类风险发生的概率见表 A-24。采取半定量方式进行分析，风险发生的概率为A～E五个级别，A 为"很可能发生"，B 为"可能发生"，C 为"不太可能发生"，D 为"发生的概率很小"，E 为"基本不可能发生"。每个级别发生的概率为前一级别的 0.1～0.2。

表A-24　风险概率分析表

序　号	风险类别	轻　微	一　般	较严重	严　重	特别严重
1	建设质量	B	D	E	E	E
2	建设安全	C	E	E	E	E
3	施工进度	B	C	E	E	E
4	环境保护	D	E	E	E	E
5	经营风险	B	D	D	E	E
6	社会环境	B	C	D	E	E

3. 对策分析

1) 建设质量与建设安全风险对策

采用招标方式选择有相应资质的、声誉好、技术实力强、管理水平高的施工单位和监理公司；项目建设过程中采用成熟的先进技术材料和设备；严格按照国家规范执行隐蔽工程检查验收制度；建立完善的材料进场与垃圾清运管理制度；根据国家相关规范、上述各项对策及具体的施工情况，制定各级质量和安全方案并严格执行；参与建设各方质量和安全责任范围划分明确，责任落实到人。

2) 进度风险对策

重视项目前期阶段投入，需要时聘请有资质和能力的前期咨询单位协助完成报批手续；招投标筹备工作完善，编制适当合理的标底和细致完善的合同条款，减少合同谈判消耗的时间；合同中明确关于工期的奖惩措施并严格执行，为施工单位缩短工期提供动力；严格执行合同中关于付款的条款；严格管理，控制质量、保证安全，防止因质量和安全原因导致的停工返工；项目具备竣工验收的条件后积极组织进行竣工验收、竣工验收档案的编制和存档及结算等工作。

3) 环境保护风险对策

合理确定项目建设方案，设计达到国家和地方环境保护政策的要求；在设计、采购、施工各环节严格执行环境保护计划，制定详细的技术措施方案、明确的责任制度和奖惩制度，严肃执行，加强教育，积极防治建设阶段可能出现的各种环境污染；如在建设规范容许的范围内发生难以避免的污染(如噪声、扬尘等)影响到周围居民生活的，申报单位应主动治理并给受影响者以一定经济形式或其他形式的补偿；物业管理应引入有丰富经验、责任心强、理念先进、管理完善的物业管理单位；加强对实验人员的环保意识教育，实验区建立完善的环保制度并长期严格执行，环保责任落实到人，避免实验室排废对周围环境造成污染；生产生活废物、废水的处理方式应与设计相符。

4) 经营风险对策

项目经营过程中应注重提升管理水平，严格控制经营成本，合理利用配套设施，确保经营期间不会影响周边区域正常的生产与生活；利用项目建设单位提供的各种有利条件，为居民、企业和游客提供良好的环境，增强资产保值能力。

5) 社会环境风险对策

按照国家和当地的相关规定、规范，合理规划配套设施的建设；建设期间业主和承包商加强对工人的管理，适当利用场地条件集中安排工人食宿生活，减少对社会的影响。

第九章　招标方案

一、项目概况

(1) 建设规模：本项目规划总用地面积 41.12 万平方米，可建设用地面积 32.57 万平方米，总建筑面积 756 640 平方米(包括地上建筑面积 615 200 平方米，地下建筑面积 141 440 平方米)。项目容积率为 1.89，建筑密度为 22%，绿地率为 39%，总户数为 4 420 户，停车

位为 5 293 个。项目芝罘拆迁且原地回迁安置户数 351 户，某异地安置户数 262 户。

(2) 主要建设内容：本项目的建设内容主要为 68 栋高层住宅楼、1 栋 30 层公寓式酒店、6 栋联排别墅、12 栋独栋别墅、商业及配套、居委会、警务室、卫生站、物业用房、文化活动中心、小学、幼儿园、地下停车场等，还包括地块内的 3 栋 6 层保留建筑，同时进行某地块的拆迁及回迁安置、部分村民的异地安置(拆迁工作已完成，不属于本项目内容)等。

项目共划分为 A、B、C、D 四个地块，其中，某回迁区及联排别墅、独栋别墅等位于 A 地块；某某回迁区、保留建筑(大龄青年楼)及学校幼儿园等位于 C 地块；B 地块、D 地块建设高层住宅楼、公寓式酒店及商业网点，为自售地块。

(3) 建设地点：烟台市芝罘区。

(4) 建设性质：新建。

(5) 省重点建设项目：否。

(6) 建设起止年限。本项目拟定建设期为 7 年：自 2013 年 1 月至 2019 年 12 月。其中 A 地块建设期为 45 个月：自 2013 年 1 月至 2016 年 9 月；B 地块建设期为 60 个月：自 2015 年 1 月至 2019 年 12 月；C 地块建设期为 24 个月：自 2013 年 9 月至 2015 年 8 月；D 地块建设期为 24 个月：自 2015 年 1 月至 2016 年 12 月。

(7) 项目总投资、资金来源及落实情况：本项目总投资为 280 062.00 万元，全部由建设单位自筹解决，无银行贷款。

二、项目提前招标情况(说明)

建设单位无提前招标行为。

三、项目招标内容

建设项目招标方案的内容如下。

(1) 该工程各个阶段的招标内容均为全部招标，包括以下方面：勘察、设计招标、建筑工程招标、安装工程招标及监理招标。

(2) 招标组织形式：因项目法人单位目前尚不具备大型自行招标所需的编制招标文件和组织评、定标的相应资质，因此本项目的勘察、设计招标、建筑工程招标、安装工程招标及监理招标均采用委托招标形式，即委托具有相应资质的招标单位进行招标的形式。

(3) 招标方式：在招标过程中应遵循以下原则。

勘察、设计招标、建筑工程招标、安装工程招标及监理招标等均采用公开招标方式，即在项目经批复同意后，项目承办单位即应在当地报纸上和网上发布招标公告。

在招标文件发出之日起 30 日内，具备承担招标项目能力的法人单位或其他组织均可以投标，投标单位少于 3 个时，应重新进行招标。

项目的招标、投标、评标、定标均应按《中华人民共和国招标管理法》的规定和程序进行。项目招标基本情况详见表 A-25。

(4) 不招标的说明：无。

(5) 其他有关内容：无。

(6) 对投标单位的资质要求。

① 工程勘察资质要求。

a. 具有独立的企业法人资格；b. 具备国家主管部门颁发的工程勘察甲级资质。

② 建筑设计资质要求。

a. 独立的企业法人资格；b. 具备国家建设行政主管部门颁发的建筑行业建筑工程甲级设计资质；c. 拟派本项目的总设计师必须为全国一级注册建筑师，且必须注册在投标人所在单位；d. 2009 年以来(含 2007 年)至少具有三个单项工程建筑面积在 50 万平方米住宅施工图设计类似项目业绩。

③ 建筑、安装工程施工资质要求：具有房屋建筑工程施工总承包一级以上资质，具有一级项目经理资质证书、独立法人资格且承担过类似工程，信誉、业绩良好和通过安全资格认证的施工单位。

④ 监理资质要求：具有房屋建筑工程施工监理甲级资质。

表 A-25 项目招标基本情况表

建设项目名称：烟台市某建设工程

单项名称	招标范围		招标组织形式		招标方式		不用招标	招标估算金额/万元	备注
	全部招标	部分招标	自行招标	委托招标	公开招标	邀请招标			
水文、地质勘测	√			√	√			411.20	
设计	√			√	√			907.97	
建筑工程	√			√	√			144 934.58	
安装工程	√			√	√				
监理	√			√	√			756.64	
设备	√			√	√			15 828.51	
其他							√	117 223.10	

情况说明：本项目总投资中包含的土地费用、前期工程费、建设单位管理费用、销售费用、其他费用、不可预见费等共计 117 213.10 万元不需要进行招标。

建设单位：烟台市某开发公司　　　　　　　　　　　　年　月　日

参 考 文 献

[1] http://china.findlaw.cn/.

[2] http://www.9ask.cn/.

[3] http://www.zhaoj148.com/.

[4] 汪应明等. 思想职业道德修养与法律基础. 北京：高等教育出版社，2013.

[5] 《建设工程工程量清单计价规范》(GB 50500—2013).

[6] 建筑安装工程费用项目组成-建标〔2013〕44 号文.

[7] 建设工程施工合同示范文本(GF—2013—0201).

[8] 中国建设工程造价管理协会. 建设项目投资估算编审规程. (CECA GC1—2007). 北京：中国计划出版社 2007.

[9] 中国建设工程造价管理协会. 建设项目设计概算编审规程. (CECA GC2—2007). 北京：中国计划出版社，2007.

[10] 中国建设工程造价管理协会. 建设项目工程结算编审规程. (CECA GC3—2010). 北京：中国计划出版社，2010.

[11] 山东省住房和城乡建设厅. 山东省建设工程概算定额. 建筑工程，2010.